周期表

10	11	12	13	14	15	16	17	18
								2 He 4.003 ヘリウム
			5 B 10.81 ホウ素	6 C 12.01 炭素	7 N 14.01 窒素	8 O 16.00 酸素	9 F 19.00 フッ素	10 Ne 20.18 ネオン
			13 Al 26.98 アルミニウム	14 Si 28.09 ケイ素	15 P 30.97 リン	16 S 32.07 硫黄	17 Cl 35.45 塩素	18 Ar 39.95 アルゴン
28 Ni 58.69 ニッケル	29 Cu 63.55 銅	30 Zn 65.38 亜鉛	31 Ga 69.72 ガリウム	32 Ge 72.63 ゲルマニウム	33 As 74.92 ヒ素	34 Se 78.97 セレン	35 Br 79.90 臭素	36 Kr 83.80 クリプトン
46 Pd 106.4 パラジウム	47 Ag 107.9 銀	48 Cd 112.4 カドミウム	49 In 114.8 インジウム	50 Sn 118.7 スズ	51 Sb 121.8 アンチモン	52 Te 127.6 テルル	53 I 126.9 ヨウ素	54 Xe 131.3 キセノン
78 Pt 195.1 白金	79 Au 197.0 金	80 Hg 200.6 水銀	81 Tl 204.4 タリウム	82 Pb 207.2 鉛	83 Bi 209.0 ビスマス	84 Po (210) ポロニウム	85 At (210) アスタチン	86 Rn (222) ラドン
110 Ds (281) ダームスタチウム	111 Rg (280) レントゲニウム	112 Cn (285) コペルニシウム	113 Nh (278) ニホニウム	114 Fl (289) フレロビウム	115 Mc (289) モスコビウム	116 Lv (293) リバモリウム	117 Ts (293) テネシン	118 Og (294) オガネソン

64 Gd 157.3 ガドリニウム	65 Tb 158.9 テルビウム	66 Dy 162.5 ジスプロシウム	67 Ho 164.9 ホルミウム	68 Er 167.3 エルビウム	69 Tm 168.9 ツリウム	70 Yb 173.0 イッテルビウム	71 Lu 175.0 ルテチウム
96 Cm (247) キュリウム	97 Bk (247) バークリウム	98 Cf (252) カリホルニウム	99 Es (252) アインスタイニウム	100 Fm (257) フェルミウム	101 Md (258) メンデレビウム	102 No (259) ノーベリウム	103 Lr (262) ローレンシウム

高校生にもわかる
物理化学
量子化学と化学熱力学

中田宗隆・岩井秀人 共著

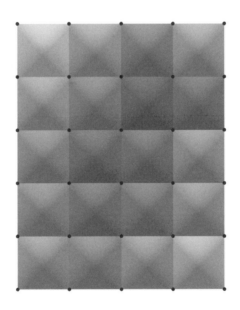

裳華房

Physical Chemistry
Even High School Students Can Understand:
Quantum Chemistry and Chemical Thermodynamics

by

Munetaka NAKATA

Hideto IWAI

SHOKABO

TOKYO

はじめに

　高校で使われている教科書は，「研究編」，「参考」や「発展」などを含めると，扱っている内容がかなり盛りだくさんである。昔は大学の教養課程で学んだような基礎知識が，高校の教科書のいたるところで紹介されている。当たり前のことであるが，時代が進めば，学ぶ必要のある基礎知識が指数関数的に増えるということなのだろう。

　高校の教科書の内容で，とくに気になることがいくつかある。一つは，具体的な波動関数の式を教えずに，ボーアの原子模型だけではなく，原子軌道も説明していることである。大学では，具体的な波動関数の式を使って，

1. 電子が原子核の周りのどこにでも存在すること
2. ボーア半径が「電子の存在確率が最も高い位置」であること
3. 2p軌道や3d軌道の形が球対称でないこと
4. メタンの混成軌道の方向が正四面体の頂点の方向になること
5. 二重結合がσ結合とπ結合の2種類からなること

などを教える。そうすると，高校生にも理解できるように，具体的な波動関数の式を教えることが大事なことのような気がする。この教科書の前半では，

1. どうして波動関数を考える必要があるのか
2. どのようにして波動関数を求めるのか
3. どうして波動関数に量子数が現れるのか
4. どうして電子スピンの概念が必要なのか
5. どのようにして分子の波動関数を求めるのか

など，高校生の疑問に答えられるように，易しい言葉とイメージで説明する。

　もう一つの気になることは，高校の教科書では，物質の変化を理解するために，熱平衡，相平衡，化学平衡などを教えるが，その原因の説明については省略されることが多い。そのために，化学が理解ではなく暗記の科目になってしまっている。大学では，気体，液体，固体，溶液などのエンタルピー，エントロピー，自由エネルギー，化学ポテンシャルなどを使って，

1. 反応熱とエンタルピーは異なる物理量であること

2. エントロピーが乱雑さを表す物理量であること

3. 束縛エネルギーはエントロピーを考慮していること

4. 自由エネルギーは束縛エネルギーを考慮していること

5. 混合物の性質は化学ポテンシャルで理解できること

などを教える。そうすると，高校生にも理解できるように，エンタルピー，エントロピー，自由エネルギー，化学ポテンシャルを教えることが大事なことのような気がする。この教科書の後半では，

1. どうして融点や沸点で二つの相が共存できるのか

2. どうして2種類の気体を混合するとエントロピーが増えるのか

3. どうして希薄溶液の沸点は上昇し，凝固点は降下するのか

4. どのようにして化学平衡の平衡定数を求めるのか

5. どのようにして化学電池の標準電極電位（起電力）を求めるのか

など，高校生の疑問に答えられるように，易しい言葉とイメージで説明する。

　高校教諭の岩井は，日頃から，高校生のもつ様々な疑問に対してどのように教えたらよいか，また，高校で教える化学と大学で教える化学とのギャップをどのように埋めたらよいかを考えていた。あるとき，これらの難題を大学教員の中田に投げかけ，裳華房の小島氏の協力を得て，高校生の疑問に対して，大学で教える内容で，高校生にも理解できる教科書を出版することになった。まず，中田が大学教員の立場で全体を執筆し，その後，岩井が高校の教員の立場で内容を検討し，とくに，高校生の使わない記号や言葉や知識を精査した。さらに，二人で推敲を重ね，岩井と小島氏がわかりやすい図やデザインなどを作成した。高校生だけではなく，教養課程の大学生，あるいは高校や大学の先生にも役立つ物理化学の教科書ができあがったと思う。

　なお，1章～4章については，日本化学会の『化学と教育』誌67巻9号416～419，420～423ページ（2019年）に掲載した内容をもとに修正を加えたものである。

2022年9月

著　者

目　次

Ⅰ. 量子論の必要性
1. 光 (電磁波) には粒子の性質がある
1.1 電磁波の種類と性質 ……………………………………………………… 1
1.2 電磁波のエネルギー ……………………………………………………… 2
1.3 電磁波の運動量 …………………………………………………………… 4
2. 電子 (粒子) には波の性質がある
2.1 粒子の波長と物質波 ……………………………………………………… 7
2.2 波の回折と干渉 …………………………………………………………… 9
2.3 電子の回折パターン ……………………………………………………… 11
3. 水素原子が放射する電磁波は限られる
3.1 太陽から放射される電磁波 ……………………………………………… 13
3.2 黒体放射の理論式 ………………………………………………………… 14
3.3 水素原子から放射される電磁波 ………………………………………… 16
4. ボーアの原子模型は誤解を招く
4.1 水素原子のボーア模型 …………………………………………………… 19
4.2 水素原子のエネルギー …………………………………………………… 20
4.3 水素原子に吸収される電磁波 …………………………………………… 23

Ⅱ. 原子の波動関数
5. 水素原子の波動方程式を立てる
5.1 波の運動方程式 …………………………………………………………… 25
5.2 粒子の波動方程式 ………………………………………………………… 26
5.3 固有値と固有関数 ………………………………………………………… 28
6. 波動方程式を変数で分離して解く
6.1 変数分離の方法 …………………………………………………………… 31
6.2 角度 φ に関する固有関数 ……………………………………………… 33
6.3 角度 θ, 距離 r に関する固有関数 …………………………………… 35
7. 電子の存在確率を波動関数から求める
7.1 波動関数のニックネーム ………………………………………………… 37
7.2 s 軌道の波動関数 ………………………………………………………… 38
7.3 動径分布関数 ……………………………………………………………… 41
8. 波動関数を複素関数から実関数に変える
8.1 $2p_z$ 軌道の波動関数 …………………………………………………… 43
8.2 $2p_x$ 軌道と $2p_y$ 軌道の波動関数 …………………………………… 44
8.3 3d 軌道の波動関数 ……………………………………………………… 46

Ⅲ. 電子の角運動量

9. 磁気モーメントを量子論で求める
9.1 角運動量を表す演算子 ……………………………………………… 49
9.2 磁気モーメント ……………………………………………………… 51
9.3 外部磁場の中の水素原子 ………………………………………… 53

10. 原子には複数の角運動量がある
10.1 第二の磁気モーメント ……………………………………………… 55
10.2 スピン角運動量の固有値 ………………………………………… 57
10.3 電子スピンを考慮したエネルギー準位 ………………………… 58

11. ほかの電子は原子核の電荷を弱める
11.1 ヘリウムイオンの波動関数 ……………………………………… 61
11.2 ヘリウム原子の波動方程式 ……………………………………… 63
11.3 遮蔽効果と有効核電荷 …………………………………………… 64

12. 元素の周期表を量子論で解釈する
12.1 p 軌道，d 軌道の遮蔽効果 ……………………………………… 67
12.2 エネルギー準位を使った周期表の説明 ………………………… 69
12.3 イオン化エネルギー ……………………………………………… 70

Ⅳ. 分子の波動関数

13. 分子軌道は原子の波動関数で近似する
13.1 水素分子イオンの波動方程式 …………………………………… 73
13.2 水素分子イオンの分子軌道 ……………………………………… 74
13.3 結合性軌道と反結合性軌道 ……………………………………… 76

14. 水素分子の波動関数と固有値を求める
14.1 水素分子の波動方程式 …………………………………………… 79
14.2 水素分子のエネルギー準位 ……………………………………… 81
14.3 ヘリウム分子イオンとヘリウム分子 …………………………… 83

15. 2p 軌道からは 2 種類の分子軌道ができる
15.1 2s 軌道と 2s 軌道からできる σ 軌道 ………………………… 85
15.2 2p 軌道と 2p 軌道からできる σ 軌道と π 軌道 ……………… 86
15.3 窒素分子の軌道と電子配置 ……………………………………… 89

16. 分子の形は混成軌道で決められる
16.1 炭素原子の電子配置と不対電子 ………………………………… 91
16.2 sp³ 混成軌道とメタン分子 ……………………………………… 92
16.3 sp² 混成軌道とエチレン分子 …………………………………… 95

Ⅴ. 物質の分子運動

17. 熱は粒子の運動エネルギーである
17.1 気体の運動エネルギー …………………………………………… 97
17.2 固体の運動エネルギー …………………………………………… 99

　　17.3　温度と物質の内部エネルギー………………………………… 100
18. 熱エネルギーは分子内運動に分配される
　　18.1　二原子分子の分子内運動………………………………………… 103
　　18.2　多原子分子の分子内運動………………………………………… 105
　　18.3　熱エネルギーの分配……………………………………………… 106
19. 分子の並進速度には分布がある
　　19.1　ボルツマン分布則………………………………………………… 109
　　19.2　一次元空間と二次元空間の速度分布………………………… 111
　　19.3　三次元空間の速度分布…………………………………………… 113
20. 並進エネルギーは圧力と温度に反映される
　　20.1　気体分子の速さの平均値………………………………………… 115
　　20.2　圧力と並進エネルギー…………………………………………… 117
　　20.3　温度と並進エネルギー…………………………………………… 119

Ⅵ. 物質の熱平衡
21. 熱力学的過程は条件で異なる
　　21.1　定容過程……………………………………………………………… 121
　　21.2　定圧過程……………………………………………………………… 122
　　21.3　等温過程と断熱過程……………………………………………… 125
22. エンタルピーは仕事エネルギーを考慮する
　　22.1　定容過程の内部エネルギーの変化…………………………… 127
　　22.3　定圧過程のエンタルピーの変化……………………………… 128
　　22.2　定圧過程以外のエンタルピーの変化………………………… 131
23. エントロピーは乱雑さを表す
　　23.1　気体の真空への拡散……………………………………………… 133
　　23.2　分子集団の微視的状態数………………………………………… 134
　　23.3　熱エネルギーとエントロピー………………………………… 136
24. 自由エネルギーはエントロピーを考慮する
　　24.1　微視的状態数とボルツマン分布則…………………………… 139
　　24.2　束縛エネルギーと自由エネルギー…………………………… 141
　　24.3　系の4種類のエネルギーの関係……………………………… 143

Ⅶ. 物質の相平衡
25. エンタルピーは相変化で変わる
　　25.1　氷, 水, 水蒸気の状態図………………………………………… 145
　　25.2　エンタルピーの温度変化………………………………………… 147
　　25.3　エントロピーの温度変化………………………………………… 148
26. ギブズエネルギーは相平衡で変化しない
　　26.1　ギブズエネルギーの温度変化…………………………………… 151
　　26.2　水と水蒸気の相平衡……………………………………………… 153

　　26.3　蒸気圧曲線と蒸発エンタルピー･････････････････････････ 155
27. 化学ポテンシャルはモル分率に依存する
　　27.1　混合エントロピー････････････････････････････････････ 157
　　27.2　物質量の異なる2種類の気体の混合･･････････････････････ 158
　　27.3　化学ポテンシャル････････････････････････････････････ 160
28. 溶液の相平衡を化学ポテンシャルで考える
　　28.1　純物質と希薄溶液の化学ポテンシャル･･････････････････ 163
　　28.2　希薄溶液の凝固点降下････････････････････････････････ 164
　　28.3　希薄溶液の沸点上昇･･････････････････････････････････ 166
29. 浸透圧を化学ポテンシャルで考える
　　29.1　溶媒の移動に伴う圧力差･･････････････････････････････ 169
　　29.2　化学ポテンシャルの圧力依存性････････････････････････ 171
　　29.3　電解質溶液の浸透圧･･････････････････････････････････ 173

Ⅷ. 物質の化学平衡
30. 系のエネルギーは化学反応で変わる
　　30.1　化学反応に伴う系のエネルギーの変化･･････････････････ 175
　　30.2　標準モル生成エンタルピー････････････････････････････ 176
　　30.3　標準モル生成ギブズエネルギー････････････････････････ 178
31. 化学反応の速さは温度に依存する
　　31.1　反応物と生成物の結合エネルギー･･････････････････････ 181
　　31.2　遷移状態と活性化エネルギー･･････････････････････････ 183
　　31.3　化学反応に伴う濃度の時間変化････････････････････････ 185
32. 化学平衡を化学ポテンシャルで考える
　　32.1　濃度平衡定数と圧平衡定数････････････････････････････ 187
　　32.2　平衡定数と化学ポテンシャル･･････････････････････････ 189
　　32.3　平衡定数の温度依存性････････････････････････････････ 191
33. 気体と固体は液体に溶解する
　　33.1　気相中と水溶液中でのイオン化････････････････････････ 193
　　33.2　気体の溶解度･･････････････････････････････････････ 195
　　33.3　固体の溶解度･･････････････････････････････････････ 197
34. 電気エネルギーが化学反応で生まれる
　　34.1　化学電池の標準電極電位････････････････････････････ 199
　　34.2　化学電池のエンタルピー････････････････････････････ 202
　　34.3　電解質水溶液の電気分解････････････････････････････ 203

基礎物理定数･･ 205
参考図書･･･ 206
ケミカル川柳･･･ 207
索　　引･･･ 209

1 光（電磁波）には粒子の性質がある

近年，科学技術が発展して，目では見えない電子，原子や分子などの粒子も，実験によって調べることができるようになった。しかし，その実験結果は，完成したと思われた古典力学では，まったく説明のできないものであった。そこで，目では見えない電子，原子や分子などの粒子にも通用する新しい理論，すなわち，量子論が必要になった。この章では，まず，量子論で重要な役割を果たす電磁波の種類や性質について説明する。次に，量子論が誕生するきっかけとなった光電効果とコンプトン効果について説明する。前者は金属に紫外線などの電磁波を照射すると，電子が飛び出す現象であり，後者は金属にX線などの電磁波を照射すると，電子が飛び出すとともに，散乱するX線の波長が変わるという現象である。光電効果の実験によって，電磁波は粒子のようにエネルギーをもち，コンプトン効果の実験によって，電磁波は粒子のように運動量をもつことが仮定される。

1.1 電磁波の種類と性質

光は電磁波の一種である。人間の目で見える電磁波（赤，橙，…，藍，紫）のことを，光とか可視光線という。電磁波には，そのほかにも，ラジオやテレビなどの通信手段に使われる電波や，地球温暖化で話題になっている赤外線や，日焼けの原因となる紫外線などもある。また，レントゲン写真に使われるX線や，放射線[†1]の一種であるγ線も電磁波である。電磁波は電場と磁場（電磁場）が互いに誘導しながら空間に広がる横波であり，波の山から山までの長さを表す波長λ（ラムダ）や，1秒間に通り抜ける山の数を表す振動数ν（ニュー）や，波長の逆数で1cmあたりの山の数を表す波数$\bar{\nu}$（ニューチルダー）などを使って分類される（次ページの表1.1）。なお，通信手段に使われる電波の振動数のことを周波数ともいう。

電磁波は音波と異なり，振動する媒質を必要としない。したがって，媒質の

[†1] 高エネルギーの粒子線や電磁波を放射線という。α線はヘリウムの原子核の流れからなる粒子線であり，β線は電子の流れからなる粒子線であり，γ線とX線は電磁波である。γ線とX線は波長や振動数ではなく，発生法で区別されることもある。

表 1.1　電磁波の種類と性質

種類	波長 λ	振動数 ν	波数 ν̄	エネルギー $E^{a)}$
電波	長い	低い	低い	低い
赤外線	↑	↑	↑	↑
可視光線	↕	↕	↕	↕
紫外線	↓	↓	↓	↓
X 線				
γ 線	短い	高い	高い	高い

a) 電磁波を粒子のように考えたときの 1 個あたりのエネルギー。

ない宇宙空間でも伝播する。また，電磁波は電場や磁場という場が振動する波であって，粒子のような質量はない。しかし，量子論では電磁波を粒子のように扱い，電磁波にエネルギーがあると考える[†2]。古典力学[†3]で考えると，これはとても不思議なことである。なぜならば，エネルギーという物理量は物体や質点に付随する物理量だからである。たとえば，ピッチャーの投げるボールは，速さに応じて運動エネルギーが変わる。エネルギーはボールという物体に付随する物理量である。速さ（速度の大きさ）を v，質量を m とすれば，物体の運動エネルギー E は，古典力学では，

$$E = \frac{1}{2} mv^2 \tag{1.1}$$

で表される。もしも，電磁波のように質量 m が 0 ならば，電磁波のエネルギーは 0 のはずである。どうして，電磁波にエネルギーがあると考えなければならないのだろうか。

1.2　電磁波のエネルギー

　電磁波に粒子のようなエネルギーのあることが，**光電効果**の実験によって示された。光電効果というのは，金属に電磁波を照射すると，電子が金属から飛び出す現象のことである（参考図書 1）。ナトリウムと鉄の光電効果の実験結果を**図 1.1** に示す。縦軸が金属から飛び出した電子の運動エネルギー，横軸が照射した電磁波の振動数 ν（単位はヘルツ Hz ＝ s^{-1}）である。主に可視光線

[†2] この章では，電磁波が粒子のように扱えるとするならば，エネルギーや運動量がどうなるかを説明している。電磁波の場としてのエネルギー密度については大学の電磁気学で習う。
[†3] 量子力学以前のニュートン力学などを古典力学という。

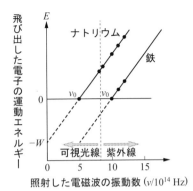

図 1.1　光電効果の実験結果

（$\nu < 8 \times 10^{14}\,\text{Hz}$）と紫外線（$\nu > 8 \times 10^{14}\,\text{Hz}$）の領域を示した。ナトリウム
は可視光線を照射しても電子が飛び出すが，鉄は紫外線を照射しないと電子は
飛び出さない。実験結果をまとめると，① 電子が金属から飛び出すためには，
ある振動数 ν_0 よりも高い振動数の電磁波が必要である，② その振動数 ν_0 は金
属の種類に依存する，③ 金属から飛び出す電子の運動エネルギー E は振動数
ν に対して一次関数になる，④ 振動数に対する傾きは金属の種類に依存しな
い，となる。

　アインシュタイン（A. Einstein）は ① 〜 ④ の実験結果を説明するために，
電磁波は粒子のように 1 個，2 個，… と数えることができ（**光量子**という），
1 個の<u>電磁波のエネルギー</u> E は振動数 ν に比例して，

$$E = h\nu \tag{1.2}$$

であると仮定した。比例定数 h は**プランク定数**とよばれる。そして，1 個の電
磁波が金属に当たると，1 個の電子が飛び出し，飛び出した電子の運動エネル
ギー E を次の式で表した。

$$E = h\nu - W \tag{1.3}$$

照射した電磁波の振動数 ν が高ければ，飛び出す電子の運動エネルギーも高
くなる（表 1.1 参照）。図 1.1 のグラフが右上がりになるという意味である。
振動数 ν に対する傾きはナトリウムでも鉄でも同じであり，その傾きがプラ
ンク定数 h である。一方，式 1.3 の右辺の第 2 項の W（$= h\nu_0$）は**仕事関数**と

よばれ，電子が金属から飛び出すために必要な最低限のエネルギーである。$\nu = 0$ のときに $E = -W$ だから，$-W$ は図 1.1 のグラフの縦軸の切片となる。原子核の電荷は金属の種類によって異なるから，電子が原子核との静電引力を振り切って金属から飛び出すための仕事関数 W も，金属の種類に依存する。

1.3　電磁波の運動量

　電磁波に粒子のような運動量 $\boldsymbol{p}$ のあることが[†4]，コンプトンの実験によって示された。コンプトン（A. Compton）は，金属板に振動数 ν の X 線を入射したときに，散乱される X 線の振動数 ν' が散乱角 θ に依存することを見出した（**図 1.2**）。X 線源は X 線を発生させる装置であり，入射 X 線の振動数 ν はそろっている。コリメーターは方向のそろった X 線を選び出すためのもので，スリットのようなものである。X 線分光器は散乱 X 線の振動数 ν' を調べるための装置である。普通は，入射 X 線と散乱 X 線の振動数は変わらない（$\nu' = \nu$）。エネルギーが変わらないという意味でもある（式 1.2 参照）。しかし，コンプトンの実験では，散乱 X 線の振動数 ν' は散乱角 θ が大きくなるにつれて低くなった。これを**コンプトン効果**という[†5]。

　古典力学では，物体の運動量の大きさ p は質量 m と速さ v を使って，

$$p = mv \tag{1.4}$$

と表される。電磁波の質量 m は 0 だから，運動量の大きさも 0 のはずである。

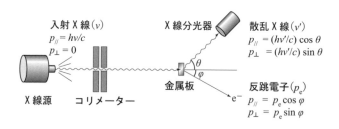

図 1.2　コンプトン効果の実験

[†4] ベクトルを表すために記号の上に矢印（→）を付けることもあるが，この教科書ではベクトルを太字（ボールド体）で表す。

[†5] 前節で説明した光電効果の実験では，紫外線のエネルギーが X 線ほど高くないので，コンプトン効果のような振動数の異なる紫外線を散乱することはほとんどない。

しかし，散乱 X 線の振動数 ν' が散乱角 θ に依存することを説明するために，コンプトンは振動数 ν の電磁波の運動量の大きさ p が，

$$p = \frac{h\nu}{c} \tag{1.5}$$

であると仮定した。ここで，c は真空中の光の速さ（c_0 とも書く）である。さらに，X 線が散乱されるときに，金属板から電子（**反跳電子**という）が飛び出すと考えた（図 1.2 参照）。電子がどちらの方向に飛び出すかはわからないので，仮に運動量の大きさ p_e で角度 φ （ファイ）の方向に飛び出すとする。**運動量の保存則**を考えれば，入射 X 線の運動量は，散乱 X 線の運動量と電子の運動量の大きさの和に等しい。入射 X 線と散乱 X 線の運動量の大きさは $h\nu/c$ と $h\nu'/c$ だから（式 1.5 参照），入射 X 線が進む水平方向の運動量 $p_{/\!/}$ の保存則から，

$$\frac{h\nu}{c} = \frac{h\nu'}{c}\cos\theta + p_e\cos\varphi \tag{1.6}$$

が成り立つ（図 1.2 参照）。また，垂直方向の運動量 $p_\perp$ の保存則では，入射 X 線の運動量は 0 だから，次の式が成り立つ。

$$0 = \frac{h\nu'}{c}\sin\theta - p_e\sin\varphi \tag{1.7}$$

ここで，三角関数の公式 $\sin^2\varphi + \cos^2\varphi = 1$ を使うと，式 1.6 と式 1.7 から $p_e{}^2$ を表す次の式が得られる[6]。

$$\left(\frac{h\nu}{c} - \frac{h\nu'}{c}\cos\theta\right)^2 + \left(\frac{h\nu'}{c}\sin\theta\right)^2 = (p_e\cos\varphi)^2 + (p_e\sin\varphi)^2 = p_e{}^2 \tag{1.8}$$

さらに，X 線が金属板で散乱される前後での**エネルギーの保存則**を考える。入射 X 線と散乱 X 線のエネルギーは $h\nu$ と $h\nu'$ である（式 1.2 参照）。一方，反跳電子のエネルギーについては，アインシュタインの**特殊相対性理論**[7]で考える必要がある。詳しいことは省略するが，電子の静止質量を m_e とすると，金属板の中で静止しているときの電子のエネルギーは $m_e c^2$ であり，金属板から飛び出した反跳電子のエネルギーは $(m_e{}^2 c^4 + p_e{}^2 c^2)^{1/2}$ である。したがっ

---

[6] 以降の式の展開は複雑そうだが，単に四則演算と簡単な三角関数の公式を用いるだけである。
[7] 大学の相対性理論の授業で習う。

て，エネルギーの保存則から，次の式が成り立つ。

$$h\nu + m_e c^2 = h\nu' + (m_e^2 c^4 + p_e^2 c^2)^{1/2} \tag{1.9}$$

式 1.9 の右辺の $h\nu'$ を左辺に移動してから両辺を 2 乗し，式 1.8 の p_e^2 を代入すると，

$$\{(h\nu - h\nu') + m_e c^2\}^2 = m_e^2 c^4 + (h\nu - h\nu' \cos\theta)^2 + (h\nu' \sin\theta)^2 \tag{1.10}$$

となる。これを整理して，$\cos^2\theta + \sin^2\theta = 1$ の関係を利用すると，

$$h^2\nu^2 - 2h^2\nu\nu' + h^2\nu'^2 + 2m_e c^2 h(\nu - \nu') = h^2\nu^2 - 2h^2\nu\nu' \cos\theta + h^2\nu'^2 \tag{1.11}$$

となる。左辺と右辺で共通する項を消去して，両辺を $2h$ で割り算すると，

$$-h\nu\nu' + m_e c^2(\nu - \nu') = -h\nu\nu' \cos\theta \tag{1.12}$$

が得られる。さらに，三角関数の公式 $\cos\theta = 1 - 2\sin^2(\theta/2)$ を利用すると，

$$-h\nu\nu' + m_e c^2(\nu - \nu') = -h\nu\nu' + 2h\nu\nu' \sin^2\left(\frac{\theta}{2}\right) \tag{1.13}$$

となり，最終的に次の式が得られる。

$$\nu - \nu' = \frac{2h\nu\nu'}{m_e c^2} \sin^2\left(\frac{\theta}{2}\right) \tag{1.14}$$

散乱角 θ が 0 のときには右辺が 0 だから，$\nu = \nu'$ となって，散乱 X 線の振動数は入射 X 線と変わらない。散乱角 θ が大きくなるにつれて式 1.14 の右辺は大きくなり，左辺の入射 X 線の振動数 ν と散乱 X 線の振動数 ν' の差も大きくなる。つまり，散乱角 θ が大きくなるにつれて，散乱 X 線の振動数 ν' は低くなり，コンプトン効果を説明できる。

アインシュタインは電磁波にエネルギーがあるという式 1.2 を仮定して，光電効果をうまく説明できた。コンプトンは電磁波に運動量があるという式 1.5 を仮定して，コンプトン効果をうまく説明できた。電磁波に粒子の性質を認める量子論の誕生が必要であった。

2 電子 (粒子) には波の性質がある

前章では，光電効果を説明するために，電磁波には粒子のようにエネルギーがあると仮定した。また，コンプトン効果を説明するために，電磁波には粒子のように運動量があると仮定した。電磁波の**実体**はあくまでも波であるが，量子論では粒子の**性質**があると考える。古典力学で説明できない実験結果はほかにもある。たとえば，金箔（きんぱく）に電子を照射すると，電磁波の一種である X 線を照射したときと同じ回折パターンが得られる。これを **X 線回折** に対して**電子回折**という。しかし，電子の実体はあくまでも粒子であり，波になったのではない。ドブロイは粒子に付随する波の性質のことを**物質波**とよんだ。この章では，まず，X 線の回折パターンがどのようにして得られるかを説明し，その後で，電子の回折パターンが波の回折ではなく，波の性質に基づいた粒子の集まりであることを説明する。

2.1 粒子の波長と物質波

電磁波の運動量の大きさは $p = h\nu/c$ で表される（式 1.5 参照）。h はプランク定数である。電磁波には，波長 λ に振動数 ν を掛け算すると，真空中の光の速さ c になるという関係式がある。

$$c = \lambda\nu \tag{2.1}$$

そうすると，電磁波の運動量の大きさ p は，式 2.1 を式 1.5 に代入して，

$$p = \frac{h}{\lambda} \tag{2.2}$$

と表される。式 2.2 の左辺は運動量という粒子の物理量であり，右辺は波長という波の物理量を含む式であり，古典力学では理解しがたい式である。さらに，ドブロイ（L. de Broglie）は式 2.2 の左辺の p と右辺の λ を入れ替えて，

$$\lambda = \frac{h}{p} \tag{2.3}$$

という式を考えた。数学的には何も問題はない。しかし，物理的にはとんでもないことである。式 2.3 は「運動量が p の粒子には，波長が λ という波の性質がある」という意味になる。ただし，粒子の実体が波になってしまうのでは

なく，あくまでも波長という波の物質量があるということである。粒子の波の性質を**物質波**とよぶ。

　粒子である電子の波長を計算してみよう。電気素量をeとすると，電子は負の電荷（$-e$）の粒子である。電荷があるので，電子は電場で加速される。電圧（電位差）をVとすれば，電子が電場から得るエネルギーEは，

$$E = eV \tag{2.4}$$

となる。電子の質量をm_eとし，電場から得たエネルギーのすべてが運動エネルギーになると仮定すると，

$$eV = \frac{1}{2}m_e v^2 \tag{2.5}$$

が成り立つ。わかりにくいが，左辺のVが電圧で，右辺のvが電子の速さを表す。式2.5を利用すると，電子の運動量の大きさpは，

$$p = m_e v = (2eVm_e)^{1/2} \tag{2.6}$$

となる。式2.6を式2.3に代入すれば，電圧Vで加速された電子の波長λを求めることができ，

$$\lambda = \frac{h}{(2eVm_e)^{1/2}} \tag{2.7}$$

と表される。

　たとえば，4万ボルトの電圧で電子を加速したときの波長λを計算してみよう（基礎物理定数の厳密な値は205ページ）。プランク定数$h \approx 6.626 \times 10^{-34}$ J s，電気素量$e \approx 1.602 \times 10^{-19}$ C，電子の質量$m_e \approx 9.109 \times 10^{-31}$ kg，電圧$V = 40000$ V（$= 40000$ J C^{-1}）を代入すると，電子の波長λは，

$$\lambda = \frac{(6.626 \times 10^{-34} \text{ J s})}{\{2 \times (1.602 \times 10^{-19} \text{ C}) \times (40000 \text{ J C}^{-1}) \times (9.109 \times 10^{-31} \text{ kg})\}^{1/2}}$$

$$\approx 6.132 \times 10^{-12} \text{ m} \tag{2.8}$$

と計算できる[†1]。これは電磁波で考えると，X線の波長に相当する。

[†1] 速さの単位をm/sと書くこともあるが，この教科書ではスラッシュ（/）の代わりに負の累乗を使い，m s^{-1}と書く。エネルギーの単位のジュールJは kg m^2 s^{-2} である。式2.8の分数の分子の単位は kg m^2 s^{-1} であり，分母の単位は $(\text{kg m}^2 \text{ s}^{-2} \text{ kg})^{1/2} = \text{kg m s}^{-1}$ となる（参考図書2）。

2.2 波の回折と干渉

　電磁波は実体が波なので**回折**する。回折とは，たとえば，真っ暗な部屋にドアの隙間から光が差し込むときに，部屋のどこからでも光を見ることができる現象のことである［図2.1 (a)］。これに対して，粒子は真っ直ぐに進むので，ドアの陰に隠れていれば，ドアの隙間から入った粒子は人にぶつからない［図2.1 (b)］。つまり，粒子は回折しない。

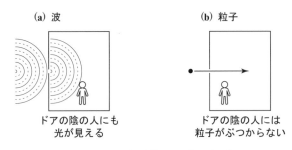

(a) 波　　　　　　　　　　(b) 粒子

ドアの陰の人にも　　　　　ドアの陰の人には
光が見える　　　　　　　　粒子がぶつからない

図2.1　波の回折（粒子は回折しない）

　また，電磁波は実体が波なので，二つの電磁波が重なると干渉が起こる。干渉とは，たとえば，電磁波の回折する方向によって，強度（振幅）が強くなったり弱くなったりする現象のことである。**図2.2**に示した**ヤングの実験**の模式図を使って，波の干渉を以下に説明する。光源には波長のそろった光（**単色光という**）を用いる。二番目の二つのスリットを通り抜けた電磁波が重なり合うと，回折する方向によって，強度が強くなったり弱くなったりする。スクリーン上で二つのスリットからの距離が等しい位置S_0では，波の高いところ（実

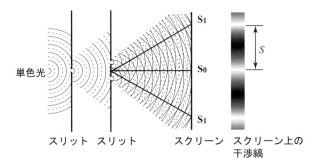

単色光

S_1

S_0

S

S_1

スリット　スリット　　　スクリーン　スクリーン上の
　　　　　　　　　　　　　　　　　　干渉縞

図2.2　ヤングの実験

線）と高いところ（実線）が重なって強くなり（**同位相**），半波長ずれた位置では波の高いところ（実線）と低いところ（点線）が重なって弱くなる（**逆位相**）。また，スクリーン上で1波長だけずれた位置 S_1 では，位置 S_0 と同様に波が強くなる。つまり，スクリーン上には明るいところと暗いところの縞模様が見える。これが干渉縞である。干渉縞の間隔 S は二番目の二つのスリットの間隔や，スリットからスクリーンまでの距離に依存するほか，単色光の波長にも依存する。単色光の波長が短くなれば，縞模様の間隔も狭くなる。

　電磁波であるX線を金箔に照射すると，金箔を構成する2個の金原子によって散乱されたX線が干渉して，同心円の縞模様（回折パターン）ができる（**図2.3**）。X線はヤングの実験の単色光に相当する。また，金箔を構成する2個の金原子が，ヤングの実験の二番目の二つのスリットに相当する。X線はエネルギーが高く，また，目に見えないから，スクリーンの代わりに写真フィルムを使う。どうして帯状の縞模様ではなく，同心円の縞模様になるかというと，金箔は微結晶でできていて，縞模様をつくる2個の金原子の結合方向が様々であり，どちらの方向にも散乱X線が進むからである[†2]。図2.2のヤングの実験で，二番目の二つのスリットの中点を通る水平線を回転軸として，縞模様を360°回転したと考えればよい。ただし，図2.2のスクリーンの明るい部分が図2.3の黒い同心円の縞模様となる。

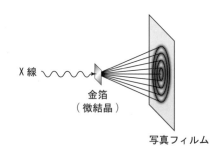

X線

金箔
（微結晶）

写真フィルム

図2.3　金箔によるX線回折のパターン

[†2] 微結晶ではなく単結晶の場合には，散乱する方向が限られてラウエ斑点となる。

2.3　電子の回折パターン

　電子の実体は粒子である。しかし，§2.1で説明したように，粒子には波の性質があるから，X線と同じように金箔によって回折されて，同心円の縞模様（回折パターン）が観測されるかもしれない。トムソン（G. Thomson）は高電圧で加速した電子を金箔に衝突させ，X線回折とまったく同様の回折パターンが得られることを示した（**図2.4**）。これをX線回折に対して**電子回折**という[3]。まさに，粒子に波の性質があることの証明である。ただし，注意しなければならないことがある。電子はあくまでも粒子であり，実体が波になったわけではない。

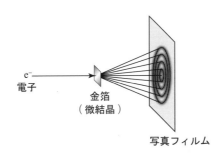

図2.4　金箔による電子回折のパターン

　たとえば，思考実験として，1個の電子を金箔に衝突させたとしよう［**図2.5(a)**］。電子は金原子によって散乱され，ある特定の方向に進み，写真フィルムには一つの黒い点ができる。電子の実体はあくまでも粒子であり，電子が衝突した位置に黒い点ができる。2個目の電子が金箔に衝突するとどうなるだ

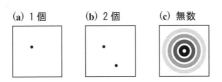

図2.5　電子の数と電子回折のパターン

---

[3] 図2.3や図2.4の中心部分は図2.2の位置S_0に相当し，写真が真っ黒になり，周りの干渉縞が見えにくくなる。そこで，中心部分のX線や電子が写真フィルムに当たらないようにしたり，中心から外側に向かって露光時間を長くしたり，様々な実験上の工夫をすると，図2.3や図2.4のような写真が撮れる（参考図書3）。

ろうか。古典力学に従うならば，厳密に運動方程式を立てることができる。そして，1個目の電子と条件が変わらなければ，2個目の電子の運動の軌跡は1個目の電子と同じになる。つまり，写真フィルムの同じ位置に到達するはずである。しかし，量子論ではそうはならない。2個目の電子がどこに到達するかはわからない［**図2.5(b)**］。3個目の電子も，4個目の電子も，写真フィルムのどこに到達するかはわからない。そうすると，無数の電子の位置を観測したときに，フィルム全体が一様に黒くなりそうだが，そうでもない。電子の数が多くなると，やがて，X線回折と同じように，まるで電子が回折したかのように，同心円の縞模様が見えてくる［**図2.5(c)**］。古典力学では考えられないが，粒子には波の性質があり，粒子の波の性質は<u>無数の粒子</u>を観測したときに，はじめて現れる。

　図2.3のX線回折の写真の黒い部分は，X線の強度が強い位置である。つまり，X線の<u>振幅</u>が大きい位置である。一方，図2.4の電子回折の写真の黒い部分は，電子の数が多い位置である。つまり，電子の<u>存在確率</u>が大きい位置である。そうすると，電子の存在確率を知りたければ，電子の波の物理量である振幅を求めればよいことになる。5章以降で詳しく説明するが，シュレーディンガー（E. Schrödinger）が提案した波動方程式を解くことによって，粒子の振幅を求めることができる。電磁波と電子の古典力学的な物理量と量子論的な物理量と，この教科書で説明する箇所を**表2.1**にまとめる。

表2.1　電磁波と電子の物理量

対象（実体）	古典力学的	量子論的	関連する実験，理論
電磁波（波）	波長 振幅	エネルギー 運動量	光電効果（§1.2） コンプトン効果（§1.3）
電子（粒子）	エネルギー 運動量	波長 振幅	物質波（§2.1），電子回折（§2.3） 波動方程式（§5.2～）

3 水素原子が放射する電磁波は限られる

　太陽は高温，高圧の水素の塊（物体）である。表面温度は約 6000 K であり，内部の核融合で生まれるエネルギーを電磁波として放射する。物体のエネルギーは連続なので，あらゆる電磁波が放射される（**黒体放射**）。ただし，放射される電磁波の強度には分布があり，強度が最大となる電磁波の種類は温度に依存する。太陽の場合には赤の光の強度が最も大きい。しかし，物体から放射される電磁波の強度分布は古典力学では説明できない。1 章で説明したように，電磁波には $h\nu$ のエネルギーがあるという**プランクの仮説**が必要である。一方，エネルギーが連続である物体から，あらゆる電磁波が放射されるのに対して，原子からは限られた種類の電磁波しか放射されない（**原子発光**）。原子のエネルギーが不連続だからである。この章では，放射される電磁波に着目して，物体と原子のエネルギーの違いについて説明する。

3.1　太陽から放射される電磁波

　太陽から放射される電磁波の中で，可視光線の種類について定性的に簡単に調べる方法がある。子供のころに試したことがあると思うが，スリット，プリズム，スクリーンを使えばよい（**図 3.1**）。スリットは太陽から放射される電磁波のうち，ある特定の方向に進む電磁波を選び出すために使う細い溝である。プリズムは電磁波の種類（波長）の違いによって，電磁波の進む方向を変えるために用いられる。電磁波の屈折率が空気中とガラス中で異なることを利用する。つまり，電磁波の種類（波長）を空間的に分けて，スクリーン上の異

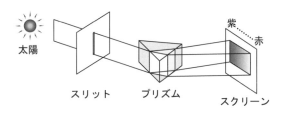

図 3.1　太陽から放射される電磁波

なる位置で観測する（光の分散）。その結果，太陽から放射される電磁波はスクリーン上で虹のようになり，目に見えなかった光が赤，橙，…，藍，紫の可視光線からできていることがわかる。なお，スリットを使わずに，プリズム全体に電磁波を当てると，せっかくプリズムで分けた電磁波がスクリーン上で重なるために，虹がぼやけてしまう。

3.2　黒体放射の理論式

　太陽からは可視光線だけではなく，電波，赤外線，紫外線など，あらゆる種類の電磁波が放射される（参考図書4）。これらの電磁波の相対強度を調べてみよう。大気圏外で測定した太陽から放射される電磁波の**スペクトル**を**図3.2**に示す（実線）[†1]。スペクトルというのは，横軸に電磁波の種類（振動数，波長，波数，エネルギーなど）をとり，縦軸に電磁波の相対強度をとったグラフ（強度分布）のことである。図3.2では，横軸に電磁波の振動数 ν をとった[†2]。

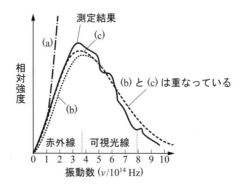

図3.2　太陽から放射される電磁波の強度分布（実線）と理論計算：
（a）レイリーとジーンズの式，（b）ウイーンの式，（c）プランクの式

[†1] 太陽は水素原子などからできていて，理想的な物体ではないので，振動数の高い電磁波の領域での強度分布は滑らかになっていない。

[†2] 多くの教科書では横軸に波長 λ をとって説明している。しかし，後述のプランクの式の説明のためには，振動数 ν をとったほうがわかりやすい。もしも，横軸に波長をとりたければ，式2.1で示した $c = \lambda\nu$ の関係式を使って変換すればよい。ただし，微小量に関しては，$d\nu = (-c/\lambda^2)d\lambda$ の関係を考慮する必要がある（参考図書1）。

　強度分布は振動数が $\nu \sim \nu + d\nu$ の微小範囲にある電磁波の強度を $d\nu$ で割り算して求める。d は微小量を表す記号であり，微分の記号と同じと考えてよい。どうして微小範囲を考えるかというと，電磁波の強度を測定するためにスリットが必要であり，どうしても振動数に幅のある電磁波の強度しか測定できないからである。スリットの幅が電磁波の振動数の微小範囲 $d\nu$ に対応し，スリットの幅が広ければ，振動数の微小範囲が広く，スリットの幅が狭ければ，振動数の微小範囲も狭くなる。逆に言えば，強度分布を理論的に求め，$d\nu$ を掛け算すれば，$\nu \sim \nu + d\nu$ の微小範囲にある電磁波の相対強度（図 3.2 の縦軸の値）を予測できる。しかし，古典力学では，太陽から放射される電磁波の強度分布を理論的に正確に求めることができなかった。以下に説明する。

　物理では，太陽のような物体による電磁波の放射を**黒体放射**で近似して考える。黒体はすべての電磁波を放射する理想的な物体のことである。逆に，すべての電磁波を吸収するので色が黒く，黒体という。19 世紀から 20 世紀にかけて，多くの物理学者が古典力学を使って，黒体放射の強度分布を理論的に説明しようと努力した（参考図書 5）。レイリー（Lord Rayleigh）とジーンズ（J. Jeans）は振動数の低い領域での観測結果をうまく説明できたが［図 3.2 (a)］，振動数の高い領域の強度分布はうまく説明できなかった。一方，ウイーン（W. Wien）は振動数の高い領域の強度分布をうまく説明できたが，振動数の低い領域の強度分布を説明できなかった［図 3.2 (b)］。

　プランク（M. Planck）は，古典力学では考えられないが，電磁波には振動数 ν に比例する最小単位のエネルギーがあるという仮説を立てた。比例定数をプランク定数 h とすると，最小単位のエネルギー E は，

$$E = h\nu \tag{3.1}$$

となる。これはアインシュタインが光電効果の説明に用いた式 1.2 と同じである（§ 1.1 参照）。つまり，振動数 ν の電磁波のエネルギーは，一般に，

$$E = nh\nu \tag{3.2}$$

と表すことができる。$h\nu$ のエネルギーの電磁波が n あるという意味である。したがって，図 3.2 のグラフの縦軸の相対強度はエネルギーを反映し，$h\nu$ の整数倍であり，不連続の値となる。一方，黒体放射ではすべての種類の電磁波

が放射されるので，横軸の振動数 ν は連続である。

　プランクの仮説（式3.1）を使うと，$\nu \sim \nu + \mathrm{d}\nu$ の微小範囲にある電磁波の相対強度は次のようになる（参考図書5）[†3]。

$$相対強度 = \frac{8\pi h\nu^3}{c^3}\left\{\exp\left(\frac{h\nu}{k_{\mathrm{B}}T}\right) - 1\right\}^{-1}\mathrm{d}\nu \tag{3.3}$$

c は真空中の光の速さ，k_{B} はボルツマン定数（k と書くこともある），T は黒体の熱力学温度（単位はケルビン K）である。exp は指数関数を表す。基礎物理定数 h, c, k_{B} の厳密な値は205ページに示してある。さらに，太陽の表面温度 $T = 6000$ K を代入すれば，太陽から放射される電磁波 ν の相対強度の値を計算でき［図3.2(c)］，観測結果をうまく再現できた。これは電磁波のエネルギーの最小単位が式3.1で表されることの証明である。

3.3　水素原子から放射される電磁波

　太陽は高温，高圧の水素でできている物体である。太陽の内部では核融合が起こり，生まれたエネルギーがあらゆる種類の電磁波となって放射される。しかし，同じ水素でも，物体ではなく，太陽を構成する水素原子が気体になると，放射される電磁波は太陽から放射される電磁波とはまったく異なる。たとえば，図3.3に示すように，水素放電管にわずかな水素ガス（水素分子）を入れて放電させる。放電管の中に含まれるわずかな電子は，電圧で加速されて水

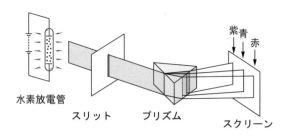

図3.3　水素原子から放射される電磁波

[†3] 黒体放射は熱放射として説明される。熱振動子のボルツマン分布則（§19.1）を考えると，ボルツマン定数 k_{B} や熱力学温度 T が電磁波の強度分布に関係する。なお，式3.3の単位は，プランク定数 h が Js，振動数 ν と $\mathrm{d}\nu$ が s^{-1}，真空中の光の速さ c が $\mathrm{m\,s}^{-1}$ だから，$\mathrm{J\,s\,s}^{-3}(\mathrm{m\,s}^{-1})^{-3}\mathrm{s}^{-1} = \mathrm{J\,m}^{-3}$ となり，強度がエネルギー密度に対応していることがわかる。

素分子に衝突する。衝突された水素分子は水素原子に解離するが，その中には
エネルギーの高い水素原子もできる。エネルギーの高い水素原子は不安定なの
で，エネルギーを捨てて安定な水素原子になろうとする。どのようにしてエネ
ルギーを捨てるかというと，電磁波を放射してエネルギーを捨てる。

　放電管の中の水素原子から放射される電磁波（**原子発光**）を調べてみると，
太陽から放射される電磁波とは異なり，虹のようにはならない。可視光線の領
域では赤（656 nm），青（486 nm），紫（434 nm）の 3 種類の電磁波のみであ
る（図 3.3 参照）。括弧内の波長の単位の nm（ナノメートル）は 10^{-9} m を表
す。ほかの電磁波，たとえば，黄とか緑とか，あるいは，同じ赤，青，紫で
も，少しでも波長が異なる電磁波は放射されない。その理由は水素原子のエネ
ルギーを求めてみればわかる。どのようにして求めるかは 4 章と 6 章で詳しく
説明するが，水素原子のエネルギー E_n は次の式で表される。

$$E_n = -\frac{m_e e^4}{8\varepsilon_0^2 h^2} \times \frac{1}{n^2} \tag{3.4}$$

E の添え字の n は整数 n に依存することを表す。ε_0 は真空の誘電率であるが，
ここでは気にする必要はない[†4]。式 3.4 のエネルギーの式で注意しておきた
いことがある。式 3.4 は水素原子のエネルギーであるが，原子核の質量が電子
の質量に比べて約 1800 倍も大きく，原子核は静止していると仮定した近似式
である。つまり，原子核の運動エネルギーを無視しているので，式 3.4 は電子
のエネルギーとよばれることもある[†5]。

　式 3.4 に現れる n は量子数とよばれ，正の整数の値（$n = 1, 2, 3, \cdots$）であ
る。つまり，水素原子のエネルギーはとびとびの値しかとることができない。
説明を簡単にするために，$n = 2, 3, 4, 5$ の四つのエネルギーの値のみに着目し
て，次ページの**図 3.4** に示す（縦軸の黒丸）。黒丸の横に水平線が引いてある
が，物理的な意味はない。単に，水素原子からの電磁波の放射を説明しやすく

[†4] 国際単位系（SI）で静電引力を力の単位（kg m s^{-2}）にするために，真空の誘電率 ε_0 が必要
になる（参考図書 2）。

[†5] 電子の質量 m_e と原子核の質量 M を使って，式 3.4 の m_e の代わりに換算質量を表す式
$m_e M/(m_e + M)$ で置き換えれば，厳密に水素原子のエネルギーになる（参考図書 1）。$M \gg$
m_e ならば，換算質量は m_e となる。

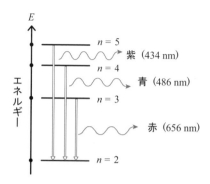

図3.4　水素原子からの電磁波の放射の原理

するためのものである。水平線のことを**エネルギー準位**（エネルギーレベル）という。

　たとえば，$n = 3$ のエネルギー準位の状態にある水素原子は，波長が 656 nm の電磁波（赤）を放射して，エネルギーの低い $n = 2$ の準位の状態になる。あるいは，$n = 4$ のエネルギー準位の状態にある水素原子は，波長が 486 nm の電磁波（青）を放射して，エネルギーの低い $n = 2$ の準位の状態になる。水素原子のエネルギーは厳密に決められていて[6]，水素原子から放射される電磁波のエネルギーも厳密に決められていて，波長 λ も厳密に決められている（$E = hc/\lambda$ の関係式がある）。次章の§4.3では，式3.4を使って水素原子から放射される電磁波の波長を計算する。

　放電管の中の水素原子に比べて，太陽を構成する水素原子は，高温，高圧のために，水素原子同士が激しく様々な影響（相互作用）を及ぼし合っている。その相互作用のために，水素原子のエネルギーはゆらぎ，図3.4のエネルギーの値を表す ● は縦に長くなって，つながって連続になる。その結果，太陽を構成する水素原子は，どのようなエネルギーの高い状態から，どのようなエネルギーの低い状態にもなれるので，太陽からはすべての種類の電磁波が放射される。

---

[6] 図3.4のエネルギーを表す ● を限りなく小さな丸で，また，エネルギー準位を表す水平線を限りなく細い線で表す必要があるという意味。

4 ボーアの原子模型は誤解を招く

水素原子の構造といえば，高校では**ボーアの原子模型**を学ぶ。地球が太陽の周りを回るように，電子が原子核の周りを回る原子模型である。しかし，ある限られた半径にしか電子は存在できないというのは，<u>でたらめである</u>。電子は原子核の周りのどこにでも存在する。また，荷電粒子が電場や磁場の中で加速度運動すると，電磁波を放射する。したがって，電子が原子核の周りを円運動すれば，電磁波を放射することになる。すでに説明したように，電磁波はエネルギーの粒(つぶ)のようなものだから，電磁波を放射すれば，電子のエネルギーが減って円運動できなくなる。それでは，どうしてボーアの原子模型を学ぶのかというと，電子の円運動（**運動の軌跡**）はでたらめだが，エネルギーは量子論で求める式と厳密に同じになるからである。この章では，まず，ボーアの原子模型を復習する。その後で，リッツの結合則を求め，**原子発光**と**原子吸光**の電磁波の波長を厳密に説明できることを示す。

4.1 水素原子のボーア模型

ボーア（N. Bohr）の**原子模型**を簡単に説明すれば，次のようになる。負の電荷の電子と，正の電荷の原子核の間に静電引力が働き，その力が向心力（中心に向かう力）となって遠心力と釣り合い，電子は原子核の周りを等速円運動する（**図 4.1**）。式で表すと，

$$\frac{e^2}{4\pi\varepsilon_0 r^2} = \frac{m_e v^2}{r} \tag{4.1}$$

となる。左辺が静電引力の大きさを表し，右辺が遠心力の大きさを表す。e は陽子と電子の電荷の大きさ（電気素量），ε_0 は真空の誘電率，r は原子核と電子の間の距離，m_e は電子の質量，v は電子の運動の速さを表す。

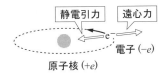

静電引力　遠心力

電子 $(-e)$

原子核 $(+e)$

図 4.1　ボーアの水素原子の模型

　運動する粒子の全エネルギー（力学的エネルギー）E は，運動エネルギーとポテンシャルエネルギー（位置エネルギーともいう）の和で表される。水素原子の場合には，

$$E = \frac{1}{2} m_e v^2 + \left(-\frac{e^2}{4\pi\varepsilon_0 r} \right) \tag{4.2}$$

となる。右辺の第1項が電子の運動エネルギー，第2項が電子と原子核の間に働く静電引力によるポテンシャルエネルギーである。ここで，原子核の運動エネルギーは無視できると近似した。§3.2でも説明したように，式4.2は電子のエネルギーを表しているように見えるが，実は，近似を使った水素原子のエネルギーである。式4.2に式4.1を代入すれば，

$$E = \frac{1}{2} \times \frac{e^2}{4\pi\varepsilon_0 r} - \frac{e^2}{4\pi\varepsilon_0 r} = -\frac{e^2}{8\pi\varepsilon_0 r} \tag{4.3}$$

となる。古典力学では，電子と原子核の距離 r は連続的な物理量である。したがって，全エネルギー E も連続的な物理量になる。しかし，水素原子のエネルギーが不連続でなければ，水素原子から放射される電磁波の種類が限られることを説明できない（§3.2参照）。どうしたらよいだろうか。

4.2　水素原子のエネルギー

　古典力学では考えられないが，ボーアは，電磁波のエネルギーの大きさに最小単位の $h\nu$ があるように（式3.2参照），円運動する粒子の角運動量の大きさ（質量 × 速さ × 半径）に，最小単位の $h/2\pi$ があると仮定した。つまり，

$$m_e v r = \frac{h}{2\pi} \times n \tag{4.4}$$

と考えた。n は正の整数である。そうすると，式4.4を式4.1に代入して整理すれば，電子が円運動する半径を求めることができる。結果は，

$$r = \frac{\varepsilon_0 h^2}{\pi m_e e^2} \times n^2 \tag{4.5}$$

となる。$n = 1$ のときの半径が最小単位の半径であり，**ボーア半径** a_0 とよぶ。

$$a_0 = \frac{\varepsilon_0 h^2}{\pi m_e e^2} \tag{4.6}$$

実際に，右辺に現れる基礎物理定数の値（205ページ）を代入すると，$a_0 \approx 5.292 \times 10^{-11}$ m となる。しかし，電子は原子核の周りのどこにでも存在するので，円運動の半径を求めても意味がない。それでは，ボーアの原子模型を考えることは意味がないかというと，そうでもない。式4.5を式4.3に代入して，水素原子のエネルギー E_n を求めると，

$$E_n = -\frac{e^2}{8\pi\varepsilon_0} \times \frac{\pi m_e e^2}{\varepsilon_0 h^2 n^2} = -\frac{m_e e^4}{8\varepsilon_0{}^2 h^2} \times \frac{1}{n^2} \tag{4.7}$$

となる。ボーアの原子模型の半径（電子の軌跡）は真実の姿ではない。しかし，水素原子のエネルギーを表す式4.7は，6章で説明する量子論の結果と完全に一致する。これが高校でボーアの原子模型を習う理由である。

　式4.7のエネルギーは負の値になっている。その原因は，エネルギー E_n がポテンシャルエネルギーを含んでいるからである。ポテンシャルエネルギーは相対的なものなので，基準をどこにとるかによって，正になったり，負になったりする。たとえば，机の上のポテンシャルエネルギーは，床を基準にとれば正の値だが，天井を基準にとれば負の値になる。水素原子のポテンシャルエネルギーは，式4.2の右辺の第2項を見るとわかるように，電子と原子核の間の距離 r が無限大のときに基準の0になるように考えている。静電引力によって，電子が無限の距離から原子核に近づけば，エネルギーが下がって安定になるので，ポテンシャルエネルギーは基準の0以下の値，つまり，負の値になる。

　図3.4で示したように，$n = 3, 4, 5, \cdots$ から $n = 2$ に状態が変化（遷移という）するときに放射される可視光線のグループを**バルマー系列**という。$n = 2, 3, 4, \cdots$ から $n = 1$ に遷移することもある。この場合には，放射される電磁波の種類は可視光線ではなく紫外線である。このグループを**ライマン系列**という。また，$n = 4, 5, 6, \cdots$ から $n = 3$ に遷移することもある。この場合には，放射される電磁波の種類は近赤外線（可視光線に近い赤外線）である。このグループを**パッシェン系列**という。そのほかにも，水素原子から放射される様々な電磁波のグループがある（次ページの**図4.2**参照）。

　式4.7を使って，一般に，n の状態から n' の状態に遷移するときに放射される電磁波のエネルギーを求めてみよう。水素原子からは，たくさんの種類の

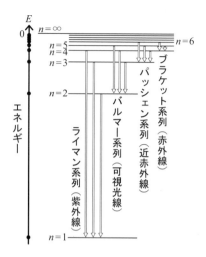

図 4.2　水素原子から放射される電磁波

電磁波が放射されるが，すべての電磁波のエネルギー E は次の式で表される。

$$E = E_n - E_{n'} = \left(-\frac{m_{\mathrm{e}}e^4}{8\varepsilon_0{}^2 h^2} \times \frac{1}{n^2}\right) - \left(-\frac{m_{\mathrm{e}}e^4}{8\varepsilon_0{}^2 h^2} \times \frac{1}{n'^2}\right)$$

$$= \frac{m_{\mathrm{e}}e^4}{8\varepsilon_0{}^2 h^2}\left(\frac{1}{n'^2} - \frac{1}{n^2}\right) \tag{4.8}$$

これを**リッツの結合則**という。真空の誘電率 ε_0（単位は $\mathrm{F\,m^{-1}} = \mathrm{C\,V^{-1}\,m^{-1}} = \mathrm{C\,J^{-1}\,C\,m^{-1}} = \mathrm{C^2\,J^{-1}\,m^{-1}}$）などの基礎物理定数の値（205 ページ）を式 4.8 に代入すると，たとえば，$n=3$ と $n=2$ のエネルギー間隔を，

$$E = \frac{(9.109 \times 10^{-31}\,\mathrm{kg}) \times (1.602 \times 10^{-19}\,\mathrm{C})^4}{8 \times (8.854 \times 10^{-12}\,\mathrm{C^2\,J^{-1}\,m^{-1}})^2 \times (6.626 \times 10^{-34}\,\mathrm{J\,s})^2} \times \left(\frac{1}{2^2} - \frac{1}{3^2}\right)$$

$$\approx 3.026 \times 10^{-19}\,\mathrm{kg\,m^2\,s^{-2}} = 3.026 \times 10^{-19}\,\mathrm{J} \tag{4.9}$$

と計算できる。また，$E = hc/\lambda$ の関係式[1] を使って，$n=3$ から $n=2$ への遷移で放射される電磁波の波長 λ を求めると，

$$\lambda = \frac{(6.626 \times 10^{-34}\,\mathrm{J\,s}) \times (2.998 \times 10^8\,\mathrm{m\,s^{-1}})}{(3.026 \times 10^{-19}\,\mathrm{J})}$$

$$\approx 6.564 \times 10^{-7}\,\mathrm{m} = 656.4\,\mathrm{nm} \tag{4.10}$$

---

[1] 式 3.1 の $E = h\nu$ と式 2.1 の $c = \lambda\nu$ から導くことができる。

となって，§3.2の実験結果と一致することを確認できる。ボーアの原子模型は水素原子から放射される電磁波の<u>エネルギー</u>を説明できる。

4.3 水素原子に吸収される電磁波 ──────────── □

　太陽からはあらゆる種類の電磁波が放射されるので，3章では強度分布のグラフ（図3.2）の横軸は連続であると説明した。しかし，実際には，太陽から地球に届いていない電磁波がある[†2]。たとえば，可視光線の領域では，赤（656 nm），青（486 nm），紫（434 nm）の3種類の電磁波である。これらは水素原子から放射される可視光線と同じである。どういうことかというと，水素の塊である太陽の周りには，気体の水素原子がたくさんある。太陽からはすべての電磁波が放射されるが，周りにある水素原子がある波長の電磁波を吸収（**原子吸光**）してしまうので地球には届かない。フラウンホーファー（J. von Fraunhofer）が調べたので，地球に届かない電磁波を**フラウンホーファー線**（暗線）という。水素原子のエネルギー準位を使って，電磁波の吸収の原理を図4.3に示す。

　太陽の周りにある水素原子は，太陽から放射されるエネルギーを吸収して，いろいろなエネルギーの状態になっている。もしも，$n = 2$のエネルギー準位

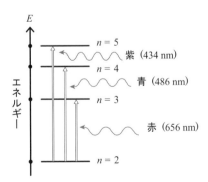

図4.3　水素原子による電磁波の吸収の原理

[†2] 太陽の周りには水素原子のほかにヘリウム原子などもあり，それらが吸収するために地球に届かない電磁波も含めてフラウンホーファー線という。

の状態になっているならば，波長が 656 nm の電磁波（赤）を吸収して，$n=$ 3 のエネルギーの状態に遷移する。あるいは，波長が 486 nm の電磁波（青）を吸収して，$n=4$ のエネルギーの状態に遷移する。あるいは，波長が 434 nm の電磁波（紫）を吸収して，$n=5$ のエネルギーの状態に遷移する。つまり，水素原子のエネルギー準位は，電磁波を放射するときも吸収するときも変わらないので，放射される電磁波と同じ種類の電磁波が水素原子によって吸収されて暗線となる。

　太陽の周りにある水素原子が，太陽から放射される電磁波を吸収しても，水素原子は同じ電磁波を放射するから，フラウンホーファー線（暗線）にならないと思うかもしれない。しかし，水素原子に吸収される電磁波は，水素原子に吸収されたあとで，水素原子を中心にあらゆる方向に放射されるので，地球に向かう電磁波はほとんどなくなってしまう。その結果，フラウンホーファー線（暗線）となる（図 4.4）。

(a) 吸収されない電磁波

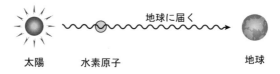

(b) 吸収される電磁波

図 4.4　フラウンホーファー線（暗線）の原理

5 水素原子の波動方程式を立てる

　古典力学では，**粒子の運動方程式**を立てて，その方程式を解けば，粒子の運動の軌跡がわかる。一方，電子，原子や分子を扱う量子論では，粒子の運動の軌跡を求めることはできない。しかし，2章で説明したように，金箔で散乱された電子の軌跡はわからないが，無数の電子を調べると，X線回折と同じ回折パターンが現れる。量子論では，個々の粒子の軌跡を求めることはできないが，粒子がどのくらいの確率でどこに存在するか（**存在確率**）を知ることはできる。水素原子の場合にも，1個の電子が原子核の周りのどこにいるかはわからないが，無数の水素原子を調べると，電子がどのくらいの確率でどこに存在するかがわかる。そのためには，**粒子の波動方程式**を立てて，その方程式を解き，粒子の波の物理量である**振幅**を求める必要がある。この章では，まず，古典力学で波の運動方程式を説明し，次に，量子論で，粒子の波動方程式をどのように立てるかについて説明する。

5.1　波の運動方程式

　量子論で，水素原子のエネルギーと波の物理量である振幅を求める方法はいくつかある。ここでは，シュレーディンガー（E. Schrödinger）が考えた方法を説明する。そのためには，まず，古典力学を使って，一般的な波の運動方程式を考える。波の運動方程式のことを**波動方程式**といい，その運動を表す関数のことを**波動関数**という。

　たとえば，両端を壁につながれた弦が上下に振動しているとする（**図5.1**）。このような波を**定在波**という（定常波ともいう）。弦の中心を原点にとり，横軸の位置の座標を x，縦軸の座標を u とする。u は x 軸から弦までの垂直方向

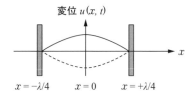

変位 $u(x, t)$

$x = -\lambda/4$　　$x = 0$　　$x = +\lambda/4$

図 5.1　弦の振動（定在波）の変位

の距離であり，**変位**とよばれる物理量である。変位 u は位置 x によって異な
る値を示し，さらに，時間 t とともに変化するので，x と t の両方を変数とす
る関数である。つまり，$u(x,t)$ と書ける。一方，定在波の変位の最大値を**振幅**
という。図 5.1 では，弦が一番高く振動したときの振幅を実線で描き，一番低
く振動したときの振幅を破線で描いた。振幅の値は横軸の位置の座標 x に
よって異なる。弦の中心で振幅は最大であり，両端の壁の位置では 0 である。
振幅が 0 の位置を**節**ともいう。変位 $u(x,t)$ は位置と時間の関数であるが，変
位の最大値を表す振幅は時間に依存しない[†1]。したがって，振幅を表す関数
を $\Psi(x)$ と書ける。Ψ はプサイと読む。

　式の導出は複雑なので，詳しいことは省略するが，定在波の波動方程式は，

$$\frac{\mathrm{d}^2\Psi(x)}{\mathrm{d}x^2} = -\frac{4\pi^2}{\lambda^2}\Psi(x) \tag{5.1}$$

となる（参考図書6）。ここで，λ は弦の振動の波長であり，両端の壁の間隔
が $\lambda/2$ に相当する。式 5.1 は 2 階の微分方程式である。解き方は数学を勉強
するとわかるが，たとえば，原点での振幅を $\Psi(0)=1$ とすれば，三角関数を
使って，一般解は $\Psi(x)=\cos(ax)$ となる。実際に，式 5.1 に代入すると，

$$-a^2\cos(ax) = -\frac{4\pi^2}{\lambda^2}\cos(ax) \tag{5.2}$$

となるから，$a=2\pi/\lambda$ とおけばよい[†2]。つまり，振幅 $\Psi(x)$ は，

$$\Psi(x) = \cos\left(\frac{2\pi}{\lambda}x\right) \tag{5.3}$$

となる。確かに，弦の中心では $\Psi(0)=\cos(0)=1$ となり，両端の壁では
$\Psi(\pm\lambda/4)=\cos(\pm\pi/2)=0$ となる。

5.2　粒子の波動方程式

　これまでは，古典力学を使って，弦の波動方程式を説明した。2 章で説明し
たように，粒子にも波の性質があるから，粒子の振幅を求めるための波動方程
式も考えられるはずである。式 2.3 で示したように，粒子の波長 λ はプラン

[†1] 振幅が時間とともに減衰する波動方程式も考えられるが，この教科書では扱わない。
[†2] $a=-2\pi/\lambda$ とおいても $\cos(-2\pi x/\lambda)=\cos(2\pi x/\lambda)$ となって，同じ結果となる。

ク定数 h と運動量 p を使って，$\lambda = h/p$ と表される。これを式5.1の波動方程式に代入すると，

$$\frac{\mathrm{d}^2 \Psi(x)}{\mathrm{d}x^2} = -\frac{4\pi^2 p^2}{h^2} \Psi(x) = -\frac{p^2}{\hbar^2} \Psi(x) \tag{5.4}$$

となる。ここで，今後よく現れる $h/2\pi$ を $\hbar$（エイチバー）と定義した。

　一方，式4.2で示した水素原子のエネルギー E は，運動量（$p = m_{\mathrm{e}}v$）を使って書き直せば，

$$E = \frac{p^2}{2m_{\mathrm{e}}} - \frac{e^2}{4\pi\varepsilon_0 r} \tag{5.5}$$

となる。式5.5から，p^2 を次のように求めることができる。

$$p^2 = 2m_{\mathrm{e}}\left(E + \frac{e^2}{4\pi\varepsilon_0 r}\right) \tag{5.6}$$

式5.6を式5.4に代入すると，

$$\frac{\mathrm{d}^2 \Psi(x)}{\mathrm{d}x^2} = -\frac{2m_{\mathrm{e}}}{\hbar^2}\left(E + \frac{e^2}{4\pi\varepsilon_0 r}\right)\Psi(x) \tag{5.7}$$

となる。これを整理すると，

$$-\frac{\hbar^2}{2m_{\mathrm{e}}}\frac{\mathrm{d}^2 \Psi(x)}{\mathrm{d}x^2} - \frac{e^2}{4\pi\varepsilon_0 r}\Psi(x) = E\Psi(x) \tag{5.8}$$

が得られる。これが粒子の波の性質（物質波）を使って得られた水素原子の波動方程式（**シュレーディンガーの波動方程式**）である。エネルギー E を指定して，式5.8の2階の微分方程式を解けば，位置 x における電子の振幅 $\Psi(x)$ を求めることができる。つまり，様々な E と $\Psi(x)$ の組み合わせを求めることができる。

　これまでは一次元空間で波動方程式を考えてきた。実際には，電子は三次元空間に存在するから，波動方程式も三次元空間に拡張する必要がある。水素原子（近似的には電子）に関する三次元空間での波動方程式は，

$$-\frac{\hbar^2}{2m_{\mathrm{e}}}\left(\frac{\partial^2 \Psi(x,y,z)}{\partial x^2} + \frac{\partial^2 \Psi(x,y,z)}{\partial y^2} + \frac{\partial^2 \Psi(x,y,z)}{\partial z^2}\right) - \frac{e^2}{4\pi\varepsilon_0 r}\Psi(x,y,z) = E\Psi(x,y,z) \tag{5.9}$$

となる。なお，式5.9では，微分の記号 d の代わりに偏微分の記号 ∂ で表し

た。たとえば，$\partial\varPsi/\partial x$ は y と z を定数とみなし，$\varPsi$ を x で微分することを意味する。

　式5.9の2階の微分方程式を解くと，原子核の位置を原点としたときに，位置 (x, y, z) での電子の振幅 $\varPsi(x, y, z)$ を求めることができる[†3]。§2.2で説明したが，電子の波の物理量である振幅は，電子の存在確率を反映する。これについては6章以降で詳しく説明することにして，以下では波動方程式5.9を解くための基礎知識を説明する。弦の波動方程式5.1は容易に解くことができたが，水素原子の波動方程式は複雑過ぎて，容易には解けないからである。

5.3　固有値と固有関数

　ある数値，変数，関数を別の数値，変数，関数に変化させる「操作」のことを総称して**演算子**という。たとえば，常用対数の $\log_{10}$ は 10^x を x に変化させることを意味する演算子である。あるいは，$n!$ は $n \times (n-1) \times \cdots \times 1$ のことなので，階乗を表す記号 $!$ は演算子である。演算子には特別な性質を示すものがある。ある関数に操作したときに，もとの関数の定数倍になる演算子である。たとえば，演算子を $\hat{A}$（＾が演算子であることを表す），関数を f，定数を c とすると，

$$\hat{A}f = cf \tag{5.10}$$

の関係式が成り立つときに，f を**固有関数**，c を**固有値**という。具体的な例で説明しよう。微分演算子 $\mathrm{d}/\mathrm{d}x$ は「関数を x で微分する」という演算子である。たとえば，微分演算子を指数関数 $\exp(2x)$ に操作すると，

$$\frac{\mathrm{d}}{\mathrm{d}x}\exp(2x) = 2\exp(2x) \tag{5.11}$$

となって，固有関数と固有値の関係を示すことがわかる。$\exp(2x)$ が固有関数で，右辺の係数の2が固有値である。$\exp(3x)$ も同様に固有関数であり，3が固有値となる。同じ演算子でも，固有関数と固有値の組が複数ある。

　また，固有値が同じで，複数の異なる固有関数が解となる場合もある。演算子 $\hat{A}$ の固有値が c で，2種類の固有関数が f_1 と f_2 とする。式で表せば，

[†3] ボーアの原子模型と異なり，量子論では電子の運動の軌跡である円運動を仮定していない。

$$\hat{A}f_1 = cf_1 \quad \text{および} \quad \hat{A}f_2 = cf_2 \tag{5.12}$$

となる。固有値が同じ 2 種類の固有関数 f_1 と f_2 は「**縮重している**」という。そうすると，

$$\hat{A}(f_1 + f_2) = \hat{A}f_1 + \hat{A}f_2 = cf_1 + cf_2 = c(f_1 + f_2) \tag{5.13}$$

となるから，$f_1 + f_2$ も演算子 $\hat{A}$ の固有関数であり，固有値は f_1 と f_2 の固有値 c と同じになる。$f_1 - f_2$ も同様に演算子 $\hat{A}$ の固有関数である（8 章で具体例を示す）。

　水素原子に関する波動方程式 5.9 で，振幅を表す関数 $\Psi(x, y, z)$ と演算子を分離して書くと，次のようになる。

$$\left[-\frac{\hbar^2}{2m_e}\left(\frac{\partial^2}{\partial x^2} + \frac{\partial^2}{\partial y^2} + \frac{\partial^2}{\partial z^2} \right) - \frac{e^2}{4\pi\varepsilon_0 r} \right] \Psi(x, y, z) = E\Psi(x, y, z) \tag{5.14}$$

ここで，**ラプラス演算子** ∇^2 を，

$$\nabla^2 = \frac{\partial^2}{\partial x^2} + \frac{\partial^2}{\partial y^2} + \frac{\partial^2}{\partial z^2} \tag{5.15}$$

と定義すると，式 5.14 は，

$$\left[-\frac{\hbar^2}{2m_e}\nabla^2 - \frac{e^2}{4\pi\varepsilon_0 r} \right] \Psi(x, y, z) = E\Psi(x, y, z) \tag{5.16}$$

と書ける。さらに，**ハミルトン演算子** $\hat{H}$ を，

$$\hat{H} = -\frac{\hbar^2}{2m_e}\nabla^2 - \frac{e^2}{4\pi\varepsilon_0 r} \tag{5.17}$$

と定義すると，式 5.16 は，

$$\hat{H}\Psi(x, y, z) = E\Psi(x, y, z) \tag{5.18}$$

となる。つまり，振幅を表す<u>波動関数</u> $\Psi(x, y, z)$ が固有関数であり，エネルギーを表す E が固有値である。E を<u>エネルギー固有値</u>とよぶこともある。

　式 5.17 と式 5.5 を比較するとわかるように，ハミルトン演算子の第 1 項は運動エネルギーに対応する演算子であり，直交座標 (x, y, z) を使って表されている。一方，第 2 項はポテンシャルエネルギーに対応する演算子であり[†4]，極座標 (r, θ, φ) を使って表されている。原子核と電子の間に働く静電引力は

[†4] $-e^2/4\pi\varepsilon_0 r$ を掛け算するという演算子である。

向心力であり，粒子間の距離 r の関数だからである。直交座標と極座標は独立ではなく，それらの間には**図 5.2** 示した次の関係式がある。

$$x = r\sin\theta\cos\varphi \tag{5.19}$$

$$y = r\sin\theta\sin\varphi \tag{5.20}$$

$$z = r\cos\theta \tag{5.21}$$

そこで，ハミルトン演算子を極座標に統一してから波動方程式を解くことにする。方程式を解くときに，独立でない変数が含まれると，そのままでは解けないからである。ただし，その変換には大学ノート 3 ページぐらいのスペースが必要である（参考図書 1）。ここでは詳しい式の導出は省略して，結果だけを示すことにする。波動方程式 5.14 は極座標を使って次のように表される。

$$\left[-\frac{\hbar^2}{2m_e}\left\{\frac{1}{r^2}\frac{\partial}{\partial r}\left(r^2\frac{\partial}{\partial r}\right) + \frac{1}{r^2\sin^2\theta}\frac{\partial^2}{\partial\varphi^2} + \frac{1}{r^2\sin\theta}\frac{\partial}{\partial\theta}\left(\sin\theta\frac{\partial}{\partial\theta}\right)\right\}\right.$$
$$\left.-\frac{e^2}{4\pi\varepsilon_0 r}\right]\Psi(r,\theta,\varphi) = E\Psi(r,\theta,\varphi) \tag{5.22}$$

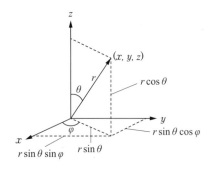

図 5.2　直交座標系と極座標系

　次章では，極座標の三つの変数 (r, θ, φ) のそれぞれについて，別々に方程式を解いて，固有関数と固有値を具体的に求める。

6 波動方程式を変数で分離して解く

いよいよ，水素原子の波動方程式を解いて，固有関数（**波動関数**）と固有値（**エネルギー固有値**）を具体的に求める。水素原子の波動方程式 **5.22** はとても複雑な微分方程式であり，目をそらしたくなるが，波動関数とエネルギー固有値を求めることができれば，水素原子の真の姿がはっきりと見えてくる。しかし，式の展開や導出は確かに複雑であり，ある程度の数学の知識が必要となる。数学のあまり得意でない読者は，この章を読み飛ばしてもよい。この章では，まず，波動方程式を解くために必要な**変数分離**の方法を説明する。次に，**極座標** (r, θ, φ) のそれぞれの変数に関する方程式を別々に立て，固有関数と固有値を具体的に求める。また，方程式を解くときに，量子論で重要な役割を果たす**量子数**が現れるが，量子数がどうして整数なのか，量子数にどのような意味があるのかについても説明する。

6.1 変数分離の方法

演算子 $\hat{A}$ と $\hat{B}$ を考える。$\hat{A}$ は変数 a のみに関する演算子であり，その固有関数を $f_a(a)$，固有値を c_a とする。そうすると，式 5.10 からわかるように，

$$\hat{A} f_a(a) = c_a f_a(a) \tag{6.1}$$

となる。同様に $\hat{B}$ は変数 b のみに関する演算子であり，その固有関数を $f_b(b)$，固有値を c_b とすると，

$$\hat{B} f_b(b) = c_b f_b(b) \tag{6.2}$$

となる。今度は変数 a と変数 b の固有関数 $\Psi(a, b)$ を考える。$\Psi(a, b)$ に $\hat{A}$ あるいは $\hat{B}$ を演算したときに，次の式が成り立つとする。

$$\hat{A} \Psi(a, b) = \hat{B} \Psi(a, b) \tag{6.3}$$

このとき，固有関数 $\Psi(a, b)$ はそれぞれの固有関数 $f_a(a)$ と $f_b(b)$ の積で表される。

$$\Psi(a, b) = f_a(a) f_b(b) \tag{6.4}$$

なぜならば，変数 a のみに関する演算子 $\hat{A}$ を $f_a(a) f_b(b)$ に演算しても，変数 a に無関係の $f_b(b)$ には影響を及ぼさないからである。式 6.3 の左辺は，

$$\text{左辺} = \hat{A}\,\Psi(a,b) = \hat{A}\,f_a(a)f_b(b) = \left\{\hat{A}f_a(a)\right\}f_b(b) = c_a f_a(a)f_b(b) \quad (6.5)$$

となる。同様に，式6.3の右辺は，

$$\text{右辺} = \hat{B}\,\Psi(a,b) = \hat{B}\,f_a(a)f_b(b) = f_a(a)\left\{\hat{B}f_b(b)\right\} = c_b f_a(a)f_b(b) \quad (6.6)$$

となるから，$c_a = c_b = c$（共通の固有値）と置けば，式6.3が成り立つ。言い換えると，式6.3が成り立てば，式6.1と式6.2の二つの方程式 $\hat{A}f_a(a) = cf_a(a)$ と $\hat{B}f_b(b) = cf_b(b)$ に変数分離でき，また，固有関数 $\Psi(a,b)$ は $f_a(a)f_b(b)$ となる。

　それでは，極座標で表された水素原子の波動方程式5.22を調べてみよう。式5.22の両辺に $2m_\mathrm{e}r^2$ を掛け算すると，

$$\left[-\hbar^2\left\{\frac{\partial}{\partial r}\left(r^2\frac{\partial}{\partial r}\right) + \frac{1}{\sin^2\theta}\frac{\partial^2}{\partial\varphi^2} + \frac{1}{\sin\theta}\frac{\partial}{\partial\theta}\left(\sin\theta\frac{\partial}{\partial\theta}\right)\right\} - 2m_\mathrm{e}r^2\frac{e^2}{4\pi\varepsilon_0 r}\right]\Psi(r,\theta,\varphi)$$
$$= 2m_\mathrm{e}r^2 E\,\Psi(r,\theta,\varphi) \quad (6.7)$$

となる。さらに整理すると，

$$\left[-\hbar^2\left\{\frac{1}{\sin^2\theta}\frac{\partial^2}{\partial\varphi^2} + \frac{1}{\sin\theta}\frac{\partial}{\partial\theta}\left(\sin\theta\frac{\partial}{\partial\theta}\right)\right\}\right]\Psi(r,\theta,\varphi)$$
$$= \left[\hbar^2\frac{\partial}{\partial r}\left(r^2\frac{\partial}{\partial r}\right) + 2m_\mathrm{e}r^2\left(E + \frac{e^2}{4\pi\varepsilon_0 r}\right)\right]\Psi(r,\theta,\varphi) \quad (6.8)$$

となる。左辺の演算子は角度 θ と φ のみを変数として含み，右辺の演算子は距離 r のみを変数として含む。つまり，式6.3の条件を満たす。そこで，それぞれの変数の固有関数を $Y(\theta,\varphi)$ と $R(r)$ とし，共通の固有値を c とすれば，式6.8は式6.1と式6.2に対応する次の二つの方程式に変数分離できる。

$$\left[-\hbar^2\left\{\frac{1}{\sin^2\theta}\frac{\partial^2}{\partial\varphi^2} + \frac{1}{\sin\theta}\frac{\partial}{\partial\theta}\left(\sin\theta\frac{\partial}{\partial\theta}\right)\right\}\right]Y(\theta,\varphi) = cY(\theta,\varphi) \quad (6.9)$$

$$\left[\hbar^2\frac{\mathrm{d}}{\mathrm{d}r}\left(r^2\frac{\mathrm{d}}{\mathrm{d}r}\right) + 2m_\mathrm{e}r^2\left(E + \frac{e^2}{4\pi\varepsilon_0 r}\right)\right]R(r) = cR(r) \quad (6.10)$$

式6.10では変数の種類が一つなので，偏微分の記号 ∂ を微分の記号 d にした。

　さらに，角度に関する方程式6.9を変数 θ と φ に変数分離しよう。式6.9の両辺に $-\sin^2\theta/\hbar^2$ を掛け算して整理すると，

$$\left[\sin\theta\frac{\partial}{\partial\theta}\left(\sin\theta\frac{\partial}{\partial\theta}\right) + c\frac{\sin^2\theta}{\hbar^2}\right]Y(\theta,\varphi) = -\frac{\partial^2}{\partial\varphi^2}Y(\theta,\varphi) \quad (6.11)$$

となる。左辺の演算子は角度 θ のみを変数として含み，右辺の演算子は角度 φ のみを変数として含む。つまり，式 6.3 の条件を満たす。そこで，それぞれの変数の固有関数を $\Theta(\theta)$ と $\Phi(\varphi)$ として，共通の固有値を c' とすれば，次の二つの方程式に変数分離できる。

$$\left[\sin\theta\frac{\mathrm{d}}{\mathrm{d}\theta}\left(\sin\theta\frac{\mathrm{d}}{\mathrm{d}\theta}\right) + c\frac{\sin^2\theta}{\hbar^2}\right]\Theta(\theta) = c'\Theta(\theta) \tag{6.12}$$

$$-\frac{\mathrm{d}^2}{\mathrm{d}\varphi^2}\Phi(\varphi) = c'\Phi(\varphi) \tag{6.13}$$

結局，式 6.13 の方程式を解いて固有関数 $\Phi(\varphi)$ と固有値 c' を求め，c' を式 6.12 に代入して固有関数 $\Theta(\theta)$ と固有値 c を求めれば，式 6.11 の角度に関する固有関数 $Y(\theta,\varphi)$ は，それぞれの変数の固有関数を掛け算して，

$$Y(\theta,\varphi) = \Theta(\theta)\Phi(\varphi) \tag{6.14}$$

となる。また，求めた固有値 c を式 6.10 に代入して方程式を解けば，固有関数 $R(r)$ とエネルギー固有値 E を求めることができる。結局，波動関数 $\Psi(r,\theta,\varphi)$ は，それぞれの変数の固有関数を掛け算して，次のように表される。

$$\Psi(r,\theta,\varphi) = R(r)\Theta(\theta)\Phi(\varphi) \tag{6.15}$$

6.2　角度 φ に関する固有関数

　実際に角度 φ に関する方程式 6.13 を解いて，固有関数 $\Phi(\varphi)$ と固有値 c' を求めてみよう。式 6.13 は典型的な二階の微分方程式であり，解は指数関数または三角関数で表される。ここでは指数関数を使った一般解で表すことにする。

$$\Phi(\varphi) = N\exp(\mathrm{i}m\varphi) \tag{6.16}$$

i は虚数単位を表し，$\mathrm{i}^2 = -1$ である[†1]。また，N と m は未定係数である[†2]。式 6.16 を式 6.13 に代入すると，

$$m^2 N\exp(\mathrm{i}m\varphi) = c'N\exp(\mathrm{i}m\varphi) \tag{6.17}$$

となる。つまり，$c' = m^2$ と置けば，式 6.16 が式 6.13 の固有関数になる。

[†1] 国際純正・応用化学連合（IUPAC）では虚数単位の i を立体で書く（参考図書 2）。

[†2] 一階の微分方程式の一般解は一つの未定係数を含み，二階の微分方程式の一般解は二つの未定係数を含む。条件を与えると，具体的な式で未定係数を決めることができる。

　未定係数 m の満たすべき条件を調べてみよう。直交座標と極座標の関係を描いた図 5.2 からわかるように，角度 φ の範囲は $0 \sim 2\pi$ である。また，$\varphi = 0$ と $\varphi = 2\pi$ は同じ位置だから，$\Phi(0) = \Phi(2\pi)$ が成り立つはずである。したがって，

$$N \exp(0) = N \exp(im2\pi) \tag{6.18}$$

となる。左辺の $\exp(0)$ は 1 である。両辺を未定係数 N で割り算してから，**オイラーの公式**を使って三角関数で考えると，式 6.18 は，

$$1 = \cos(m2\pi) + i\sin(m2\pi) \tag{6.19}$$

となる。m が次のように整数であれば，

$$m = 0, \pm 1, \pm 2, \pm 3, \cdots \tag{6.20}$$

式 6.19 の右辺の第 1 項は 1，第 2 項は 0 だから，式 6.19 が成り立つ。整数 m を**磁気量子数**という。磁気量子数とよぶ理由については 10 章で説明する。

　次に未定係数 N の満たすべき条件を調べてみよう。式 6.16 の $\Phi(\varphi)$ は波動関数の一部であり，その値は振幅を表す。2 章で説明したように，振幅は存在確率を反映するが，存在確率そのものではない。存在確率ならば実数で正の値でなければならない。そこで，波動関数が虚数単位 i を含む複素関数の場合には，**共役複素関数**を掛け算して実数化する[†3]。共役複素関数というのは，虚数単位 i を $-i$ に置き換えた関数のことである。たとえば，$a + ib$ の共役複素関数が $a - ib$ であり，両者を掛け算すると，

$$(a + bi) \times (a - bi) = a^2 + b^2 \tag{6.21}$$

となって実数化でき，しかも，正の値になる。式 6.16 の $\Phi(\varphi)$ を実数化すると，

$$N \exp(im\varphi) \times N \exp(-im\varphi) = N^2 \exp(0) = N^2 \tag{6.22}$$

となる。

　さらに，実数化した関数が存在確率を表すためには，すべての空間で積分した値が 1 となる条件（**規格化条件**）を満たす必要がある。サイコロの例で説明すると，どの目が出る確率も 1/6 であり，すべてを足し算すると 1（$= 6 \times 1/6$）になる。そこで，角度 φ の全範囲 $0 \sim 2\pi$ で式 6.22 を積分して 1 と置くと[†4]，

[†3] 実関数ならば，そのまま 2 乗すれば正の値になり，存在確率を表す。
[†4] サイコロの目は不連続なので足し算し，固有関数は連続なので積分する。

$$\int_0^{2\pi} N^2 d\varphi = 2\pi N^2 = 1 \qquad (6.23)$$

となる。つまり, $N = \pm (1/2\pi)^{1/2}$ である。規格化条件を満たすための未定係数 N を**規格化定数**という。N の符号はどちらでもよい。実数化すると同じだからである[5]。ここでは正の値をとることにすると, 固有関数 $\Phi(\varphi)$ は,

$$\Phi(\varphi) = \left(\frac{1}{2\pi}\right)^{1/2} \exp(im\varphi) \qquad (6.24)$$

となる。規格化条件を満たす波動関数 $\Phi(\varphi)$ を実数化すると, 角度 φ での電子の存在確率が $1/2\pi$ となり（式 6.22 参照）, $0 \sim 2\pi$ の全範囲では 1 となる。

6.3 角度 θ, 距離 r に関する固有関数

式 6.12 に $c' = m^2$ を代入して微分方程式を解けば, 角度 θ に関する固有関数 $\Theta(\theta)$ と固有値 c を求めることができる。しかし, 方程式が複雑過ぎて, 角度 φ に関する固有関数ほど簡単には求められない。そこで, **ルジャンドルの陪多項式**という**級数展開**[6]を利用して解く。それぞれの項の具体的な式については 8 章と 9 章で示す。級数展開したときの多項式の順番を l で表すことにする。l は 0 または正の整数である。つまり, 式で表せば,

$$\Theta(\theta) = (l \text{ が } 0 \text{ の項}) + (l \text{ が } 1 \text{ の項}) + (l \text{ が } 2 \text{ の項}) + \cdots \qquad (6.25)$$

となる。l を**方位量子数**という。方位量子数とよぶ理由については 8 章で説明する。また, $c' = m^2$ と置いたから, 式 6.12 には磁気量子数 m が含まれ, $\Theta(\theta)$ は l と m に関係する。ただし, ルジャンドル陪多項式の性質として, $|m| \leq l$ の条件がある。つまり, $l = 0$ ならば $m = 0$ であり, $l = 1$ ならば $m = 0, \pm 1$ である。たとえば, 式 6.25 の $\Theta(\theta)$ の第 1 項は,

$$(l \text{ が } 0 \text{ の項}) = (m \text{ が } 0 \text{ の項}) \qquad (6.26)$$

であるが, 第 2 項は次のようになる。

$$(l \text{ が } 1 \text{ の項}) = (m \text{ が } -1 \text{ の項}) + (m \text{ が } 0 \text{ の項}) + (m \text{ が } 1 \text{ の項}) \qquad (6.27)$$

---

[5] 式 6.21 で $-(a + bi)$ を考えても, 実数化すると $a^2 + b^2$ になるという意味。

[6] 大学の数学で習う。マクローリン展開も級数展開の一つである。$x \approx 0$ のとき, 一般式は $f(x) = f(0)x^0 + (df/dx)_{x=0}x^1 + (1/2!)(d^2f/dx^2)_{x=0}x^2 + \cdots$ となる。x^l に関する項が l 番目の項になる。

多項式で展開した項をさらに多項式で展開するので**陪多項式**という。また，固有値は $c = \hbar^2 l(l+1)$ となる（参考図書1, 4）。そうすると，式6.9の方程式は，

$$\left[-\hbar^2 \left\{ \frac{1}{\sin^2\theta} \frac{\partial^2}{\partial\varphi^2} + \frac{1}{\sin\theta} \frac{\partial}{\partial\theta} \left(\sin\theta \frac{\partial}{\partial\theta} \right) \right\} \right] Y(\theta,\varphi) = \hbar^2 l(l+1) Y(\theta,\varphi) \quad (6.28)$$

となる。角度に関する固有関数 $Y(\theta,\varphi)$ を**球面調和関数**という。

一方，式6.10に $c = \hbar^2 l(l+1)$ を代入して方程式を解けば，距離 r に関する固有関数 $R(r)$ が求められる。そのために，級数展開した**ラゲールの陪多項式**を使う。具体的な式については7章で示す。級数展開したときの多項式の順番を正の整数 n で表す。また，$c = \hbar^2 l(l+1)$ と置いたので，式6.10には方位量子数 l が含まれ，$R(r)$ は n と l に関係する。ただし，ラゲールの陪多項式の性質として，$l = 0, 1, 2, \cdots, n-1$ の条件がある。つまり，$n=1$ ならば $l=0$ であり，$n=2$ ならば $l=0,1$ である。たとえば，$R(r)$ の第2項は，

$$(n\ が2の項) = (l\ が0の項) + (l\ が1の項) \quad (6.29)$$

となる。また，エネルギー固有値 E_n は，

$$E_n = -\frac{m_e e^4}{8\varepsilon_0^2 h^2} \times \frac{1}{n^2} \quad (6.30)$$

となる。E_n は整数 n に依存し，方位量子数 l と磁気量子数 m には依存しない。そこで，整数 n を**主量子数**という。

最後に水素原子の波動関数の一般式を示す。

$$\Psi_{n,l,m}(r,\theta,\varphi) = -\left[\frac{(n-l-1)!}{2n\{(n+l)!\}^3} \right]^{1/2} \left(\frac{2}{na_0} \right)^{l+3/2} r^l \exp\left(-\frac{r}{na_0} \right) L_{n+l}^{2l+1}\left(\frac{2r}{na_0} \right)$$

$$\times \left\{ \frac{(2l+1)(l-|m|)!}{2(l+|m|)!} \right\}^{1/2} P_l^{|m|}(\cos\theta) \times \left(\frac{1}{2\pi} \right)^{1/2} \exp(im\varphi) \quad (6.31)$$

それぞれの関数の下付きの添え字は依存する量子数を，$L_{n+l}^{2l+1}(2r/na_0)$ がラゲールの陪多項式を，$P_l^{|m|}(\cos\theta)$ がルジャンドルの陪多項式を表す。

7 電子の存在確率を波動関数から求める

　前章で求めた水素原子の波動関数の一般式は，とても複雑そうに見える。しかし，**主量子数 n**，**方位量子数 l**，**磁気量子数 m** を指定すると，波動関数は驚くほど簡単な式で表される。この章では，まず，$l=0$ かつ $m=0$ の **s 軌道**の波動関数を具体的に調べる。s 軌道の波動関数は実関数なので，2 乗すると三次元空間のある位置 (x, y, z) での電子の存在確率がわかる。位置 (x, y, z) は空間を表す連続の変数だから，波動関数の値も連続であり，存在確率も連続である。つまり，存在確率の値が違うだけで，電子は原子核の周りのどこにでも存在する。しかし，波動関数あるいは存在確率を三次元空間で描くことはできない。四次元を必要とするからである。そこで，存在確率を原子核の中心からの距離 r の関数とする**動径分布関数**に変換して，二次元で描く。

7.1　波動関数のニックネーム

　水素原子の波動関数 $\Psi_{n,l,m}(r, \theta, \varphi)$ を一般式で表せば，

$$\Psi_{n,l,m}(r, \theta, \varphi) = Nr^l \exp\left(-\frac{r}{na_0}\right) L_{n+l}^{2l+1}\left(\frac{2r}{na_0}\right) \times P_l^{|m|}(\cos\theta) \times \exp(im\varphi) \quad (7.1)$$

となる。a_0 は式 4.6 で定義したボーア半径であり，N はそれぞれの変数の固有関数の規格化定数を一つにまとめた係数である。また，$L_{n+l}^{2l+1}(2r/na_0)$ はラゲールの陪多項式，$P_l^{|m|}(\cos\theta)$ はルジャンドルの陪多項式を表す。$|m|$ となっているのは，$+m$ も $-m$ も同じ式であることを表す。

　式 7.1 の波動関数に現れる三つの量子数には次のような条件がある。

$$主量子数 \quad n = 1, 2, 3, \cdots \quad (7.2)$$

$$方位量子数 \quad l = 0, 1, 2, 3, \cdots, n-1 \quad (7.3)$$

$$磁気量子数 \quad m = 0, \pm 1, \pm 2, \cdots, \pm l \quad (7.4)$$

波動関数にはニックネームがあり，方位量子数 $l=0$ の波動関数を **s 軌道**という。また，$l=1$ の波動関数を **p 軌道**といい，$l=2$ の波動関数を **d 軌道**という。さらに，ニックネームに主量子数 n を付けて，1s 軌道とか 2p 軌道とい

う。ニックネームは磁気量子数 m の違いによっても変わる（8章で説明する）。以下では，s 軌道の状態の電子が，どこにどのくらい存在するかに着目する。

7.2 s 軌道の波動関数

s 軌道の方位量子数 l は 0 だから，式 7.4 からわかるように，磁気量子数 m は 0 のみが許される。$l = 0$ のルジャンドルの陪多項式 $P_0^0(\cos\theta)$ は 1 という関数である。また，式 7.1 の $\exp(im\varphi)$ に $m = 0$ を代入すると，やはり 1 という関数である。つまり，s 軌道の波動関数は距離 r のみを変数とする実関数であり，原子核を中心に球対称になる。規格化定数を含めて，1s 軌道，2s 軌道，3s 軌道の波動関数の具体的な式を**表 7.1** に示す。

表 7.1 s 軌道 ($n = 1, 2, 3$; $l = 0$; $m = 0$) の波動関数

$$\Psi_{1,0,0}(r) = \left(\frac{1}{\pi}\right)^{1/2}\left(\frac{1}{a_0}\right)^{3/2}\exp\left(-\frac{r}{a_0}\right) \qquad \Rightarrow 1\text{s 軌道}$$

$$\Psi_{2,0,0}(r) = \left(\frac{1}{32\pi}\right)^{1/2}\left(\frac{1}{a_0}\right)^{3/2}\left(2 - \frac{r}{a_0}\right)\exp\left(-\frac{r}{2a_0}\right) \qquad \Rightarrow 2\text{s 軌道}$$

$$\Psi_{3,0,0}(r) = \frac{1}{81}\left(\frac{1}{3\pi}\right)^{1/2}\left(\frac{1}{a_0}\right)^{3/2}\left(27 - 18\frac{r}{a_0} + \frac{2r^2}{a_0^{\,2}}\right)\exp\left(-\frac{r}{3a_0}\right) \qquad \Rightarrow 3\text{s 軌道}$$

まずは，三次元空間 (x, y, z) で，1s 軌道の波動関数の値がどのようになっているかを調べてみよう。そのためには，波動関数の極座標系の変数 r を，

$$r = (x^2 + y^2 + z^2)^{1/2} \tag{7.5}$$

で置き換える。しかし，位置 (x, y, z) での波動関数 $\Psi_{1,0,0}$ の値を描こうとすると，四つの座標軸が必要になる。我々は三次元空間で生きているので無理である。そこで，まず，$x = 0$，$y = 0$ の条件を与え，波動関数の値が変数 z にどのように依存するかを調べることにする。横軸に変数 z（目盛間隔は a_0），縦軸に波動関数の値をとって二次元のグラフにすると，**図 7.1 (a)** のようになる。1s 軌道の波動関数は原子核の中心（$x = y = z = 0$）で最大値 h_{max} を示す。h_{max} は表 7.1 の波動関数 $\Psi_{1,0,0}$ で $r = 0$ を代入すれば求められる。

$$h_{max} = \Psi_{1,0,0}(0) = \left(\frac{1}{\pi}\right)^{1/2}\left(\frac{1}{a_0}\right)^{3/2} \tag{7.6}$$

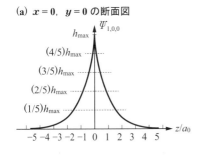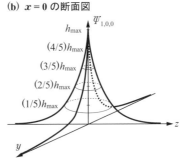

図 **7.1** 1s軌道の波動関数

　それでは，$y = 0$ の条件の代わりに紙面に垂直に y 軸をとって，波動関数 $\Psi_{1,0,0}$ の値が変数 y と z にどのように依存するかを調べてみよう。そのためには，図 7.1 (a) の $z = 0$ の縦軸を回転軸とした回転体を考えればよい。波動関数 $\Psi_{1,0,0}$ の y 軸方向と z 軸方向は等価だからである。変数 y と z に対する波動関数の値を三次元の立体的なグラフで**図 7.1 (b)** に示す。また，波動関数の値が最大値 h_{max} の 4/5, 3/5, 2/5, 1/5 の高さ［図 7.1 (a) の点線］での yz 断面図［図 7.1 (b) の円］を**図 7.2 (a)** に描く。ちょうど，山を地図の等高線で描くようなものである。さらに，適当な等高線を一つ選び，その等高線よりも標高が高い領域を灰色に，低い領域を白色に塗ると**図 7.2 (b)** のようになる。白色の領域の波動関数の値も 0 ではないことに注意する。電子は原子核の周りのどこにでも存在する。

　次に，2s軌道の波動関数 $\Psi_{2,0,0}$ を調べてみよう。図 7.1 (a) に対応するグラ

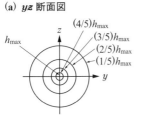

図 **7.2** 1s軌道の波動関数（等高線と断面図）

フは図7.3 (a) のようになる。表7.1 の $\Psi_{2,0,0}$ で $r=0$ を代入すれば，2s 軌道
の波動関数の最大値 $h_{\max}$ は次のように求められる。

$$h_{\max} = \Psi_{2,0,0}(0) = \left(\frac{1}{8\pi}\right)^{1/2}\left(\frac{1}{a_0}\right)^{3/2} \tag{7.7}$$

1s 軌道の波動関数の $h_{\max}$ と比べると $8^{1/2}$ 低くなるが，図7.3 (a) では縦軸を
拡大して描いた。また，表7.1 の式からわかるように，$r < 2a_0$ （つまり，
$|z| < 2a_0$）の領域では $\Psi_{2,0,0} > 0$ になり，$2a_0 < r < \infty$ （つまり，$2a_0 < |z| < \infty$）
の領域では $\Psi_{2,0,0} < 0$ になる。波動関数の値が正の領域を実線で，負の領域を
破線でグラフを描いた[†1]。

(a) 二次元のグラフ　$\Psi_{2,0,0}$　　　　　**(b)** 等高線 h_1 の yz 断面図

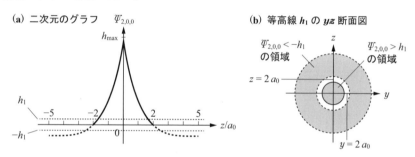

図7.3　2s 軌道の波動関数

　図7.2 (b) と同様に，適当な値 h_1 の等高線 ［図7.3 (a) の二つの点線］を
選んで，2s 軌道の波動関数を描くと**図7.3 (b)** のようになる。地図でたとえ
ると，標高 h_1 以上の領域と水深 h_1 以下の領域を灰色に塗ったようなものであ
る。ただし，負の領域（海）はかなり遠くまで広がるので，実際よりも狭い領
域を描いた。また，波動関数の値が正の領域（山）を実線で囲み，負の領域
（海）を破線で囲んだ。正の領域（山）と負の領域（海）の境目（白色の領域）
には $\Psi_{2,0,0}(2a_0) = 0$ の節がある（§5.1 参照）。たとえば，$(y = 2a_0,\ z = 0)$ の位置
や，$(y = 0,\ z = 2a_0)$ の位置である。地図でたとえると，節は海岸線に相当する。
以降，図7.3 (b) のように，波動関数の<u>絶対値</u>が適当な等高線 h_1 よりも大きい
灰色の領域と，実線あるいは破線で描いた等高線で波動関数を描くことにする。

[†1]　波動関数に -1 を掛け算し，上下を逆さに描いてもよい。波動関数は実数化すると正の値に
　　なって存在確率を表すので，符号には意味がない（34 ページ脚注3 参照）。

7.3 動径分布関数

1s 軌道の波動関数は規格化された実関数なので，そのまま 2 乗すれば，電子の存在確率を表す（34 ページ脚注 3 参照）。

$$(\Psi_{1,0,0})^2 = \left(\frac{1}{\pi}\right)\left(\frac{1}{a_0}\right)^3 \exp\left(-\frac{2r}{a_0}\right) \tag{7.8}$$

ただし，式 7.8 は三次元空間のある<u>位置</u>（r, θ, φ）での存在確率である。もしも，原子核からの<u>距離 r</u> を変数とする存在確率にしたければ，あらゆる方向の同じ距離 r の位置の存在確率をすべて合計する必要がある。そのためには，半径 r の球を考えて，球の表面積 $4\pi r^2$ を式 7.8 に掛け算すればよい。このような関数を**動径分布関数**とよび，$D(r)$ で表す。たとえば，1s 軌道の動径分布関数 $D_{1,0,0}(r)$ は，

$$D_{1,0,0}(r) = 4\pi r^2 \left(\frac{1}{\pi}\right)\left(\frac{1}{a_0}\right)^3 \exp\left(-\frac{2r}{a_0}\right) = \frac{4}{a_0^3} r^2 \exp\left(-\frac{2r}{a_0}\right) \tag{7.9}$$

となる。横軸に原子核からの距離 r をとり，縦軸に $D_{1,0,0}(r)$ の値をとって，二次元で動径分布を描くと**図 7.4 (a)** のようになる。波動関数で考えると，電子の存在確率は原子核の位置（$r = 0$）で最大になり（図 7.1 参照），r が大きくなるにつれて指数関数的に小さくなる。一方，r が大きくなると，球の表面積は r^2 に比例して大きくなる[2]。その結果，動径分布関数には極大値がある。

$D_{1,0,0}(r)$ の値が最大となる距離 r を求めてみよう。そのためには，$D_{1,0,0}(r)$ を r で微分して 0 と置いて方程式をつくり，その方程式を解けばよい。

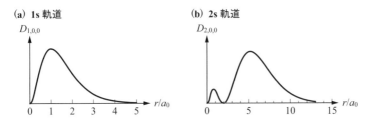

(a) 1s 軌道

(b) 2s 軌道

図 7.4 動径分布関数

[2] 原子核の位置（$r = 0$）で波動関数の値は最大である。しかし，球の表面積 $4\pi r^2$ が 0 なので，動径分布関数の値も 0 となる。

$$\frac{\mathrm{d}D_{1,0,0}(r)}{\mathrm{d}r} = \frac{8}{a_0{}^3} r \exp\left(-\frac{2r}{a_0}\right) - \frac{8}{a_0{}^4} r^2 \exp\left(-\frac{2r}{a_0}\right) = \frac{8}{a_0{}^4} r(a_0 - r) \exp\left(-\frac{2r}{a_0}\right) = 0$$

$$(7.10)$$

ここで積の微分の公式を使った。$\exp(-2r/a_0)$ は 0 でないから，$r=0$ 以外の解は $r=a_0$ である。したがって，図 7.4 (a) で，$D_{1,0,0}(r)$ の値，つまり，電子の存在確率が最大となる原子核からの距離 r がボーア半径 a_0 に相当する。

　同様にして，2s 軌道の動径分布関数 $D_{2,0,0}(r)$ は，表 7.1 の 2s 軌道の波動関数を 2 乗して，表面積 $4\pi r^2$ を掛け算すると，

$$D_{2,0,0}(r) = 4\pi r^2 \left(\frac{1}{32\pi}\right)\left(\frac{1}{a_0}\right)^3 \left(2 - \frac{r}{a_0}\right)^2 \exp\left(-\frac{r}{a_0}\right) = \frac{1}{8a_0^3}\left(2r - \frac{r^2}{a_0}\right)^2 \exp\left(-\frac{r}{a_0}\right)$$

$$(7.11)$$

となる。2s 軌道の動径分布関数 $D_{2,0,0}(r)$ を前ページの**図 7.4 (b)** に示す。1s 軌道の動径分布関数 $D_{1,0,0}(r)$ と異なり，a_0 付近に小さな極大値と $5a_0$ 付近に大きな極大値がある。また，$D_{2,0,0}(2a_0) = 0$ だから，$r = 2a_0$ は電子の存在しない節を表す。

　2s 軌道の極大値を示す原子核からの距離 r を求めるために，$D_{2,0,0}(r)$ を r で微分して 0 と置くと，

$$\frac{\mathrm{d}D_{2,0,0}(r)}{\mathrm{d}r} = \frac{1}{8a_0{}^3} 2\left(2r - \frac{r^2}{a_0}\right)\left(2 - \frac{2r}{a_0}\right)\exp\left(-\frac{r}{a_0}\right) - \frac{1}{8a_0{}^4}\left(2r - \frac{r^2}{a_0}\right)^2 \exp\left(-\frac{r}{a_0}\right) = 0$$

$$(7.12)$$

となる。この方程式を解くと，$r=0$ 以外に $r = 2a_0$, $(3 \pm \sqrt{5})a_0$ が得られる[†3]。$r = 2a_0$ は，2s 軌道の波動関数の節を表す。また，$r = (3 - \sqrt{5})a_0$ が a_0 付近の極大値の原子核からの距離を表し，$r = (3 + \sqrt{5})a_0$ が $5a_0$ 付近の極大値の原子核からの距離を表す。$5a_0$ 付近の極大値のほうが a_0 付近の極大値よりも大きい。つまり，2s 軌道の状態の電子は，1s 軌道の状態の電子よりも原子核から遠くに離れて存在する確率が大きい。一般に，主量子数 n が大きい軌道の状態の電子ほど極大値の数が増え，原子核から遠くに離れて存在する確率が大きくなる。

[†3] 両辺を $\exp(-r/a_0)$ で割り算して整理すると，式 7.12 は $r(2a_0 - r)(r^2 - 6a_0 r + 4a_0{}^2) = 0$ となる。

8 波動関数を複素関数から実関数に変える

　前章では，s 軌道の波動関数が原子核からの距離 r のみを変数とする実関数であり，球対称であることを説明した。つまり，電子の存在確率に異方性はない。一方，**p 軌道**や **d 軌道**の一部の波動関数は**複素関数**である。角度 φ に関する固有関数が $\exp(im\varphi)$ で表されるからである。もしも，m が 0 ならば，$\exp(0) = 1$ となるので実関数であるが，それ以外の m では虚数単位 i が残って複素関数になる。複素関数を実空間 (x, y, z) で描くことは難しい。§ 5.3 で説明したように，同じ固有値になる複数の固有関数は，足し算したり引き算したりしても，やはり，固有値が同じ固有関数になる。これを**直交変換**という。直交変換を利用すると，複素関数の p 軌道や d 軌道を実関数に変換でき，波動関数を実空間で描くことができる。p 軌道や d 軌道は方向だけが異なる複数の固有関数が縮重している。

8.1　2p$_z$ 軌道の波動関数

　主量子数 n が 2 の場合には，2s 軌道のほかに 2p 軌道が考えられる。2p 軌道の方位量子数 l は 1 だから，式 7.4 からわかるように，磁気量子数 m は 0 あるいは ± 1 が許される。$l = 1$ のルジャンドルの陪多項式 $P_1^{|m|}(\cos \theta)$ は，$m = 0$ の場合には $\cos \theta$ であり，$m = \pm 1$ の場合には $\sin \theta$ である。また，式 7.1 の $\exp(im\varphi)$ に $m = 0$ を代入すると 1 という実関数であり，$m = \pm 1$ を代入すると $\exp(\pm i\varphi)$ という複素関数である。規格化定数を含めて，三つの 2p 軌道の波動関数の具体的な式を**表 8.1** に示す。

表 8.1　三つの 2p 軌道 $(n = 2 ; l = 1 ; m = 0, \pm 1)$ の波動関数

$$\Psi_{2,1,0}(r, \theta) = \left(\frac{1}{32\pi}\right)^{1/2}\left(\frac{1}{a_0}\right)^{3/2}\frac{r}{a_0}\exp\left(-\frac{r}{2a_0}\right)\cos\theta \quad\Rightarrow\quad 2\mathrm{p}_z\ 軌道$$

$$\Psi_{2,1,\pm 1}(r, \theta, \phi) = \left(\frac{1}{64\pi}\right)^{1/2}\left(\frac{1}{a_0}\right)^{3/2}\frac{r}{a_0}\exp\left(-\frac{r}{2a_0}\right)\sin\theta\exp(\pm i\varphi) \quad\Rightarrow\quad \begin{matrix}2\mathrm{p}_x\ 軌道\\2\mathrm{p}_y\ 軌道\end{matrix}$$

　まずは，表 8.1 の波動関数 $\Psi_{2,1,0}$ を調べてみよう。よく見ると，波動関数 $\Psi_{2,1,0}$ には $r\cos\theta$ が変数として含まれている。式 5.21 で示したように，これ

は直交座標の z のことである。そこで，この波動関数で表される 2p 軌道のことを 2p$_z$ 軌道とよび，その波動関数を Ψ_{2p_z} と書くことにする。

$$\Psi_{2p_z} = \left(\frac{1}{32\pi}\right)^{1/2}\left(\frac{1}{a_0}\right)^{3/2}\frac{z}{a_0}\exp\left(-\frac{r}{2a_0}\right) \tag{8.1}$$

Ψ_{2p_z} は z の関数なので，xy 平面よりも上の領域 $(z > 0)$ では正の値であり，xy 平面よりも下の領域 $(z < 0)$ では負の値になる。ただし，符号が異なるだけで，xy 平面に対して対称的になる。図 7.3（b）の 2s 軌道の波動関数と同様に適当な等高線 h_1 を選んで，2p$_z$ 軌道の yz 断面図を描くと**図 8.1** のようになる。正の領域の等高線を実線で，負の領域の等高線を破線で描き，波動関数の絶対値が等高線 h_1 よりも大きい領域を灰色に塗った。s 軌道の波動関数は球対称なので，どの等高線も円になるが，z の関数である波動関数 Ψ_{2p_z} は z 軸方向に広がる等高線になる。$l \neq 0$ では等価でない方位が現れるので，l を**方位量子数**という。なお，原点を含む紙面に垂直な xy 平面では $z = 0$ であり，これを式 8.1 に代入すると $\Psi_{2p_z} = 0$ である。つまり，xy 平面は電子が存在しない**節面**である。

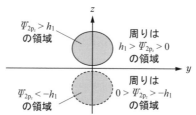

図 8.1　2p$_z$ 軌道の波動関数（等高線 h_1 の yz 断面図）

8.2　2p$_x$ 軌道と 2p$_y$ 軌道の波動関数

表 8.1 を見るとわかるように，2p 軌道の波動関数の方位量子数 l は 1 だから，$m = 0$ 以外に $m = \pm 1$ の二つの波動関数 $\Psi_{2,1,\pm 1}$ がある。しかし，これらの波動関数は $\exp(\pm i\varphi)$ を含む複素関数である。したがって，2p$_z$ 軌道のように，実空間での断面図を描けない。そこで，**直交変換**を利用して，これらの二つの波動関数を実関数にする。直交変換とは，**規格直交化**された行列[†1]を使って，いくつかの直交する関数を別の直交する関数に変換することである。

たとえば，二つの固有関数 f_a と f_b を次のように変換する[†2]。

$$\begin{pmatrix} \dfrac{1}{\sqrt{2}} & \dfrac{1}{\sqrt{2}} \\[2mm] \dfrac{1}{\sqrt{2}} & -\dfrac{1}{\sqrt{2}} \end{pmatrix}\begin{pmatrix} f_a \\ f_b \end{pmatrix} = \begin{pmatrix} \dfrac{1}{\sqrt{2}}(f_a + f_b) \\[2mm] \dfrac{1}{\sqrt{2}}(f_a - f_b) \end{pmatrix} \tag{8.2}$$

もしも，f_a と f_b が c を共通の固有値とする演算子 $\hat{H}$ の固有関数ならば，

$$\hat{H}(f_a \pm f_b) = cf_a \pm cf_b = c(f_a \pm f_b) \tag{8.3}$$

となり，直交変換された $f_a \pm f_b$ も固有値 c の固有関数になる（§5.3参照）。

まず，**オイラーの公式**を使って，二つの波動関数 $\varPsi_{2,1,\pm 1}$ を三角関数で表す。

$$\varPsi_{2,1,1} = \left(\frac{1}{64\pi}\right)^{1/2}\left(\frac{1}{a_0}\right)^{3/2}\frac{r}{a_0}\exp\left(-\frac{r}{2a_0}\right)\sin\theta(\cos\varphi + \mathrm{i}\sin\varphi) \tag{8.4}$$

$$\varPsi_{2,1,-1} = \left(\frac{1}{64\pi}\right)^{1/2}\left(\frac{1}{a_0}\right)^{3/2}\frac{r}{a_0}\exp\left(-\frac{r}{2a_0}\right)\sin\theta(\cos\varphi - \mathrm{i}\sin\varphi) \tag{8.5}$$

式8.4と式8.5を式8.2に従って直交変換すると，

$$\frac{1}{\sqrt{2}}(\varPsi_{2,1,1} + \varPsi_{2,1,-1}) = \sqrt{2}\left(\frac{1}{64\pi}\right)^{1/2}\left(\frac{1}{a_0}\right)^{3/2}\frac{r}{a_0}\exp\left(-\frac{r}{2a_0}\right)\sin\theta\cos\varphi \tag{8.6}$$

$$\frac{1}{\sqrt{2}}(\varPsi_{2,1,1} - \varPsi_{2,1,-1}) = \sqrt{2}\mathrm{i}\left(\frac{1}{64\pi}\right)^{1/2}\left(\frac{1}{a_0}\right)^{3/2}\frac{r}{a_0}\exp\left(-\frac{r}{2a_0}\right)\sin\theta\sin\varphi \tag{8.7}$$

となる。式8.6の右辺に現れる $r\sin\theta\cos\varphi$ は直交座標の x のことである（式5.19参照）。そこで，式8.6で表される波動関数を 2p$_x$ 軌道とよび，$\varPsi_{2\mathrm{p}_x}$ と書くと，

$$\varPsi_{2\mathrm{p}_x} = \left(\frac{1}{32\pi}\right)^{1/2}\left(\frac{1}{a_0}\right)^{3/2}\frac{x}{a_0}\exp\left(-\frac{r}{2a_0}\right) \tag{8.8}$$

[†1] それぞれの行の要素を2乗して足し算すると1になり，ある行と別の行の要素を掛け算して足し算すると0になるとき，規格直交化された行列という。たとえば，座標軸を角度 θ で回転すると，回転後の直交座標 (x', y') は回転前の直交座標 (x, y) の直交変換となり，$\begin{pmatrix} x' \\ y' \end{pmatrix} = \begin{pmatrix} \cos\theta & \sin\theta \\ -\sin\theta & \cos\theta \end{pmatrix}\begin{pmatrix} x \\ y \end{pmatrix}$ と表される（参考図書7）。直交座標 (x, y) の代わりに直交座標 (x', y') で空間を表すことができるように，$\varPsi_{2,1,\pm 1}$ の代わりに $\varPsi_{2\mathrm{p}_x}$ と $\varPsi_{2\mathrm{p}_y}$ で波動方程式の解の固有関数を表すことができる。

[†2] 直交変換で現れる係数の $1/\sqrt{2}$ は規格化定数である。波動関数のように f_a と f_b が直交している場合には交差項は0となるから，$\int (1/2)(f_a \pm f_b)^2\mathrm{d}\tau = (1/2)\left\{\int f_a^2\mathrm{d}\tau \pm 2\int f_a f_b\mathrm{d}\tau + \int f_b^2\mathrm{d}\tau\right\}$ $= (1/2)(1 \pm 0 + 1) = 1$ となり，直交変換した波動関数も規格化条件を満たすことがわかる。

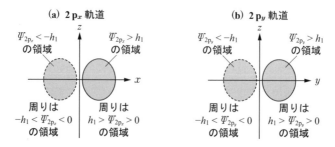

図 8.2   2 p$_x$ 軌道と 2 p$_y$ 軌道の波動関数（等高線 h_1 の断面図）

となる。適当な等高線 h_1 を選んで，Ψ_{2p_x} を描くと図 8.2 (a) のようになる。ただし，図 8.1 とは異なり，横軸に x 軸を選んだ。式 8.1 と比べるとすぐにわかるように，変数の z が x に変わっただけである。つまり，yz 平面を節面とし，波動関数は $x > 0$ の領域で正の値，$x < 0$ の領域で負の値になる。

同様に，式 8.7 の右辺に現れる $r \sin \theta \sin \varphi$ は直交座標の y のことだから（式 5.20 参照），2 p$_y$ 軌道とよび，Ψ_{2p_y} と書くと次のようになる。

$$\Psi_{2p_y} = \left(\frac{1}{32\pi}\right)^{1/2}\left(\frac{1}{a_0}\right)^{3/2}\frac{y}{a_0}\exp\left(-\frac{r}{2a_0}\right) \tag{8.9}$$

式 8.7 の係数には虚数単位 i が残っているが，規格化定数を決め直して消去した[†3]。Ψ_{2p_y} を図 8.2 (b) に示す。xz 平面を節面とし，波動関数は $y > 0$ の領域で正の値，$y < 0$ の領域で負の値になる。

8.3   3 d 軌道の波動関数

主量子数 n が 3 の場合には，3s 軌道と 3p 軌道のほかに 3d 軌道も考えられる。3d 軌道の方位量子数 l は 2 だから，式 7.4 からわかるように，磁気量子数 m は 0, ±1, ±2 が許される。$l = 2$ のルジャンドル陪多項式 $P_2^{|m|}(\cos \theta)$ は，$m = 0$ の場合には $(3\cos^2\theta - 1)/2$ であり，$m = \pm 1$ の場合には $\sin \theta \cos \theta$ であり，$m = \pm 2$ の場合には $3\sin^2\theta$ である。また，$\exp(im\varphi)$ に $m = 0$ を代入すると 1 という関数であり，$m = \pm 1$ を代入すると $\exp(\pm i\varphi)$ という関数であ

[†3] 波動関数は実数化すると存在確率という物理的意味がある。波動関数の係数の ±1 も ±i も，実数化すると同じになるから，どれを掛け算しても同じという意味。

表 **8.2**　五つの **3d** 軌道（$n=3$; $l=2$; $m=0, \pm1, \pm2$）の波動関数

$$\Psi_{3,2,0} = \frac{1}{81}\left(\frac{1}{6\pi}\right)^{1/2}\left(\frac{1}{a_0}\right)^{3/2}\frac{r^2}{a_0{}^2}\exp\left(-\frac{r}{3a_0}\right)(3\cos^2\theta-1) \qquad \Rightarrow \quad 3\mathrm{d}_{z^2}\text{軌道}$$

$$\Psi_{3,2,\pm1} = \frac{1}{81}\left(\frac{1}{\pi}\right)^{1/2}\left(\frac{1}{a_0}\right)^{3/2}\frac{r^2}{a_0{}^2}\exp\left(-\frac{r}{3a_0}\right)\sin\theta\cos\theta\exp(\pm\mathrm{i}\varphi) \qquad \Rightarrow \quad \begin{matrix}3\mathrm{d}_{xz}\text{軌道}\\3\mathrm{d}_{yz}\text{軌道}\end{matrix}$$

$$\Psi_{3,2,\pm2} = \frac{1}{162}\left(\frac{1}{\pi}\right)^{1/2}\left(\frac{1}{a_0}\right)^{3/2}\frac{r^2}{a_0{}^2}\exp\left(-\frac{r}{3a_0}\right)\sin^2\theta\exp(\pm2\mathrm{i}\varphi) \qquad \Rightarrow \quad \begin{matrix}3\mathrm{d}_{xy}\text{軌道}\\3\mathrm{d}_{x^2-y^2}\text{軌道}\end{matrix}$$

■ II ■
原子の波動関数

り，$m=\pm2$ を代入すると $\exp(\pm2\mathrm{i}\varphi)$ という関数である。五つの 3d 軌道の具体的な波動関数を**表 8.2** に示す。

実関数の $\Psi_{3,2,0}$ に含まれる $r^2\cos^2\theta$ は z^2 のことである（式 5.21 参照）。そこで，$\Psi_{3,2,0}$ で表される波動関数を $3\mathrm{d}_{z^2}$ 軌道とよび，$\Psi_{3\mathrm{d}_{z^2}}$ と書く。また，2p 軌道と同様に，二つの複素関数 $\Psi_{3,2,\pm1}$ を直交変換すると，次の二つの関数が得られる。

$$\frac{1}{\sqrt{2}}(\Psi_{3,2,1}+\Psi_{3,2,-1}) = \sqrt{2}\,\frac{1}{81}\left(\frac{1}{\pi}\right)^{1/2}\left(\frac{1}{a_0}\right)^{3/2}\frac{r^2}{a_0{}^2}\exp\left(-\frac{r}{3a_0}\right)\sin\theta\cos\theta\cos\varphi$$

$$(8.10)$$

$$\frac{1}{\sqrt{2}}(\Psi_{3,2,1}-\Psi_{3,2,-1}) = \sqrt{2}\mathrm{i}\,\frac{1}{81}\left(\frac{1}{\pi}\right)^{1/2}\left(\frac{1}{a_0}\right)^{3/2}\frac{r^2}{a_0{}^2}\exp\left(-\frac{r}{3a_0}\right)\sin\theta\cos\theta\sin\varphi$$

$$(8.11)$$

式 8.10 には $r^2\sin\theta\cos\theta\cos\varphi=xz$ が含まれるので（式 5.19 と式 5.21 参照），この波動関数を $3\mathrm{d}_{xz}$ 軌道とよぶ。一方，式 8.11 には $r^2\sin\theta\cos\theta\sin\varphi=yz$ が含まれるので（式 5.20 と式 5.21 参照），$3\mathrm{d}_{yz}$ 軌道とよぶ。同様に，表 8.2 の二つの複素関数 $\Psi_{3,2,\pm2}$ からは $3\mathrm{d}_{xy}$ 軌道と $3\mathrm{d}_{x^2-y^2}$ の実関数ができる（参考図書 4）。

適当な等高線 h_1 を選んで，五つの 3d 軌道を次ページの**図 8.3** に描いた。波動関数が正の領域の等高線は実線で，負の領域の等高線は破線で描いた。なお，断面図ではわかりにくいので立体的に描いた。それぞれの軌道には二つずつの節面がある。たとえば，左から 2 番目の $3\mathrm{d}_{xz}$ 軌道の波動関数には変数 xz が含まれるから，$x=0$ となる yz 平面と $z=0$ となる xy 平面が節面である。

式 6.30 で示したように，水素原子のエネルギー固有値は主量子数 n のみに

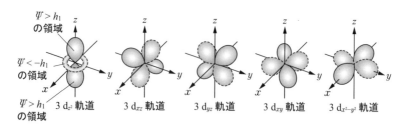

図 8.3　五つの **3 d** 軌道の波動関数（等高線 h_1 の立体図）

依存し，方位量子数 l や磁気量子数 m には依存しない。このことは，主量子数が同じ 2 s 軌道と三つの 2 p 軌道が同じエネルギー固有値になることを意味する。つまり，一つの固有値に対して，四つの異なる固有関数がある。このようなときに，「固有関数が**縮重**している」という[4]。同様に，主量子数が同じ 3 s 軌道と三つの 3 p 軌道と五つの 3 d 軌道も縮重した固有関数である。水素原子のエネルギー準位図を**図 8.4** に示す。縮重しているということは，エネルギー準位を表す水平線の高さが同じという意味である。

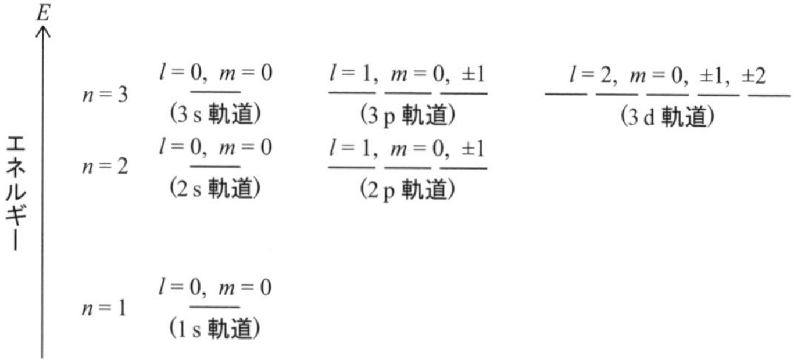

E

エ
ネ
ル
ギ
ー

$n = 3$　$l = 0,\ m = 0$ （3 s 軌道）　$l = 1,\ m = 0,\ \pm 1$ （3 p 軌道）　$l = 2,\ m = 0,\ \pm 1,\ \pm 2$ （3 d 軌道）

$n = 2$　$l = 0,\ m = 0$ （2 s 軌道）　$l = 1,\ m = 0,\ \pm 1$ （2 p 軌道）

$n = 1$　$l = 0,\ m = 0$ （1 s 軌道）

図 8.4　水素原子のエネルギー準位図（$n = 1, 2, 3$）

---

[4] 縮重している波動関数は，互いに直交した関数なので直交変換できる。

9 磁気モーメントを量子論で求める

量子論では，電子がどのような運動をしているか，その軌跡はわからない。しかし，古典力学で電子が原子核の周りを平面内で回っていると考え，**角運動量**の大きさの最小単位が $h/2\pi$ であると仮定すれば（式 4.4），水素原子のエネルギー（近似的には電子のエネルギー）が，量子論で求める**エネルギー固有値**と完全に一致する。この章では，まず，古典力学で，円運動する粒子の重要な物理量である角運動量を復習する。その後で，量子論で角運動量を演算子に変換して，角運動量の固有値を求める。また，電磁気学でよく知られているように，荷電粒子が円運動すると，**磁気モーメント**が生じる。つまり，水素原子は磁石のようなものである。量子論で磁気モーメントの固有値を求め，水素原子のエネルギー準位は外部磁場の影響を受ける（**ゼーマン効果**）ことを説明する。

9.1 角運動量を表す演算子

まずは，古典力学で**運動量**と**角運動量**を復習する。直線運動する粒子の運動量 $\boldsymbol{p}$ は粒子の質量 M と速度 $\boldsymbol{v}$ との積で表される。

$$\boldsymbol{p} = M\boldsymbol{v} \tag{9.1}$$

運動量も速度も方向と大きさをもつベクトルである。一方，円運動する粒子には角運動量を考える。角運動量はエネルギーや運動量と同様に保存される物理量である。図 9.1 では，紙面に垂直な面（xy 平面）内で，原子核の周りを電子が円運動すると仮定した。一般に，角運動量 $\boldsymbol{l}\,(l_x, l_y, l_z)$ は粒子の位置ベクトル $\boldsymbol{r}\,(x,y,z)$ と運動量ベクトル $\boldsymbol{p}\,(p_x, p_y, p_z)$ の**外積**で表されるベクトルである。

$$\boldsymbol{l} = \boldsymbol{r} \times \boldsymbol{p} \tag{9.2}$$

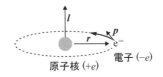

図 9.1　電子の位置ベクトル $\boldsymbol{r}$，運動量ベクトル $\boldsymbol{p}$，角運動量ベクトル $\boldsymbol{l}$

記号の "×" がベクトルとベクトルの外積を表す。成分で表すと[†1],

$$l_x = y p_z - z p_y \tag{9.3}$$

$$l_y = z p_x - x p_z \tag{9.4}$$

$$l_z = x p_y - y p_x \tag{9.5}$$

となる。また,ベクトル l の方向は,外積の記号 "×" の前のベクトル r に左手の中指をあて,後ろのベクトル p に人差し指をあてたときの親指の方向である。つまり,図 9.1 では紙面内で上向きである(**左手の法則**)。

今度は,角運動量の固有値を量子論で求めてみよう。まずは,運動量を演算子で表す必要がある。古典力学で運動エネルギーを表す式 5.5 の右辺の第 1 項を,演算子の式 5.14 の左辺の第 1 項と比較すると,

$$\frac{1}{2m_e}(p_x{}^2 + p_y{}^2 + p_z{}^2) \;\Rightarrow\; -\frac{\hbar^2}{2m_e}\left(\frac{\partial^2}{\partial x^2} + \frac{\partial^2}{\partial y^2} + \frac{\partial^2}{\partial z^2}\right) \tag{9.6}$$

と対応していることがわかる。ここで,等号(=)を使わずに矢印(⇒)を使った理由は,左側は物理量であるが,右側は操作を表す演算子であって,物理量ではないからである(§5.3 参照)。

x 成分に着目すると,$p_x{}^2$ が $-\hbar^2\partial^2/\partial x^2$ に対応している。そこで,両方の平方根をとって(式 9.6 の演算子を 2 回の操作と考えて),

$$p_x \;\Rightarrow\; -\mathrm{i}\hbar\frac{\partial}{\partial x} \tag{9.7}$$

と対応させる。§6.2 で説明したように,符号は正でも負でもよい。同様に,

$$p_y \;\Rightarrow\; -\mathrm{i}\hbar\frac{\partial}{\partial y} \tag{9.8}$$

$$p_z \;\Rightarrow\; -\mathrm{i}\hbar\frac{\partial}{\partial z} \tag{9.9}$$

と対応させる。詳しいことは省略するが(参考図書 4),式 9.7〜式 9.9 を式 9.3〜式 9.5 に代入して,さらに,極座標に変換すると,角運動量の成分の演算子は,

$$\hat{l}_x = -\mathrm{i}\hbar\left(-\sin\varphi\frac{\partial}{\partial\theta} - \cot\theta\cos\varphi\frac{\partial}{\partial\varphi}\right) \tag{9.10}$$

[†1] $c = a \times b$ の場合には,$c_x = a_y b_z - a_z b_y$,$c_y = a_z b_x - a_x b_z$,$c_z = a_x b_y - a_y b_x$ となる。添え字を $x \to y \to z$ と循環させる。

$$\hat{l}_y = -\mathrm{i}\hbar\left(\cos\varphi\frac{\partial}{\partial\theta} - \cot\theta\sin\varphi\frac{\partial}{\partial\varphi}\right) \tag{9.11}$$

$$\hat{l}_z = -\mathrm{i}\hbar\frac{\partial}{\partial\varphi} \tag{9.12}$$

となる。$\cot\theta$ は $1/\tan\theta$, つまり, $\cos\theta/\sin\theta$ のことである。また, 両辺とも演算子なので等号を使った。**角運動量の 2 乗**の演算子 $\hat{l}^2$ は次のようになる。

$$\hat{l}^2 = \hat{l}_x{}^2 + \hat{l}_y{}^2 + \hat{l}_z{}^2 = -\hbar^2\left\{\frac{1}{\sin^2\theta}\frac{\partial^2}{\partial\varphi^2} + \frac{1}{\sin\theta}\frac{\partial}{\partial\theta}\left(\sin\theta\frac{\partial}{\partial\theta}\right)\right\} \tag{9.13}$$

式 9.13 の演算子 $\hat{l}^2$ は, 式 6.28 の左辺の演算子と同じである。つまり, $\hat{l}^2$ の固有関数は球面調和関数 $Y_{l,m}(\theta,\varphi)$ であり, 固有値は $\hbar^2 l(l+1)$ となる。

$$\hat{l}^2 Y_{l,m}(\theta,\varphi) = \hbar^2 l(l+1) Y_{l,m}(\theta,\varphi) \tag{9.14}$$

なお, 球面調和関数の性質として, 次の条件がある。

$$l = 0, 1, \cdots \tag{9.15}$$

$$m = 0, \pm 1, \pm 2, \cdots, \pm l \tag{9.16}$$

角運動量の z 成分の演算子を表す式 9.12 は, 角度 φ のみに関する演算子である。球面調和関数 $Y_{l,m}(\theta,\varphi)$ の φ に関する固有関数は,

$$\Phi_m(\varphi) = \left(\frac{1}{2\pi}\right)^{1/2}\exp(\mathrm{i}m\varphi) \tag{9.17}$$

である (式 6.24 参照)。そこで, $\hat{l}_z$ を球面調和関数 $Y_{l,m}(\theta,\varphi)$ に演算すると,

$$\hat{l}_z Y_{l,m}(\theta,\varphi) = \Theta(\theta)\hat{l}_z\left\{\left(\frac{1}{2\pi}\right)^{1/2}\exp(\mathrm{i}m\varphi)\right\} = \Theta(\theta)\left\{-\mathrm{i}\hbar\left(\frac{1}{2\pi}\right)^{1/2}\frac{\partial}{\partial\varphi}\exp(\mathrm{i}m\varphi)\right\}$$

$$= \hbar m\,\Theta(\theta)\left\{\left(\frac{1}{2\pi}\right)^{1/2}\exp(\mathrm{i}m\varphi)\right\} = \hbar m\, Y_{l,m}(\theta,\varphi) \tag{9.18}$$

となる。$\hat{l}_z$ の固有関数も球面調和関数 $Y_{l,m}(\theta,\varphi)$ で, 固有値は $\hbar m$ である[2]。

9.2 磁気モーメント

次に, まず, 古典力学で**磁気双極子モーメント**[3] (略して**磁気モーメント**)を説明する。電磁気学で学ぶように, 荷電粒子が円運動すると, 磁場ができる

[2] $\hbar$ を $h/2\pi$, m を n と書けば, ボーアが仮定した式 4.4 になる。
[3] 位置ベクトル r と, あるベクトル a の外積 ($r \times a$) で表される物理量をモーメントという。「力のモーメント」は $r \times F$ となる。

（**アンペールの法則**）。円運動の中心に磁石ができたようなものである。磁石には N 極と S 極の二つの極があり，磁気モーメントは S 極から N 極に向かうベクトルである。磁力線は磁気モーメントの頭（N 極）から出て，尾（S 極）に戻る。磁気モーメントは地球内部にもある。北極が S 極であり，南極が N 極であり，磁気モーメントは北極から南極に向かうベクトルである（**図 9.2**）。

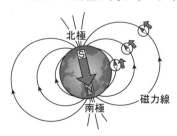

図 9.2　地球内部にある磁気モーメントと地球表面の磁力線

　方位磁石が北極を向く原因は，方位磁石の磁気モーメントが地球の磁気モーメントのつくる磁力線と相互作用するからである。地表の**磁束密度**を $\boldsymbol{B}(B_x, B_y, B_z)$，方位磁石の磁気モーメントを $\mu(\mu_x, \mu_y, \mu_z)$ とすると，相互作用のエネルギー E' は $\boldsymbol{B}$ と μ の**内積**で表され，

$$E' = -(\boldsymbol{B}\cdot\mu) = -(B_x\mu_x + B_y\mu_y + B_z\mu_z) = -|\boldsymbol{B}||\mu|\cos\theta \qquad (9.19)$$

となる。もしも，磁束密度と磁気モーメントが同じ向きならば，$\theta = 0$ だから $E' = -|\boldsymbol{B}||\mu|$ となり，エネルギーは最も低く安定になる。その結果，方位磁石は北を向く。

　電子が原子核の周りを円運動したときにできる磁気モーメントは，円運動の円の面積に電流の大きさを掛け算すれば求められる（**ビオ・サバールの法則**[†4]）。原子核と電子の距離を r とすれば，円の面積は πr^2 である。また，電子の速さを v とすれば，1 回転するために必要な時間は $2\pi r/v$ である。つまり，回転数（1 秒間に回転する数）は $v/2\pi r$ である。電流の大きさは回転数に電気素量 e を掛け算した値だから，磁気モーメントの大きさ μ は，

[†4] 磁束密度の単位はテスラ T（$= \mathrm{kg\,s^{-2}\,A^{-1}}$），磁気モーメントの単位は $\mathrm{J\,T^{-1}}$ である。エネルギーの単位のジュール J は $\mathrm{kg\,m^2\,s^{-2}}$ だから，$\mathrm{J\,T^{-1}} = (\mathrm{kg\,m^2\,s^{-2}}) \times (\mathrm{kg\,s^{-2}\,A^{-1}})^{-1} = \mathrm{m^2} \times \mathrm{A}$ となり，磁気モーメントは円運動の円の面積と電流の大きさの積で定義される（参考図書 2）。

$$|\mu| = \mu = \pi r^2 \times \frac{ev}{2\pi r} = \frac{erv}{2} \tag{9.20}$$

となる。

磁気モーメントはベクトルなので，方向を考える必要がある。円形電流の磁力線の向きは**右ねじの法則**として知られている。**図9.3**の場合には，電子の運動の方向と電流の方向が逆なので，注意が必要である。上から見たときに，電流は右回りに流れるので，磁気モーメントは下向きになる。つまり，図9.1の角運動量とは逆向きになる。ベクトルの外積を使って表現すれば，

$$\boldsymbol{\mu} = \frac{e}{2}\boldsymbol{r} \times (-\boldsymbol{v}) = -\frac{e}{2}(\boldsymbol{r} \times \boldsymbol{v}) \tag{9.21}$$

となる。右辺の分母と分子に m_{e} を掛け算すると，$m_{\mathrm{e}}\boldsymbol{v}$ は運動量 $\boldsymbol{p}$ のことである。また，$\boldsymbol{r} \times \boldsymbol{p}$ は角運動量 $\boldsymbol{l}$ のことだから，磁気モーメント $\boldsymbol{\mu}$ は，

$$\boldsymbol{\mu} = -\frac{em_{\mathrm{e}}}{2m_{\mathrm{e}}}(\boldsymbol{r} \times \boldsymbol{v}) = -\frac{e}{2m_{\mathrm{e}}}(\boldsymbol{r} \times \boldsymbol{p}) = -\frac{e}{2m_{\mathrm{e}}}\boldsymbol{l} \tag{9.22}$$

となる。磁気モーメントは角運動量に比例し，負の符号が逆向きを表す。

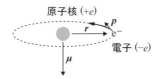

原子核 $(+e)$

電子 $(-e)$

図 9.3 電子の円運動による水素原子の磁気モーメント

9.3 外部磁場の中の水素原子

まずは，水素原子が受ける外部磁場の影響を古典力学で調べてみよう。外部磁場の方向を z 軸とすれば，磁束密度は $\boldsymbol{B}\,(0,0,B_z)$ と書ける。そうすると，外部磁場との相互作用によるエネルギー E' は $\boldsymbol{B}$ と μ の内積だから（式9.19参照），x 成分と y 成分は消えて，

$$E' = -(\boldsymbol{B}\cdot\mu) = -B_z\mu_z \tag{9.23}$$

となる。μ_z は式9.22より，

$$\mu_z = -\frac{e}{2m_{\mathrm{e}}}l_z \tag{9.24}$$

である。式 9.24 を式 9.23 に代入すると，外部磁場との相互作用によるエネルギー E' は次のようになる。

$$E' = \frac{e}{2m_e} B_z l_z \tag{9.25}$$

次に量子論で説明する。式 9.25 の B_z は外部磁場の大きさを表す定数である。一方，l_z は角運動量を表す演算子 $\hat{l}_z$ に変換する必要がある。すでに説明したように，演算子 $\hat{l}_z$ の固有関数は球面調和関数 $Y_{l,m}(\theta, \varphi)$ であり，固有値は $\hbar m$ である。したがって，式 9.25 の右辺を演算子に変換してから球面調和関数に演算すると，

$$\frac{e}{2m_e} B_z \hat{l}_z Y_{l,m}(\theta, \varphi) = \frac{eB_z \hbar}{2m_e} m Y_{l,m}(\theta, \varphi) = E' Y_{l,m}(\theta, \varphi) \tag{9.26}$$

となる。外部磁場との相互作用によるエネルギー E' の固有値が $(eB_z\hbar/2m_e)m$ であることがわかる。もしも，$m = 0$ ならば $E' = 0$ となり，外部磁場の影響を受けない[†5]。しかし，$m \neq 0$ では $E' \neq 0$ となり，外部磁場の影響を受ける（**ゼーマン効果**という）。これが m を**磁気量子数**とよぶ所以（ゆえん）である。式 6.30 のエネルギー $[E_n = -(m_e e^4/8\varepsilon_0 h^2)/n^2]$ に式 9.26 を考慮すると，外部磁場の中の水素原子のエネルギー準位は**図 9.4** のようになる（図 8.4 参照）。

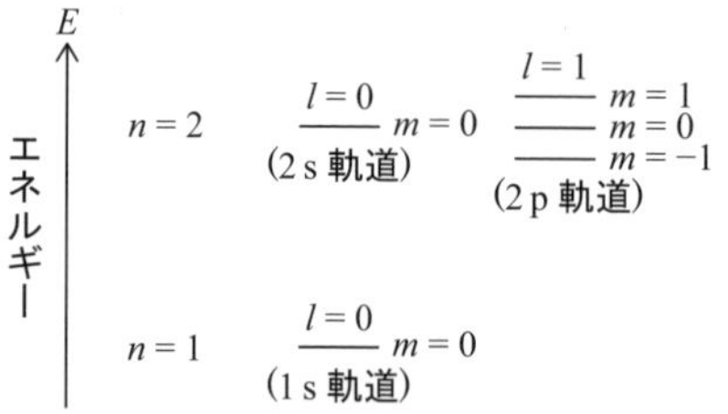

図 **9.4** 外部磁場の中の水素原子のエネルギー準位図 $(n = 1, 2)$

[†5] 古典力学では，荷電粒子が円運動すれば必ず磁気モーメントができる。しかし，量子論では磁気モーメントがない $m = 0$ の状態もある。

10 原子には複数の角運動量がある

　量子論で最も理解しにくい概念の一つが電子スピンである。しかし，電子スピンの概念がわからないと，原子の構造や性質を正しく理解することが難しい。前章では，水素原子のエネルギー準位が外部磁場の影響を受けることを説明した。その際に，古典力学で，「ボーアの原子模型 → 電子の円運動 → 電子の角運動量 → 電子の磁気モーメント」の順番で説明した。電子スピンの概念は逆の順番で提案される。まず，実験によって電子に第二の磁気モーメントがあることがわかった。そして，「第二の磁気モーメント → 第二の角運動量 → 第二の円運動 → 電子スピン」の順番で考えられた。ただし，第二の円運動は古典力学のモデルであって，量子論では電子の実際の運動の軌跡はわからない。この章では，まず，第二の磁気モーメントが見出された実験の概要を説明し，その後で，量子論で電子のスピン角運動量の固有値を求める。また，電子スピンと同様に，原子核には核スピンがある。

10.1　第二の磁気モーメント ───────────────────□

　水素原子の最もエネルギーの低い安定な軌道は1s軌道である。1s軌道の方位量子数 l は0なので，磁気量子数 m も0である。したがって，磁気モーメントがない。その結果，1s軌道の状態にある水素原子のエネルギー準位は，外部磁場の影響を受けないはずである（図9.4参照）。しかし，1s軌道の状態の水素原子を粒子線にして不均一磁場の中に通すと，上下の2方向に分裂することが見出された（図10.1）。不均一磁場は，N極の形状を尖らせて，S極の形状を丸めればできる。N極付近では磁束密度（単位面積あたりの磁力線の数）が大きく，S極付近では磁束密度が小さいから，不均一磁場である。磁気

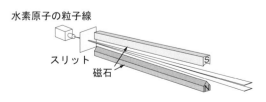

図 10.1　不均一磁場の中に通した水素原子の方向の分裂

モーメントのないはずの 1s 軌道の状態の水素原子が外部磁場の影響を受けるということは，別の磁気モーメントがあるということだろうか。

　どうして，不均一磁場の影響を受けたのかを考えるために，水素原子の代わりに小さな磁石（磁気モーメント）を不均一磁場の中に入れてみよう。**図10.2** は図 10.1 の断面図である。もしも，小さな磁石の S 極が磁束密度の大きい尖った N 極付近にあるとすると，強い力で下向きに引っ張られる［図 10.2 (a)］。一方，小さな磁石の N 極は磁束密度の小さい丸まった S 極付近にあるから，弱い力で上向きに引っ張られる。その結果，小さな磁石は磁気モーメント（⇨）とは反対方向に，下向きに動く。逆に，小さな磁石の N 極が磁束密度の大きい尖った N 極付近にあるならば，強い力で上向きに反発される［図 10.2 (b)］。一方，小さな磁石の S 極は磁束密度の小さい丸まった S 極付近にあるから，弱い力で下向きに反発される。その結果，小さな磁石は上向きに動く。こうして，図 10.1 で示したように，不均一磁場の中に通した水素原子は上下の 2 方向に分裂したと解釈できる[†1]。

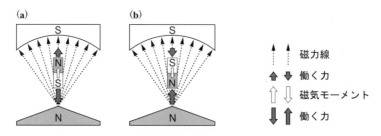

図 **10.2**　不均一磁場の中の磁石（磁気モーメント）に働く力

　しかし，1s 軌道の状態の水素原子は，方位量子数 l が 0 で磁気量子数 m も 0 だから，別の磁気モーメントを考える必要がある。この磁気モーメントの原因が**電子スピン**であり，古典力学のモデルでは第二の円運動である。ちょうど，太陽の周りを回る地球のようなものである（**図10.3** 参照）。地球は太陽の

[†1] 磁力線の方向に対して磁気モーメントが斜めの場合にはトルクが働き，エネルギーの最も低い安定な平行の状態になる。したがって，磁力線の方向に対して磁気モーメントの方向は同じ向きと逆向きの 2 種類を考える。

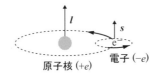

図 **10.3**　軌道角運動量 l とスピン角運動量 s

周りを公転しながら自転もする。公転運動によって生まれるのが第一の角運動量 l であり，これを**軌道角運動量**とよぶ。自転運動によって生まれるのが第二の角運動量であり，これを**スピン角運動量**とよぶ。記号は英語のスピン（spin）の頭文字をとって，s で表す。

10.2　スピン角運動量の固有値

　図 10.1 の実験結果から，水素原子には軌道角運動量のほかに，スピン角運動量を考える必要があることがわかった。軌道角運動量については，すでに 9 章で説明し，角運動量の 2 乗の固有値は $\hbar^2 l(l+1)$ であり，方位量子数 l には，

$$l = 0, 1, \cdots \tag{10.1}$$

の条件があった（式9.15）。また，角運動量の z 成分の固有値は $\hbar m$ であり，磁気量子数 m には，次の条件があった（式9.16）。

$$m = 0, \pm 1, \pm 2, \cdots, \pm l \tag{10.2}$$

　それでは，電子のスピン角運動量の固有値と量子数はどうなるだろうか。しかし，自転はあくまでも古典力学のモデルであり，電子が実際に自転しているかどうかはわからないし，そもそも電子の中心からどのくらいの距離で，どのくらいの電荷が回転しているかも想像できない。したがって，古典力学でスピン角運動量を求めることはできないし，量子論でスピン角運動量の演算子を求めることもできない。そこで，スピン角運動量は軌道角運動量と同じように角運動量だから，軌道角運動量の結果を参考にして考えることにする。つまり，方位量子数 l の代わりにスピン量子数を s とすれば，スピン角運動量の 2 乗の固有値は $\hbar^2 s(s+1)$ で表され，スピン量子数 s の条件は，

$$s = 0, 1, \cdots \tag{10.3}$$

と仮定する。また，スピン磁気量子数を m_s とすれば，スピン角運動量の z 成

分の固有値は $\hbar m_s$ であり，スピン磁気量子数 m_s の条件を次のように仮定する。

$$m_s = 0, \pm 1, \pm 2, \cdots, \pm s \tag{10.4}$$

　しかし，このように仮定すると困ったことになる。図 10.1 の実験では，電子のスピン角運動量による磁気モーメントによって，水素原子の粒子線は上下の 2 方向に分裂した。つまり，スピン磁気量子数 m_s は 2 種類である。式 10.4 を見るとわかるが，スピン量子数 s がどのような整数であっても，m_s の種類は奇数であって，偶数の 2 種類にはならない。そこで，これまでに説明した量子数はすべて整数であったが，スピン量子数 s は半整数であると仮定する。

$$s = 1/2 \tag{10.5}$$

こうすると，スピン磁気量子数 m_s は，

$$m_s = \pm 1/2 \tag{10.6}$$

の 2 種類となり，図 10.1 で示した実験結果をうまく説明できる[†2]。つまり，$m_s = -1/2$ と $m_s = 1/2$ の 2 種類の水素原子が，不均一磁場の中で逆向きの力を受け，上下の 2 方向に分裂する。これまでに，様々な実験が行われてきたが，スピン量子数 s が $1/2$ であるという仮定に矛盾する実験結果は得られていない。

10.3　電子スピンを考慮したエネルギー準位 ─────────□

　§8.3 では，主量子数 n，方位量子数 l，磁気量子数 m を使って水素原子のエネルギー準位を考えた（図 8.4）。電子にはスピン角運動量もあるから，スピン量子数 s とスピン磁気量子数 m_s も考慮して，水素原子のエネルギー準位を考えなければならない。ただし，方位量子数と異なり，スピン量子数は必ず $s = 1/2$ であり，したがって，スピン磁気量子数 m_s は必ず $-1/2$ または $1/2$ の 2 種類に限られる。なお，水素原子のエネルギー固有値は主量子数 n のみに依存し，スピン磁気量子数 m_s が $1/2$ であっても $-1/2$ であっても，エネルギー固有値は変わらない。つまり，それぞれの軌道は二つの固有関数が縮重す

[†2]　量子数の間隔は整数でも半整数でも常に 1 である。

る[†3]。1s軌道，2s軌道，2p軌道のエネルギー準位の様子を**図10.4**に示す。2p軌道は六つの状態が縮重している。軌道角運動量の磁気量子数 m が3種類であり，それぞれの磁気量子数に関して，スピン磁気量子数 m_s が2種類だから，合計で $6 (= 3 \times 2)$ になると考えればよい。

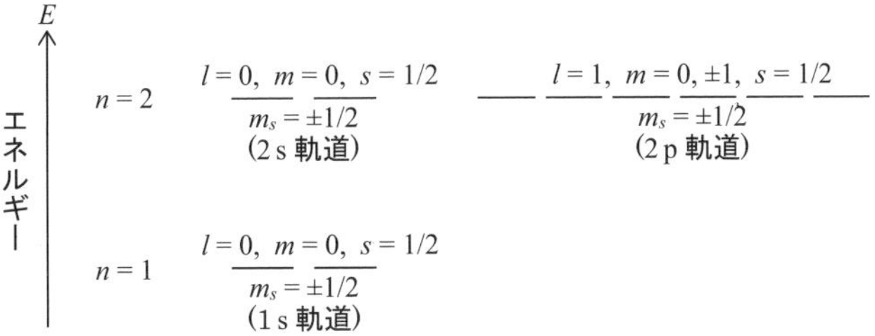

図10.4　スピン角運動量を考慮した水素原子のエネルギー準位（$n = 1, 2$）

　9章では，1s軌道や2s軌道のエネルギー準位は磁気量子数 m が0なので，外部磁場の影響を受けないと説明した（図9.4）。しかし，軌道角運動量による磁気モーメントがなくても，スピン角運動量による磁気モーメントがあるから，外部磁場の影響を受けるはずである。外部磁場の中の水素原子のエネルギー準位を**図10.5**に示した。なお，2p軌道の六つの縮重した状態は，外部磁場の中で，どのエネルギー準位が安定なのかを判断することは難しい。水素原子の中に軌道角運動量とスピン角運動量による2種類の磁気モーメントが相互

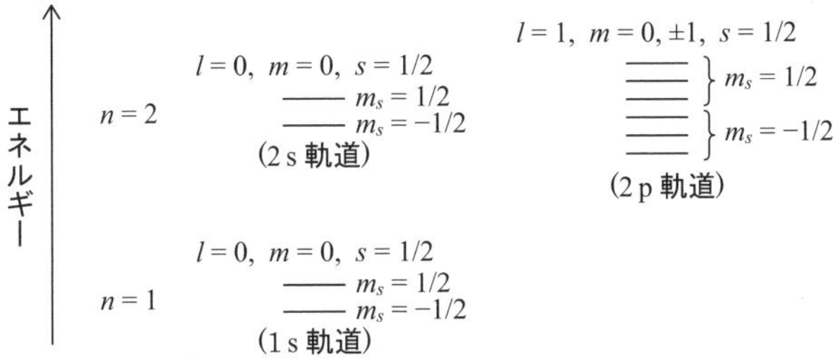

図10.5　スピン角運動量を考慮した外部磁場の中の水素原子のエネルギー準位（$n = 1, 2$）

[†3] 通常の教科書ではスピン磁気量子数 m_s の違いを ↑ と ↓ で表している。しかし，m_s を特別扱いする理由はないので，ほかの量子数と同様に，二つの縮重したエネルギー準位として描く。

作用するからである。つまり，2 種類の磁石が存在し，片方の磁気モーメント
が他方の磁気モーメントの磁力線と相互作用する。図 10.5 では，仮に軌道角
運動量による磁気モーメントでエネルギー準位が分裂し，さらに，スピン角運
動量による磁気モーメントでエネルギー準位が分裂すると仮定した[†4]。

さらに，電子のスピン角運動量（**電子スピン**）と同様に，原子核にもスピン
角運動量（**核スピン**）がある。地球だけではなく，太陽も自転しているような
ものである（**図 10.6**）。原子核のスピン角運動量の記号は I である[†5]。水素原
子の中には，電子スピンと核スピンによる磁石があって相互作用する。さら
に，2p 軌道の状態の電子では，軌道角運動量による磁石も含めて，三つの磁
石の相互作用を考えなければならない。話はかなり複雑になるので，ここでは
省略する（参考図書 1, 4）。なお，電子のスピン量子数 s は 1/2 に決まってい
るが，原子核のスピン量子数 I は原子の種類に依存する。水素原子 ^1H は $I =$
1/2 であるが，重水素原子 ^2H は $I = 1$ である。原子核のスピン量子数 I は陽
子の数と中性子の数から，だいたい推測できる（参考図書 7 参照）。

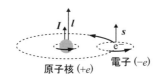

原子核 $(+e)$ 電子 $(-e)$

図 10.6 軌道角運動量 l，電子のスピン角運動量 s，核のスピン角運動量 I

[†4] 複数の電子を含む一般の原子では，軌道角運動量 L とスピン角運動量 S をベクトル合成し
て，一つの角運動量として扱う方法（LS 結合）がある。この場合，二つの角運動量を同じ向
きで合成するか，逆向きで合成するかによって，2p 軌道は四つの縮重した状態と二つの縮重
した状態に分裂する（参考図書 1, 4）。
[†5] 外部磁場の中で，ある特定の周波数の電波（ラジオ波）を照射すると，核のスピン角運動量
の向きが逆転する（$m_I = -1/2 \rightarrow 1/2$）現象が起こる。これを核磁気共鳴という。英語では
NMR といい，<u>n</u>uclear <u>m</u>agnetic <u>r</u>esonance の頭文字である。病院などで使われる医療機器の
MRI は，NMR を利用して画像化する。MRI は <u>m</u>agnetic <u>r</u>esonance <u>i</u>maging の頭文字であ
る。

11 ほかの電子は原子核の電荷を弱める

水素以外の元素の原子の波動関数やエネルギー固有値は，水素原子（H 原子）とは異なる。その原因の一つは原子核の電荷である。原子核の電荷が大きくなるにつれて，次第に**静電引力**が強くなる。その結果，電子は原子核の近くに存在する確率が大きくなる。もう一つの原因は，原子の中に 2 個以上の電子が存在することである。これは大問題である。1 個の電子しか含まない H 原子では考える必要がなかったが，複数の電子を含む原子では，電子同士の**静電斥力**によるポテンシャルエネルギーを考慮しなければならない。波動方程式を立てることができても，独立でない変数が含まれるから，その方程式を解くことができない。この章では，まず，1 個の電子を含む**ヘリウムイオン**（He⁺）の波動関数とエネルギー固有値の求め方を説明する。次に，2 個の電子を含む**ヘリウム原子**（He 原子）について，別の電子のために原子核の電荷が小さく感じられる効果（**遮蔽効果**）を説明する。

11.1 ヘリウムイオンの波動関数

ヘリウム原子（He 原子）を考える前に，**ヘリウムイオン**（He⁺）の波動方程式を考える。その理由は，He⁺ には 1 個の電子のみが含まれ，電子間の静電斥力に基づいたポテンシャルエネルギーを考える必要がなく，水素原子（H 原子）の波動方程式を応用できるからである。He⁺ の原子模型は図 11.1 のようになる（図 4.1 参照）。H 原子との違いは原子核の電荷が 2 倍の $+2e$ になることである。したがって，ポテンシャルエネルギーは $-e^2/4\pi\varepsilon_0 r$ の代わりに $-2e^2/4\pi\varepsilon_0 r$ とすればよい。つまり，He⁺ の波動方程式は，H 原子の波動方程式 5.16 を参考にして，

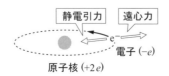

図 11.1　He⁺ の原子模型

$$\left[-\frac{\hbar^2}{2m_e}\nabla^2 - \frac{2e^2}{4\pi\varepsilon_0 r}\right]\Psi = E\Psi \tag{11.1}$$

となる。ここで，波動関数 Ψ の変数を書くのはわずらわしいので，(x,y,z) や (r,θ,φ) を省略した。式によって，直交座標あるいは極座標であると考えればよい。

　方程式 11.1 を解けば，H 原子と同様に，1s 軌道や 2s 軌道などの波動関数とエネルギー固有値を求めることができる。たとえば，H 原子の 1s 軌道の波動関数は表 7.1 に与えられていて，

$$\Psi_{1,0,0} = \left(\frac{1}{\pi}\right)^{1/2}\left(\frac{1}{a_0}\right)^{3/2}\exp\left(-\frac{r}{a_0}\right) \tag{11.2}$$

である。式 11.2 で e^2 の代わりに $2e^2$ とおけば，He^+ の 1s 軌道の波動関数を求められるはずである。しかし，式 11.2 には e^2 がない。実は，ボーア半径 a_0 の中に e^2 がある。ボーア半径の定義は式 4.6 で与えられている。

$$a_0 = \frac{\varepsilon_0 h^2}{\pi m_e e^2} \tag{11.3}$$

e^2 の代わりに $2e^2$ と置くために，両辺を 2 で割り算すれば次のようになる。

$$\frac{a_0}{2} = \frac{\varepsilon_0 h^2}{\pi m_e 2e^2} \tag{11.4}$$

つまり，式 11.2 で a_0 の代わりに $a_0/2$ とすればよい。He^+ の 1s 軌道の波動関数 $\Psi_{1,0,0}$ は次のようになる。

$$\Psi_{1,0,0} = \left(\frac{1}{\pi}\right)^{1/2}\left(\frac{2}{a_0}\right)^{3/2}\exp\left(-\frac{2r}{a_0}\right) \tag{11.5}$$

また，電子の存在確率が最大となる原子核からの距離は，H 原子ではボーア半径 a_0 だったので，He^+ では $a_0/2$ となる。**図 11.2** で，H 原子と He^+ の電子の存在確率が最大となる半径を比較した。

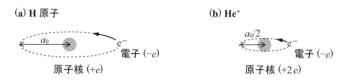

(a) H 原子　　　　　　　　　　**(b) He⁺**

図 11.2　H 原子と He^+ の電子の最大存在確率の比較

一方，H 原子のエネルギー固有値 E_n は式 6.30 で与えられている。

$$E_n = -\frac{m_e e^4}{8\varepsilon_0{}^2 h^2} \times \frac{1}{n^2} \tag{11.6}$$

e^2 に $2e^2$ を代入すれば，He^+ のエネルギー固有値 E_n は，

$$E_n = -\frac{m_e 4e^4}{8\varepsilon_0{}^2 h^2} \times \frac{1}{n^2} = -\frac{m_e e^4}{2\varepsilon_0{}^2 h^2} \times \frac{1}{n^2} \tag{11.7}$$

となる。つまり，He^+ のエネルギー固有値は H 原子の 4 倍である。負の符号が付いているから，エネルギーが 4 倍低く，安定であることを意味する。実際に，電子質量 m_e，電気素量 e，真空の誘電率 ε_0，プランク定数 h の値（205 ページ）を代入すると，H 原子の 1s 軌道のエネルギー固有値は約 $-13.6\,\mathrm{eV}$，He^+ の 1s 軌道のエネルギー固有値は約 $-54.4\,\mathrm{eV}$ となる[†1]。

11.2 ヘリウム原子の波動方程式

それでは，He 原子の波動方程式を考えてみよう。He 原子には 2 個の電子が含まれるので，それらを仮に電子 1 と電子 2 と名付けることにする。図 11.3 に示したように，電子 1 と原子核との距離を r_1，電子 2 と原子核との距離を r_2，電子間の距離を r_{12} とすると，He 原子の波動方程式は，

$$\left[-\frac{\hbar^2}{2m_e}\nabla_1{}^2 - \frac{2e^2}{4\pi\varepsilon_0 r_1} - \frac{\hbar^2}{2m_e}\nabla_2{}^2 - \frac{2e^2}{4\pi\varepsilon_0 r_2} + \frac{e^2}{4\pi\varepsilon_0 r_{12}} \right]\Psi = E\Psi \tag{11.8}$$

となる。演算子の第 1 項が電子 1 の運動エネルギー，第 2 項が電子 1 と原子核との静電引力によるポテンシャルエネルギーを表す。また，第 3 項が電子 2 の運動エネルギー，第 4 項が電子 2 と原子核との静電引力によるポテンシャルエネルギーを表す。そして，第 5 項が 2 個の電子の静電斥力によるポテンシャルエネルギーを表す。

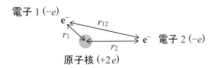

図 11.3　He 原子の粒子間の座標

変数 r_1 と r_2 と r_{12} は独立な変数でない。二つの変数を変えると，残りの変数も変わるという意味である。古典力学ではこれを**三体問題**といい，式 11.8 は何らかの制限（条件）がなければ解くことはできない。もしも，式 11.8 の変数 r_{12} に関する第 5 項がなければ，He 原子の波動方程式は，

$$\left[\left(-\frac{\hbar^2}{2m_e}\nabla_1{}^2 - \frac{2e^2}{4\pi\varepsilon_0 r_1}\right) + \left(-\frac{\hbar^2}{2m_e}\nabla_2{}^2 - \frac{2e^2}{4\pi\varepsilon_0 r_2}\right)\right]\Psi = E\Psi \quad (11.9)$$

となり，電子 1 に関する演算子と電子 2 に関する演算子に変数分離できる。しかも，左辺の（　）の中の演算子は式 11.1 で示した He^+ の演算子と同じである。そこで，He^+ の波動関数を ϕ（ファイ，角度とは無関係），エネルギー固有値を ε（イプシロン，真空中の誘電率 ε_0 とは無関係）とすると，式 11.9 の固有関数 Ψ は $\phi_1\phi_2$ で表され，固有値 E は $\varepsilon_1 + \varepsilon_2$ で表される（§6.1 参照）。添え字の 1 と 2 は電子 1 と電子 2 の物理量であることを表す。He^+ の演算子を $\hat{h}$ として，実際に式 11.9 に代入すると，

$$\left(\hat{h}_1 + \hat{h}_2\right)\phi_1\phi_2 = \left(\hat{h}_1\phi_1\right)\phi_2 + \phi_1\left(\hat{h}_2\phi_2\right) = (\varepsilon_1\phi_1)\phi_2 + \phi_1(\varepsilon_2\phi_2) = (\varepsilon_1 + \varepsilon_2)\phi_1\phi_2$$

$$(11.10)$$

となって，式 11.9 の波動方程式が成り立つことを確認できる。

式 11.8 の第 5 項を無視したということは，He 原子に含まれる 2 個の電子の静電斥力を無視したことを意味する。つまり，それぞれの電子が別の電子の存在を無視すると，それぞれの電子の波動関数とエネルギー固有値が He^+ と同じになる。しかし，電子間の静電斥力は，電子と原子核との静電引力に比べて無視できるほど小さくはない。どうしたらよいだろうか。

11.3　遮蔽効果と有効核電荷 ─────────────────── ◻

電子 1 の立場になって考えてみよう。**図 11.4 (a)** に示したように，もしも，電子 2 が電子 1 よりも原子核から遠く離れているならば，電子 1 が感じる原子核の電荷は $+2e$ である。これは「電子 1 の波動方程式が He^+ の電子と同じである」という前節で説明した近似を表す。しかし，電子 2 はどこにでも存在できるから，**図 11.4 (b)** に示したように，電子 1 よりも原子核に近い位置に存在することもある。この場合の原子核の電荷は電子 2 によって弱められて，電

(a) 電子1は
　　原子核の電荷を
　　+2e と感じる

(b) 電子1は
　　原子核の電荷を
　　+e と感じる

(c) 電子1は
　　原子核の電荷を
　　+1.704e と感じる

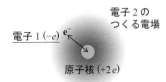

図 11.4　電子1が感じる原子核の電荷

子1が感じる原子核の電荷は +e となる。電子2の存在する位置を平均して考えれば，電子1が感じる原子核の電荷は +e ～ +2e の範囲にある。つまり，電子2の存在確率が電子2のつくる「電場」を表すと考えれば，**図 11.4 (c)** のようになる。様々な実験によって，電子1が感じる平均的な原子核の電荷（**有効核電荷**）を +1.704e と仮定したときに，最もよく実験結果を再現した。別の電子によって原子核の電荷が遮蔽されるので，この効果を**遮蔽効果**という。遮蔽効果によって，He 原子の電子の存在確率が最大となる原子核からの距離は，H 原子の a_0 と He^+ の $a_0/2$ の間の $a_0/1.704$ となる。

　有効核電荷が +1.704e だから，He 原子のそれぞれの電子の 1s 軌道の波動関数 ϕ は，

$$\phi = \left(\frac{1}{\pi}\right)^{1/2}\left(\frac{1.704}{a_0}\right)^{3/2}\exp\left(-\frac{1.704r}{a_0}\right) \tag{11.11}$$

となる。したがって，2個の電子が 1s 軌道の状態の He 原子の波動関数 Ψ は，

$$\Psi = \phi_1\phi_2 = \left(\frac{1}{\pi}\right)^{1/2}\left(\frac{1.704}{a_0}\right)^{3/2}\exp\left(-\frac{1.704r_1}{a_0}\right) \times \left(\frac{1}{\pi}\right)^{1/2}\left(\frac{1.704}{a_0}\right)^{3/2}\exp\left(-\frac{1.704r_2}{a_0}\right)$$

$$= \left(\frac{1}{\pi}\right)\left(\frac{1.704}{a_0}\right)^{3}\exp\left\{-\frac{1.704}{a_0}(r_1 + r_2)\right\} \tag{11.12}$$

となる。また，He 原子のそれぞれの電子のエネルギー固有値 ε_n は，次のようになる。

$$\varepsilon_n = -\frac{m_e(1.704)^2 e^4}{8\varepsilon_0{}^2 h^2} \times \frac{1}{n^2} \approx -2.90 \times \frac{m_e e^4}{8\varepsilon_0{}^2 h^2} \times \frac{1}{n^2} \tag{11.13}$$

Ⅲ　電子の角運動量

つまり，H 原子の 1s 軌道のエネルギー固有値（$-13.6\,\mathrm{eV}$）の約 2.90 倍の $-39.5\,\mathrm{eV}$ となる。そうすると，2 個の電子が 1s 軌道の状態の He 原子のエネルギー固有値 E は $2 \times (-39.5\,\mathrm{eV}) = -79.0\,\mathrm{eV}$ となる[2]。

H 原子，He^+，He 原子の 1s 軌道のエネルギー準位を図 11.5 で比較した。それぞれのエネルギー固有値 ε の値は $-13.6\,\mathrm{eV}$，$-54.4\,\mathrm{eV}$，$-39.5\,\mathrm{eV}$ である。10 章で説明したように，それぞれのエネルギー準位は電子スピン磁気量子数の違い（$m_s = -1/2$ または $m_s = 1/2$）によって縮重しているので，水平線を二つずつ描いた。○が電子を表す。電子は**フェルミ粒子**に分類され[3]，一つの状態に 1 個の電子しか存在できない。つまり，一つの水平線に一つの○しか書けない。すべての量子数が同じ状態になる電子は 1 個だけという意味である。H 原子と He^+ に含まれる電子は 1 個なので，○をどちらの水平線に描いてもよい。しかし，He 原子に含まれる 2 個の電子は片方が $m_s = -1/2$ ならば，もう一方は $m_s = 1/2$ でなければならないので，○を別々の水平線に描いた。言い換えれば，同じニックネームの軌道では，電子はスピン磁気量子数 m_s が同じになれない。これを**パウリの排他原理**という（詳しくは参考図書 1，4，7 を参照）。

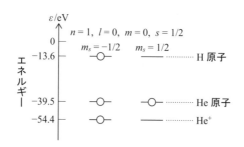

図 11.5　1s 軌道のエネルギー準位の比較と電子配置

---

[2] 原子のエネルギー E と軌道のエネルギー ε を区別している。H 原子と He^+ は含まれる電子が 1 個なので，$\varepsilon = E$ である。

[3] 光子などは，すべての量子数が同じ状態になることができる。ボース粒子という。

12 元素の周期表を量子論で解釈する

前章では，1s軌道の遮蔽効果について説明した。同じ1s軌道の状態の電子でも，He原子の2個の電子が感じる原子核の電荷（有効核電荷）と，He^+の1個の電子が感じる原子核の電荷は異なる。この章では，一般の原子のエネルギー固有値を考える。一般の原子は複数の電子を含み，s軌道だけではなく，p軌道やd軌道の状態の電子も関与する。p軌道（$l=1$）の状態の電子の有効核電荷は，s軌道（$l=0$）の状態の電子の有効核電荷とは異なる。まずは，方位量子数の違いによって遮蔽効果が異なり，エネルギー固有値が主量子数だけではなく，方位量子数にも依存することを説明する。さらに，スピン磁気量子数を考慮した電子配置を考えることによって，電子殻の概念を使わずに，周期表を解釈する。また，イオン化エネルギーや電子親和エネルギーが，イオン化する前の軌道のエネルギー固有値ではなく，イオン化する前後のエネルギー固有値の差であることを説明する。

12.1 p軌道，d軌道の遮蔽効果

高校ではK殻，L殻，M殻などの電子殻を使って周期表を習う。リチウム原子（Li原子）の例を図12.1に示す。しかし，そもそも「電子殻」とは何だろうか。また，どうして，K殻に2個の電子が入り，L殻に8個の電子が入るのかという説明がない。M殻には18個の電子が入る可能性があるのに，周期表の第3周期の元素の種類の数が8である。さらに困ることは，電子殻を表す円が，ボーアの原子模型を想像させてしまうことである。まるで，電子が電子殻に束縛されているかのように描かれる。電子殻を表す円は，電子の軌道半径を表すのではなく，単に，エネルギーの違いを表す。エネルギー準位の水平線を丸くしたようなものであると考えればよい（丸くする必要はどこにもない）。

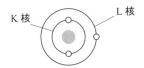

図12.1 電子殻の概念を使ったLi原子の電子配置

III 電子の角運動量

　周期表を理解するために，まずは，2s 軌道と 2p 軌道の遮蔽効果の違いを調べてみよう。2s 軌道の状態の電子の存在確率は球対称であり（7 章参照），原子核の位置で最も大きい。そして，原子核から離れるに従って，電子の存在確率は小さくなる[†1]。電子が原子核のすぐそばに存在するということは，<u>ほかの電子</u>が 2s 軌道の状態の電子の内側に存在する確率は小さいことを意味する。つまり，遮蔽効果が小さいので，原子核との間の静電引力はあまり弱くならない。その結果，2s 軌道のエネルギー固有値は遮蔽効果の影響をあまり受けない。図 7.2 で示した 2s 軌道を使って，遮蔽効果の様子を**図 12.2 (a)** に示した。

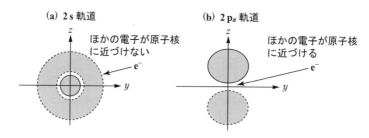

図 12.2　2s 軌道と 2p$_z$ 軌道の遮蔽効果の違い

　それでは，2p 軌道の状態の電子の遮蔽効果はどうなるだろうか。2p 軌道の波動関数には節面があり（図 8.1 参照），原子核の位置での電子の存在確率は 0 である。そして，原子核から離れるに従って，電子の存在確率が少しずつ大きくなる。つまり，2s 軌道に比べると，<u>ほかの電子</u>が 2p 軌道の状態の電子の内側に存在する確率が大きいことを意味する。そうすると，遮蔽効果が大きいので，原子核との間の静電引力が弱くなって，2p 軌道の状態の電子のエネルギーは高くなって不安定になる。図 8.1 で示した 2p$_z$ 軌道を使って，遮蔽効果の様子を**図 12.2 (b)** に示した。2p$_x$ 軌道や 2p$_y$ 軌道でも同様である。さらに，3d 軌道の状態の電子は 3s 軌道や 3p 軌道よりも原子核から離れて存在する確率が大きい（図 8.3 参照）。また，節面の数が増える。その結果，ほかの電子が 3d 軌道の状態の電子の内側に存在する確率が大きくなる。つまり，

[†1] ここでは動径分布関数ではなく，三次元空間で波動関数を説明している。

3d 軌道の遮蔽効果は 3s 軌道や 3p 軌道の遮蔽効果よりも大きい。

12.2 エネルギー準位を使った周期表の説明 □

　H 原子に含まれる電子の数は 1 個なので，ほかの電子の存在が原因となる遮蔽効果を考える必要がなかった。したがって，エネルギー固有値は主量子数 n のみに依存し，方位量子数 l には依存しなかった（図 8.4 参照）。しかし，複数の電子を含む水素以外の元素の原子では，遮蔽効果を考慮する必要がある。つまり，エネルギー固有値は主量子数 n だけではなく，方位量子数 l にも依存する。主量子数 n が同じでも，s 軌道よりも p 軌道のほうが不安定であり，さらに d 軌道のほうがもっと不安定である。不等号を使ってそれぞれの軌道のエネルギー ε を比較すれば，

$$1s < 2s < 2p < 3s < 3p < 4s < 3d < 4p \qquad (12.1)$$

となる。基本的には主量子数の順番で不安定になるが，3d 軌道は遮蔽効果の影響が大きいために 4s 軌道よりも不安定になる。

　図 12.3 のエネルギー準位では，磁気量子数 m やスピン磁気量子数 m_s が違ってもエネルギー固有値は変わらないと仮定して，縮重した軌道の数だけ水平線を描いた。エネルギーの近い水平線を一つのグループと考え，それぞれのグループの水平線の数を数えてみると，周期表のそれぞれの周期の元素の種類

Ⅲ　電子の角運動量

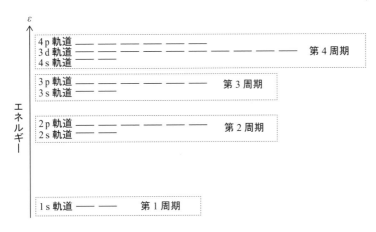

図 **12.3** エネルギー準位と周期表との関係

の数との対応が見えてくる。元素番号[2]が大きくなるにつれて，最も安定な軌道の状態から順番に電子を配置していけばよい。そうすると，第1周期はHとHeの2種類，第2周期はLi…Neの8種類，第3周期はNa…Arの8種類，第4周期はK…Krの18種類となる（前見返し表A参照）。

それぞれの元素の電子配置で説明した周期表を**図12.4**に示す。元素の種類が変わると，原子核の電荷が変わるので，それぞれの軌道のエネルギー固有値も大きく変わる。たとえば，H原子とHe原子の1s軌道のエネルギー固有値は異なる（図11.5参照）。しかし，図12.4ではエネルギーの絶対値ではなく，電子配置のみを示した。また，電子が関係しない軌道を省略した。そのほかの周期の元素の電子配置は図12.4から容易に類推できるので省略した。

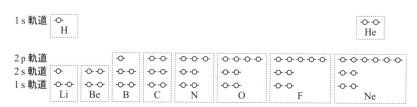

図12.4 各元素の電子配置

12.3 イオン化エネルギー

周期表の一番左側の元素のグループ（Hを除く）を**アルカリ金属**（1族）という（前見返し表A参照）。アルカリ金属は1個の電子を放出すると，電子配置が周期表の一番右の**貴ガス**（18族）と同じになる。図12.4を見るとわかるように，貴ガスの電子配置は，図12.3のそれぞれのグループの軌道がすべて使われた状態になり，安定である[3]。

原子から電子を除いてイオンにするためのエネルギーを**イオン化エネルギー**という。エネルギー準位を使ってイオン化エネルギーを考えるときには，注意が必要である。H原子とHe原子のイオン化を説明するために，図11.5を図

---

[2] 普通は原子番号というが，本来は元素の番号なので，この教科書では元素番号とよぶ。

[3] 貴ガスの原子の波動関数は対称性がよく，全電子の角運動量をベクトル合成した全軌道角運動量も全スピン角運動量も相殺されて0になる（参考図書4）。なお，希ガス（rare gas）ではなく貴ガス（noble gas）と書く。希ガス（rare gas）は国際的に通用しない。

12.5 に再掲する。ただし，H^+ と He^{2+} も追加した。これらのイオンは電子を含まないので，エネルギーが 0 の位置に描いた。

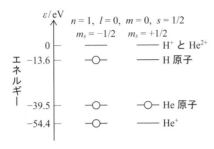

図 12.5　H 原子と He 原子と，それらのイオンのエネルギー準位

　H 原子のイオン化の解釈は簡単である。

$$H \longrightarrow H^+ + e^- \tag{12.2}$$

イオン化エネルギーは H 原子の 1s 軌道のエネルギー固有値 ε の符号を正にして，13.6 eV である。つまり，H 原子に 13.6 eV のエネルギーを与えると，H 原子の電子は原子核の電気的な束縛から逃れて自由になる（主量子数 $n = \infty$）という意味である。

　それでは，He 原子のイオン化エネルギーは，1s 軌道のエネルギー固有値 ε の符号を正にして 39.5 eV になるかというと，そうはならない。まずは，He 原子の 1 個の電子が自由になって He^+ になるとしよう。そのために必要なエネルギーを第一イオン化エネルギーという。

$$He \longrightarrow He^+ + e^- （第一イオン化） \tag{12.3}$$

図 12.5 を見るとわかるように，He 原子のエネルギー固有値 E は 1s 軌道のエネルギー固有値の 2 倍になるから，-79.0 eV $(= -2 \times 39.5 \text{ eV})$ である（§11.3 参照）。一方，He^+ のエネルギー固有値 $E\,(=\varepsilon)$ は -54.4 eV であり，これらのエネルギーの差がイオン化エネルギーの大きさとなる。つまり，第一イオン化エネルギーは，

$$(-54.4\,\text{eV}) - (-79.0\,\text{eV}) = 24.6\,\text{eV} \tag{12.4}$$

となる。どうして，He 原子の第一イオン化エネルギーが 1s 軌道のエネルギー固有値 ε の大きさよりも小さいかというと，1 個の電子がイオン化のため

に原子核から離れていくと，残された電子が感じる有効核電荷が $+1.705e$ から $+2e$ に次第に大きくなり，エネルギーが安定になるからである。言い換えれば，イオン化のために離れていく電子の感じる有効核電荷が $+1.705e$ から $+e$ に次第に小さくなって，少ないエネルギーで自由になれるからである。

He^+ の 1 個の電子が自由になって，He^{2+} になるために必要なエネルギーを He 原子の第二イオン化エネルギーという。

$$He^+ \longrightarrow He^{2+} + e^- \quad (第二イオン化) \qquad (12.5)$$

He^+ には 1 個の電子しかないから，ほかの電子による遮蔽効果を考える必要はない。H 原子のイオン化エネルギーと同様に，He^+ の 1s 軌道のエネルギー固有値 ε の大きさ 54.4 eV が，そのまま第二イオン化エネルギーとなる。He 原子の第一イオン化エネルギー 24.6 eV と，第二イオン化エネルギー 54.4 eV を合わせれば 79.0 eV となり，これは He 原子のエネルギー固有値 E の大きさと一致する。1 個の電子を含む原子あるいはイオンでは，イオン化エネルギーは軌道のエネルギー固有値 ε の大きさになるが，2 個以上の電子を含む原子あるいはイオンでは，遮蔽効果のために，イオン化エネルギーは軌道のエネルギー固有値 ε の大きさとは一致しない。

周期表の右から 2 番目の元素のグループ（17 族）を**ハロゲン**という。ハロゲンに 1 個の電子付着があると，貴ガスと同じ電子配置になるので安定化する。たとえば，

$$F + e^- \longrightarrow F^- \qquad (12.6)$$

となる。電子付着するときに放出されるエネルギーを**電子親和エネルギー**[†4] という。電子親和エネルギーも，イオン化エネルギーと同様に，軌道のエネルギー固有値 ε ではなく，F 原子と F^- のエネルギー固有値 E の差である（参考図書 3）。

[†4] 電子親和力という言葉が使われるが，力の単位ではなくエネルギーの単位なので，この教科書では電子親和エネルギーとよぶ。

13 分子軌道は原子の波動関数で近似する

これまでは，原子の波動関数やエネルギー固有値を求め，原子の構造や性質を調べてきた。ここからは，分子の波動関数やエネルギー固有値を調べる。しかし，**He** 原子でさえも，**2** 個の電子を含むために，波動方程式を解くことができず，近似を用いる必要があった。分子になれば，電子だけでなく原子核の数も増えるので，さらに複雑になり，さらに近似が必要となる。この章では，まず，分子の中で最も簡単な**水素分子イオン**（$\mathbf{H_2^+}$）を扱う。$\mathbf{H_2^+}$ は水素分子から **1** 個の電子を除いた分子である。どのようにして扱うかというと，これまでに学んだ **H** 原子の波動関数の**線形結合**で近似して（**LCAO 近似**），**結合性軌道**と**反結合性軌道**を求める。それらの軌道から，近似的ではあるが，分子の中の電子の存在確率やエネルギー固有値を求めることができる。分子の中で電子がどのあたりにどのくらい存在するかがわかれば，分子の結合距離や反応性などを理解できる。

13.1 水素分子イオンの波動方程式

H 原子や He^+ と同じように，**水素分子イオン**（H_2^+）に含まれる電子は 1 個なので，波動方程式は解けるはずだと思うかもしれない。しかし，電子のほかに 2 個の原子核（陽子）が含まれるので，波動方程式は厳密には解けない。§11.2 で説明した三体問題である。どのような近似を用いたらよいだろうか。

まず，それぞれの原子核に A と B の名前を付けて区別する（**図 13.1** 参照）。また，電子と原子核 A との距離を r_A，原子核 B との距離を r_B，2 個の原子核間の距離（核間距離）を R とする。H 原子の波動方程式を立てるときにも説明したが，原子核は電子に比べて重いので，原子核の運動エネルギーは無視できると近似する。そうすると，H_2^+ の波動方程式は，

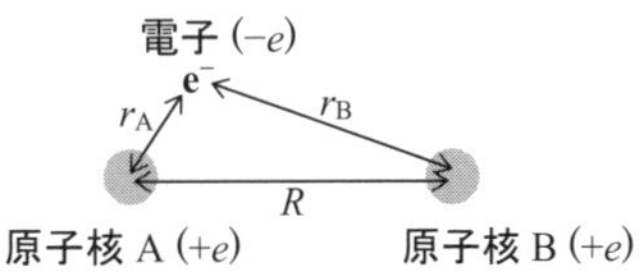

図 13.1　$\mathbf{H_2^+}$ の粒子間の距離の座標

$$\left[-\frac{\hbar^2}{2m_e}\nabla^2-\frac{e^2}{4\pi\varepsilon_0 r_A}-\frac{e^2}{4\pi\varepsilon_0 r_B}+\frac{e^2}{4\pi\varepsilon_0 R}\right]\Psi=E\Psi \qquad (13.1)$$

となる。演算子の第1項が電子の運動エネルギー，第2項と第3項が電子と原子核との静電引力によるポテンシャルエネルギー，第4項が原子核間の静電斥力によるポテンシャルエネルギーを表す。

　電子は H_2^+ の原子核の周りのどこにでも存在するが，もしも，電子が原子核Aの近くにいるならば，電子と原子核AをH原子(A)とみなすことができる［**図13.2 (a)**］。そうすると，原子核Aの近くでの波動関数はH原子(A)の波動関数で近似できる。また，電子が原子核Bの近くにいるならば，電子と原子核BをH原子(B)とみなすことができる［**図13.2 (b)**］。そうすると，原子核Bの近くでの波動関数はH原子(B)の波動関数で近似できる。

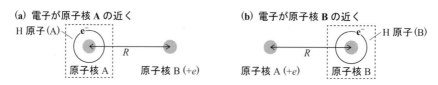

(a) 電子が原子核 **A** の近く　　　　　　　**(b)** 電子が原子核 **B** の近く

図 13.2　H_2^+ に関する近似

13.2　水素分子イオンの分子軌道

　それでは，図13.2で近似した状態の波動関数を考えてみよう。説明を簡単にするために，H原子の波動関数として，エネルギー固有値の最も低い1s軌道を考えることにする。H原子(A)とH原子(B)の波動関数の名前を $\chi_{1s(A)}$ と $\chi_{1s(B)}$ とすると，表7.1を参考にして，

$$\chi_{1s(A)}=\left(\frac{1}{\pi}\right)^{1/2}\left(\frac{1}{a_0}\right)^{3/2}\exp\left(-\frac{r_A}{a_0}\right) \quad \text{および} \quad \chi_{1s(B)}=\left(\frac{1}{\pi}\right)^{1/2}\left(\frac{1}{a_0}\right)^{3/2}\exp\left(-\frac{r_B}{a_0}\right) \quad (13.2)$$

と表される。r_A と r_B はそれぞれの原子核の中心に原点をとった座標なので，H_2^+ の波動関数を定量的に扱うためには，共通の原点で書き直す必要がある（参考図書4）。しかし，以下の定性的な説明では気にする必要はない。

　H_2^+ の波動関数 Ψ が，原子核Aの近くでは $\chi_{1s(A)}$ で表され，原子核Bの近くでは $\chi_{1s(B)}$ で表されると近似すると，次のように書ける。

$$\Psi = \chi_{1s(A)} + \chi_{1s(B)} \tag{13.3}$$

古典力学のイメージでは，池に 2 個の石を投げたときの二つの波紋が重なったと考えればよい。2 個の石の間隔が核間距離 R に相当する。ただし，ここで注意することがある。原子では，波動関数の符号は正でも負でもよいと説明した（§6.2 参照）。波動関数を 2 乗（複素関数では共役複素関数を掛け算）して，実数化したときに，はじめて存在確率という物理的意味が現れるからである。しかし，$H_2{}^+$ の波動関数では，二つの H 原子の波動関数を考えるので，波動関数の相対的な符号に物理的な意味が現れる。どういうことかというと，二つの H 原子の波動関数（実関数）の符号が正と正，あるいは負と負の場合には波動関数の 2 乗は同じ値になるが，符号が正と負，あるいは負と正の場合とは値が異なる。簡単に説明すれば，$(a + b)^2$ と $(-a - b)^2$ は同じだが，$(a - b)^2$ あるいは $(-a + b)^2$ とは異なるという意味である。前者は同じ大きさの 2 個の石を同時に池に投げたときの波紋の重なりに相当し（**同位相**），後者は時間を適当にずらして池に投げたときの波紋の重なりに相当する（**逆位相**）。

　H 原子 (A) と H 原子 (B) の波動関数を使って，同位相で近似する場合の $H_2{}^+$ の波動関数を Ψ_+ とし，逆位相で近似する場合の波動関数を Ψ_- とすると，

$$\Psi_+ = N_+(\chi_{1s(A)} + \chi_{1s(B)}) \quad \text{および} \quad \Psi_- = N_-(\chi_{1s(A)} - \chi_{1s(B)}) \tag{13.4}$$

となる。Ψ_+ と Ψ_- を**分子軌道**の波動関数といい，原子軌道の波動関数の足し算と引き算（**線形結合**）で表すことを **LCAO 近似**という。linear combination of atomic orbitals の頭文字である。また，式 13.4 の N_+ と N_- は規格化定数であり（§6.2 参照），「式 13.4 を 2 乗して全空間で積分したときに 1 になる」という規格化条件から決めることができる。積分因子を $d\tau$ と表せば[†1]，規格化条件の式は次のようになる（以降，同位相と逆位相を一つの式で表す）。

$$\int \Psi_\pm{}^2 d\tau = N_\pm{}^2 \int (\chi_{1s(A)}{}^2 \pm 2\,\chi_{1s(A)}\,\chi_{1s(B)} + \chi_{1s(B)}{}^2)\, d\tau = 1 \tag{13.5}$$

ここで，1s 軌道の波動関数については，すでに規格化されているので，

$$\int \chi_{1s(A)}{}^2 d\tau = \int \chi_{1s(B)}{}^2 d\tau = 1 \tag{13.6}$$

イ分子の波動関数

[†1] 直交座標系ならば $d\tau = dx\,dy\,dz$ であり，極座標系ならば $d\tau = r^2 \sin\theta\, dr\,d\theta\,d\varphi$ である。

が成り立つ。しかし，§8.2 で説明した直交変換と違って，$\int \chi_{1s(A)} \chi_{1s(B)} \, d\tau$ と $\int \chi_{1s(B)} \chi_{1s(A)} \, d\tau$ で表される交差項は 0 にならない。直交変換では，一つの原子（同じ位置）の直交する二つの 2p 軌道の波動関数を掛け算して積分したので交差項は 0 になった（45 ページ脚注3）が，式13.5 の交差項は，二つの原子（異なる位置）の 1s 軌道の波動関数を掛け算して積分するので 0 にならない。ただし，実際に交差項を計算するのは難しいので，

$$\gamma = \int \chi_{1s(A)} \chi_{1s(B)} \, d\tau = \int \chi_{1s(B)} \chi_{1s(A)} \, d\tau \tag{13.7}$$

とおいて，定性的に考えることにする。γ は二つの原子軌道の波動関数の重なりを表すので，**重なり積分**とよばれる。そうすると，式13.5 は，

$$N_\pm{}^2 (2 \pm 2\gamma) = 1 \tag{13.8}$$

だから，$N_\pm = 1/(2 \pm 2\gamma)^{1/2}$ と求められる。結局，$H_2{}^+$ の波動関数 $\Psi_\pm$ は，H 原子の 1s 軌道の波動関数 $\chi_{1s(A)}$ と $\chi_{1s(B)}$ を使って，次のように表される。

$$\Psi_\pm = \frac{1}{\sqrt{2 \pm 2\gamma}} (\chi_{1s(A)} \pm \chi_{1s(B)}) \tag{13.9}$$

13.3　結合性軌道と反結合性軌道

すでに何回も説明したが，電子は原子核の周りのどこにでも存在する。つまり，波動関数はあらゆる空間に広がっている。そうすると，H 原子 (A) の波動関数 $\chi_{1s(A)}$ と H 原子 (B) の波動関数 $\chi_{1s(B)}$ は，あらゆる空間で重なることになる。波動関数が適当な値 h_1 になる等高線を使って $\chi_{1s(A)}$ と $\chi_{1s(B)}$ を描くと，$H_2{}^+$ の波動関数 Ψ_+ は**図 13.3 (a)** のようになる。Ψ_+ の値が大きい位置を濃く描いた。2 乗すれば存在確率の大きい位置である。$H_2{}^+$ の波動関数 Ψ_+ は $\chi_{1s(A)}$ と $\chi_{1s(B)}$ の符号が同じ（等高線が実線と実線）であり，2 個の原子核の中点付近で Ψ_+ の値が増え，電子の存在確率が大きくなる。原子の 1s 軌道の電子の存在確率は原子核を中心に球対称だったが，分子になると，電子が 2 個の原子核の間に入って存在確率が歪むとイメージすればよい。正の電荷の 2 個の原子核の間に負の電荷の電子が入るので，電子と原子核の間の静電引力が強くなって，エネルギーが安定化する。そこで，Ψ_+ で表される軌道を**結合性軌道**という。

(a) 結合性軌道 Ψ_+

$\chi_{1s(A)}$　$\chi_{1s(B)}$

(b) 反結合性軌道 Ψ_-

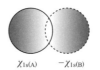

$\chi_{1s(A)}$　$-\chi_{1s(B)}$

図 13.3　1s 軌道の重なりによる H_2^+ の波動関数

　一方，H_2^+ の波動関数の Ψ_- は $\chi_{1s(A)}$ と $\chi_{1s(B)}$ の符号が異なり（等高線が実線と破線），2 個の原子核の中点付近で Ψ_- の値が減る（薄くなる）。つまり，電子の存在確率が小さくなる［**図 13.3 (b)**］。分子になると，2 個の原子核の間にあった電子が化学結合の外側に逃げるとイメージすればよい。正の電荷の2 個の原子核の間にあった負の電荷の電子が逃げるので，電子と原子核との間の静電引力が弱くなり，エネルギーが不安定になる。言い換えれば，原子核間の静電斥力が強くなるから，Ψ_- の状態の電子は 2 個の原子核を引き離そうとする。Ψ_- で表される軌道を**反結合性軌道**という。

　H 原子のエネルギー固有値を使って，H_2^+ のエネルギー固有値を求めてみよう。一般に，波動方程式は，

$$\hat{H}\Psi = E\Psi \tag{13.10}$$

と書ける（式 5.18 参照）。1s 軌道からなる分子軌道のように，Ψ が実関数ならば，式 13.10 の左から Ψ を掛け算して，全空間で積分すると，

$$\int \Psi\hat{H}\Psi\, d\tau = \int \Psi E\Psi\, d\tau = E\int \Psi^2 d\tau = E \tag{13.11}$$

となる[†2]。ここで，Ψ は規格化されている（式 13.9 参照）ので，$\int \Psi^2 d\tau = 1$ を利用した。そうすると，H_2^+ の結合性軌道と反結合性軌道のエネルギー固有値 $E_\pm$ は，

$$E_\pm = \int \Psi_\pm \hat{H}\Psi_\pm\, d\tau = \frac{1}{2\pm2\gamma}\int (\chi_{1s(A)}\pm\chi_{1s(B)})\hat{H}(\chi_{1s(A)}\pm\chi_{1s(B)})\, d\tau$$

$$= \frac{1}{2\pm2\gamma}\left(\int \chi_{1s(A)}\hat{H}\chi_{1s(A)}\, d\tau \pm 2\int \chi_{1s(A)}\hat{H}\chi_{1s(B)}\, d\tau + \int \chi_{1s(B)}\hat{H}\chi_{1s(B)}\, d\tau\right) \tag{13.12}$$

[†2] 波動関数が複素関数ならば，共役複素関数 Ψ^* を掛け算して積分すればよい。$\int \Psi^*\hat{H}\Psi\, d\tau = \int \Psi^* E\Psi\, d\tau = E\int \Psi^*\Psi\, d\tau = E$ となる。

となる。この積分の計算も難しいので,

$$\alpha = \int \chi_{1s(A)} \hat{H} \chi_{1s(A)} \, d\tau = \int \chi_{1s(B)} \hat{H} \chi_{1s(B)} \, d\tau \quad および$$

$$\beta = \int \chi_{1s(A)} \hat{H} \chi_{1s(B)} \, d\tau = \int \chi_{1s(B)} \hat{H} \chi_{1s(A)} \, d\tau \tag{13.13}$$

と置く。α を**クーロン積分**,β を**共鳴積分**という。結局,$H_2{}^+$ の結合性軌道と反結合性軌道のエネルギー固有値 $E_\pm$ は,次のように表される。

$$E_\pm = \frac{2\alpha \pm 2\beta}{2 \pm 2\gamma} = \frac{\alpha \pm \beta}{1 \pm \gamma} \tag{13.14}$$

詳しいことは省略するが(参考図書 4),クーロン積分 α,共鳴積分 β,重なり積分 γ の値と符号は,核間距離 R に依存する。横軸に核間距離 R をとり,縦軸にエネルギーをとってグラフにすると,**図 13.4** のようになる。結合性軌道のエネルギー固有値 E_+ は,ある核間距離 R_e で最も低く安定になる。この距離を**平衡核間距離**という。一方,反結合性軌道のエネルギー固有値 E_- は,核間距離が無限大で最も低く安定になる。つまり,$H_2{}^+$ は H 原子と H^+ に解離して,H 原子の 1s 軌道のエネルギー固有値 E_{1s} になる。

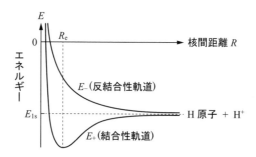

図 13.4 結合性軌道と反結合性軌道のエネルギーの核間距離依存性

14 水素分子の波動関数と固有値を求める

11章では，2個の電子を含む He 原子の波動関数とエネルギー固有値を求めた。電子間の静電斥力によるポテンシャルエネルギーの扱いが難しいので無視し，無視した電子の影響を原子核の電荷に押しつけて，有効核電荷という概念を導入した。**水素分子**（H₂ 分子）も 2 個の電子を含むので，電子間の静電斥力によるポテンシャルエネルギーを考える必要がある。さらに 2 個の原子核を含むので，原子核間の静電斥力によるポテンシャルエネルギーも考える必要がある。この章では，1 個の電子を含む**水素分子イオン**（H₂⁺）の波動関数とエネルギー固有値を使って，2 個の電子を含む H₂ 分子の波動関数とエネルギー固有値を求める。得られた結果を使って，H₂ 分子のエネルギー準位と電子配置を考える。また，H₂ 分子は安定に存在するが，**ヘリウム分子**（He₂ 分子）は安定に存在しない理由を**電子配置**と**結合次数**で説明する。

14.1 水素分子の波動方程式

図 14.1 に示したように，**水素分子**（H₂ 分子）には 2 個の電子と 2 個の原子核が含まれる。それらに電子 1 と電子 2 および原子核 A と原子核 B という名前を付けることにする。また，電子 1 と原子核 A および原子核 B との距離を r_{1A} と r_{1B}，電子 2 と原子核 A および原子核 B との距離を r_{2A} および r_{2B}，電子間の距離を r_{12}，原子核間の距離を R とする。そうすると，H₂ 分子の波動方程式は，

$$\left[-\frac{\hbar^2}{2m_e}\nabla_1^2 - \frac{\hbar^2}{2m_e}\nabla_2^2 - \frac{e^2}{4\pi\varepsilon_0 r_{1A}} - \frac{e^2}{4\pi\varepsilon_0 r_{1B}} - \frac{e^2}{4\pi\varepsilon_0 r_{2A}} - \frac{e^2}{4\pi\varepsilon_0 r_{2B}} + \frac{e^2}{4\pi\varepsilon_0 r_{12}} + \frac{e^2}{4\pi\varepsilon_0 R} \right]\Psi$$
$$= E\Psi \tag{14.1}$$

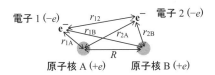

図 14.1　H₂ 分子の粒子間の座標

（縦書き右側）**IV　分子の波動関数**

となる。演算子の第1項と第2項が電子1と電子2の運動エネルギーである。また、第3項から第6項が電子と原子核との静電引力によるポテンシャルエネルギー、第7項と第8項が電子間あるいは原子核間の静電斥力によるポテンシャルエネルギーを表す。

式14.1の演算子を次のように整理してみよう。

$$\left[\left(-\frac{\hbar^2}{2m_e}\nabla_1{}^2 - \frac{e^2}{4\pi\varepsilon_0 r_{1A}} - \frac{e^2}{4\pi\varepsilon_0 r_{1B}} + \frac{e^2}{4\pi\varepsilon_0 R}\right) + \left(-\frac{\hbar^2}{2m_e}\nabla_2{}^2 - \frac{e^2}{4\pi\varepsilon_0 r_{2A}} - \frac{e^2}{4\pi\varepsilon_0 r_{2B}} + \frac{e^2}{4\pi\varepsilon_0 R}\right)\right.$$
$$\left.+ \left(\frac{e^2}{4\pi\varepsilon_0 r_{12}} - \frac{e^2}{4\pi\varepsilon_0 R}\right)\right]\Psi = E\Psi \tag{14.2}$$

ここで、原子核間の静電斥力によるポテンシャルエネルギー $e^2/4\pi\varepsilon_0 R$ を一つ増やして、最後の項で一つ減らして帳尻を合わせた。もしも、式14.2の演算子の最後の項を無視できると近似するならば、式14.2は、

$$\left[\left(-\frac{\hbar^2}{2m_e}\nabla_1{}^2 - \frac{e^2}{4\pi\varepsilon_0 r_{1A}} - \frac{e^2}{4\pi\varepsilon_0 r_{1B}} + \frac{e^2}{4\pi\varepsilon_0 R}\right) + \left(-\frac{\hbar^2}{2m_e}\nabla_2{}^2 - \frac{e^2}{4\pi\varepsilon_0 r_{2A}} - \frac{e^2}{4\pi\varepsilon_0 r_{2B}} + \frac{e^2}{4\pi\varepsilon_0 R}\right)\right]\Psi$$
$$= E\Psi \tag{14.3}$$

となる。こうすると、演算子の第1項と第2項は同じ形をしていて、しかも、式13.1で示した $H_2{}^+$ の演算子と同じ形である。さらに、第1項は電子1の座標に関する演算子であり、第2項は電子2の座標に関する演算子である。つまり、変数分離できる（11章参照）。$H_2{}^+$ の演算子を $\hat{h}$ とすれば、式14.3の H_2 分子の波動方程式は、次のように表される。

$$[\hat{h}_1 + \hat{h}_2]\Psi = E\Psi \tag{14.4}$$

すでに §11.2 で詳しく説明したが、演算子を変数分離できる場合には、波動関数はそれぞれの演算子の波動関数の積になり、エネルギー固有値はそれぞれの演算子のエネルギー固有値の和になる。$H_2{}^+$ の波動関数を σ（シグマ）、エネルギー固有値を ε（イプシロン）とすると、式14.4は、

$$[\hat{h}_1 + \hat{h}_2]\sigma_1\sigma_2 = (\hat{h}_1\sigma_1)\sigma_2 + \sigma_1(\hat{h}_2\sigma_2) = (\varepsilon_1\sigma_1)\sigma_2 + \sigma_1(\varepsilon_2\sigma_2) = (\varepsilon_1 + \varepsilon_2)\sigma_1\sigma_2 \tag{14.5}$$

となる（式11.10参照）。H_2 分子の最も安定な状態の分子軌道 Ψ を考える場合には、σ_1 と σ_2 は式13.9で表した $H_2{}^+$ の結合性軌道 Ψ_+ のことであり、ε_1 と ε_2 は式13.14で表した $H_2{}^+$ のエネルギー固有値 E_+ のことである。

14.2 水素分子のエネルギー準位

H$_2$$^+$ と H$_2$ 分子のエネルギー固有値について，これまでの結果をまとめてみよう。まずは，<u>H$_2$$^+$ の分子軌道のエネルギー固有値</u>が，<u>H 原子の原子軌道のエネルギー固有値</u>と，どのように関係するかを説明する。H$_2$$^+$ の波動関数を H 原子の最も安定な 1s 軌道の波動関数の和で近似すると，結合性軌道と反結合性軌道ができた。結合性軌道のエネルギー固有値は H 原子の 1s 軌道よりも低く安定であり，反結合性軌道のエネルギー固有値は高く不安定である。図 10.4 を参考にして，これらの分子軌道のエネルギー準位を，H 原子の 1s 軌道のエネルギー準位と一緒に定性的に描くと，**図 14.2** のようになる。§13.3 で説明したが，結合性軌道と反結合性軌道のエネルギー固有値は核間距離に依存する（図 13.4 参照）。ここでは，平衡核間距離 R_e での H$_2$$^+$ のエネルギー準位を描いたと考えればよい。なお，煩雑になるので，それぞれの軌道の量子数は省略した。

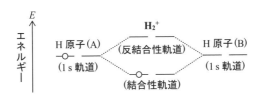

図 14.2 **H 原子と H$_2$$^+$ のエネルギー準位と電子配置**

　H 原子では，スピン磁気量子数 m_s が $-1/2$ と $1/2$ の 2 種類のエネルギー準位が縮重しているので，水平線を 2 本ずつ描いた。H 原子(A) も H 原子(B) も同じ 1s 軌道を考えているので，水平線の高さは同じである。図 14.2 では，H$_2$$^+$ が H 原子(A) と原子核 B からできると仮定して，H 原子(A) の水平線に 1 個の○を描いた。H$_2$$^+$ が原子核 A と H 原子(B) からできると仮定するならば，H 原子(B) の水平線に 1 個の○を描けばよい。また，13 章で説明したように，H$_2$$^+$ の結合性軌道の電子は，2 個の原子核の間の存在確率が大きくなって安定化し，エネルギーが下がるので，H 原子の 1s 軌道よりも低く描いた。また，分子になっても，原子の場合と同様に，スピン磁気量子数 m_s によって 2 種類のエネルギー準位が縮重しているので，やはり，2 本の水平線を描いた。

反結合性軌道の電子は，2個の原子核の間の存在確率が小さくなって不安定化し，エネルギーが高くなるので，H原子の1s軌道よりも高く描いた。H_2^+ に含まれる電子の数は1個なので，電子を表す○を安定な結合性軌道の水平線に描いた。電子を表す○は，H原子と同様に右でも左でも構わないが，とりあえず，左側の水平線に描いた。H原子のエネルギー準位と H_2^+ のエネルギー準位を点線でつないだ理由は，結合性軌道と反結合性軌道がH原子の1s軌道の線形結合であることを示すためである。

　同様にして，2個の電子を含む H_2 分子のエネルギー準位図を**図14.3**に示す。電子が複数なので，縦軸を軌道のエネルギー ε とした（66ページ脚注2参照）。また，実際には電子間の静電斥力のために，H_2 分子のエネルギー準位の高さ（絶対値）は定量的には H_2^+ と異なるが，図14.2と同様に，エネルギー関係を定性的に描いた。

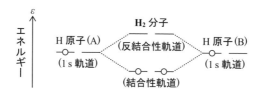

図14.3　H原子と H_2 分子のエネルギー準位

　H_2^+ のエネルギー準位図（図14.2参照）でも説明したが，それぞれのH原子の電子はどちらの水平線に描いても構わない。一方，H_2 分子の2個の電子は結合性軌道を表す別々の水平線に描いた。§11.3で説明したように，電子はフェルミ粒子に分類され，すべての量子数が同じになることは許されず，スピン磁気量子数 m_s が異なる必要があるからである。パウリの排他原理は原子だけでなく，分子でも成り立つ。H_2 分子の結合性軌道の電子のエネルギーはH原子の1s軌道のエネルギーよりも低く安定である。2個のH原子が近づくと，電子はエネルギーが低い H_2 分子の結合性軌道の状態になろうとする。結合性軌道の2個の電子を**共有電子対**という。また，共有電子対による化学結合を**共有結合**という。

14.3　ヘリウム分子イオンとヘリウム分子

H_2 分子は水素ガスとして安定に存在する。しかし，ヘリウムガスは He 原子からできていて，**ヘリウム分子**（He_2 分子）ではない。どうして He_2 分子が存在しないのかをエネルギー準位図を使って調べてみよう。H_2 分子の波動関数を H 原子の 1s 軌道の波動関数で近似したように，He_2 分子の波動関数は He 原子の 1s 軌道の波動関数の線形結合で近似できる。図 14.3 と同様に，He_2 分子のエネルギー準位の図を描けば，**図 14.4** のようになる。すでに説明したが，原子核の電荷が変わればエネルギー固有値が変わるので，図 14.4 の縦軸は相対的な値であり，定性的な説明である。

図 14.4　He 原子と He_2 分子のエネルギー準位

　He 原子には 2 個の電子が含まれる。He 原子の最も安定な 1s 軌道は，2 種類のスピン磁気量子数を表すために，2 本の水平線が描かれている。また，パウリの排他原理によって，電子を表す ○ がそれぞれの水平線に 1 個ずつ描かれている。He_2 分子の波動関数は，二つの He 原子の 1s 軌道を使って，安定な結合性軌道と不安定な反結合性軌道ができる。He 原子と同様に，それぞれが 2 本の水平線で描かれている。He_2 分子に含まれる 4 個の電子は，できるだけ安定な軌道になろうとする。しかし，パウリの排他原理のために，2 個の電子しか結合性軌道の状態になれない。残りの 2 個の電子は仕方がないので，不安定な反結合性軌道の状態になる。そうすると，結合性軌道の状態の 2 個の電子は，He 原子の 1s 軌道よりもエネルギーが低いので安定化するが，反結合性軌道の状態の 2 個の電子は，He 原子の 1s 軌道よりもエネルギーが高いので不安定化する。その結果，2 個の He 原子が He_2 分子になっても，全体的にエネルギーが低くならないので，He_2 分子は安定に存在しない。

　もしも，He_2 分子から 1 個の電子を除いた**ヘリウム分子イオン**（He_2^+）な

らば、どうなるだろうか。あまり知られていないが、He_2^+ の存在は実験で確認されている。He_2^+ の2個の電子は結合性軌道の状態になり、1個の電子が反結合性軌道の状態になる（**図14.5**）。He 原子の 1s 軌道に比べて、安定化する結合性軌道の電子の数が、不安定化する反結合性軌道の電子の数よりも多いので、He_2^+ は安定に存在する。

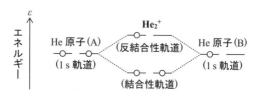

図14.5　He 原子と He_2^+ のエネルギー準位

　結合性軌道の電子数と反結合性軌道の電子数の差を、2で割り算した数値を**結合次数**という。He_2 分子の結合次数は0になるので結合がない。つまり、安定に存在しない。一方、H_2^+ と He_2^+ の結合次数は 0.5 である。H_2 分子の結合次数は1だから、H_2^+ と He_2^+ の結合は H_2 分子ほど強くないが、安定に存在する。H_2 分子および He_2 分子と、それらのイオンの結合次数と平衡核間距離 R_e を**表14.1**で比較した。結合次数が大きくなれば、平衡核間距離が短くなり、安定であることを表す。なお、平衡核間距離の単位の pm（ピコメートル）は 10^{-12} m を表す。

表14.1　H_2^+、H_2 分子、He_2^+、He_2 分子の結合次数と平衡核間距離 R_e

分子	結合性軌道の電子数	反結合性軌道の電子数	結合次数	R_e/pm
H_2^+	1	0	0.5	105.2
H_2	2	0	1	74.1
He_2^+	2	1	0.5	111.6
He_2	2	2	0	安定に存在しない

15 2p軌道からは2種類の分子軌道ができる

　周期表の第1周期の元素である水素やヘリウムからできる分子の軌道は，それぞれの原子の1s軌道の波動関数だけを考えればよかった。第2周期以降の一般の元素からなる二原子分子では，1s軌道だけではなく，2s軌道や2p軌道の波動関数なども考える必要がある。どのような原子軌道の線形結合で，どのような分子軌道ができるかは，原子軌道の種類に依存する。たとえば，分子の結合軸をz軸にとると，それぞれの原子の$2p_z$軌道の線形結合によってできる分子軌道は**σ軌道**である。一方，それぞれの$2p_x$軌道や，それぞれの$2p_y$軌道の線形結合によって**π軌道**ができる。σ軌道とπ軌道の電子の存在確率の様子は大きく異なる。また，$2p_x$軌道と$2p_y$軌道など，異なる種類の2p軌道からは分子軌道はできない。この章では，どのような原子軌道から，どのような分子軌道ができるかを説明する。

15.1　2s軌道と2s軌道からできるσ軌道

　まずは，周期表の第2周期の元素であるリチウム原子（Li原子）からなる**リチウム分子**（Li_2分子）の波動関数を考えてみよう。Li原子に含まれる電子は3個なので，スピン磁気量子数m_sが2種類の1s軌道だけでは足りない。電子はできるだけエネルギーの安定な軌道の状態になろうとするが，仕方がないので，残りの1個の電子は1s軌道よりもエネルギーの高い2s軌道の状態になる。そうすると，1s軌道が同位相で重なった結合性軌道（**$σ_{1s}$軌道**）と，逆位相で重なった反結合性軌道（**$σ^*_{1s}$軌道**）のほかに，2s軌道が同位相で重なった結合性軌道（**$σ_{2s}$軌道**）と，逆位相で重なった反結合性軌道（**$σ^*_{2s}$軌道**）を考える必要がある。＊を付けた分子軌道は反結合性の軌道を表す。

　Li原子(A)とLi原子(B)の2s軌道の波動関数を$\chi_{2s(A)}$と$\chi_{2s(B)}$とすると，$σ_{2s}$軌道と$σ^*_{2s}$軌道の波動関数[†1]は，式13.9を参考にして，

$$σ_{2s} = \frac{1}{\sqrt{2+2\gamma}}(\chi_{2s(A)} + \chi_{2s(B)}) \quad および \quad σ^*_{2s} = \frac{1}{\sqrt{2-2\gamma}}(\chi_{2s(A)} - \chi_{2s(B)}) \quad (15.1)$$

[†1] 軌道の名前は立体で，波動関数の名前は斜体で書く。

と表される。また，図13.3と同様に，適当な等高線 h_1 を使って $\chi_{2s(A)}$ と $\chi_{2s(B)}$ の断面図を描くと，σ_{2s} 軌道と σ^*_{2s} 軌道で表される波動関数の重なりは**図15.1**のようになる。

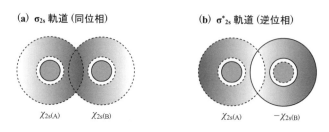

(a) σ_{2s} 軌道（同位相）　　　　**(b)** σ^*_{2s} 軌道（逆位相）

$\chi_{2s(A)}$　　$\chi_{2s(B)}$　　　　$\chi_{2s(A)}$　　$-\chi_{2s(B)}$

図15.1　σ_{2s} 軌道と σ^*_{2s} 軌道の波動関数（等高線 h_1 の yz 断面図）

2s軌道には波動関数の符号の異なる領域（実線あるいは破線で囲まれた領域）があるが，基本的には1s軌道の重なった σ_{1s} 軌道と σ^*_{1s} 軌道と同じである。図15.1(a) の σ_{2s} 軌道では，Li原子(A)とLi原子(B)が近づくと，2s軌道の同じ符号（破線と破線）の波動関数が重なって，2個の原子核の間の電子の存在確率が大きくなる。つまり，結合性軌道である。2個の原子核がもっと近づくと，2s軌道の異なる符号（実線と破線）の波動関数が重なるようになる。しかし，図7.4の動径分布関数で説明したように，原子核に近い領域の電子の存在確率は，原子核から遠い領域に比べてかなり小さいので，全体的には結合性軌道である。一方，図15.1(b) の σ^*_{2s} 軌道では，Li原子(A)とLi原子(B)が近づくと，2s軌道の異なる符号（破線と実線）の波動関数が重なって，2個の原子核の間の電子の存在確率が小さくなる。つまり，σ^*_{2s} 軌道は反結合性軌道なので＊を付けた。

15.2　2p軌道と2p軌道からできる σ軌道と π軌道 ────────■

Li原子よりも，さらに元素番号の大きな原子では，含まれる電子の数が増えて，1s軌道と2s軌道だけでも足りなくなる。そこで，2p軌道も考えることにする。ただし，注意しなければならないことがある。8章で説明したように，原子の三つの2p軌道の波動関数の違いは，電子の存在確率の広がる方向だけである。これは x 軸方向も y 軸方向も z 軸方向も等価だからである。し

かし，分子になると，<u>2個の原子核が結合する方向</u>という異方性が現れる。どういうことかというと，分子の結合軸を z 軸方向にとると，$2p_z$ 軌道の波動関数で表される電子の存在確率は，結合軸に垂直な方向に広がる $2p_x$ 軌道や $2p_y$ 軌道の波動関数とは同じではなくなる。

　まずは，原子 A の $2p_z$ 軌道の波動関数 $\chi_{2p_z(A)}$ と，原子 B の $2p_z$ 軌道の波動関数 $\chi_{2p_z(B)}$ の<u>重</u>なりでできる分子軌道の波動関数を考えることにする。考え方は σ_{2s} 軌道と σ^*_{2s} 軌道と同じであり，波動関数は次のようになる。

$$\sigma^*_{2p_z} = \frac{1}{\sqrt{2+2\gamma}}\left(\chi_{2p_z(A)} + \chi_{2p_z(B)}\right) \quad および \quad \sigma_{2p_z} = \frac{1}{\sqrt{2-2\gamma}}\left(\chi_{2p_z(A)} - \chi_{2p_z(B)}\right) \quad (15.2)$$

ただし，同位相の重なりが反結合性の $\sigma^*_{2p_z}$ 軌道になり，逆位相の重なりが結合性の σ_{2p_z} 軌道になる。その理由は，図 8.1 を参照して，適当な等高線 h_1 を使って $\chi_{2p_z(A)}$ と $\chi_{2p_z(B)}$ の断面図を描くとわかる（**図 15.2**）。ただし，z 軸を 90° 回転させて，結合軸（z 軸）を水平にして描いた。

（a）$\sigma^*_{2p_z}$ 軌道（同位相）　　　　　（b）σ_{2p_z} 軌道（逆位相）

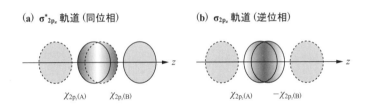

$\chi_{2p_z(A)}$　　$\chi_{2p_z(B)}$　　　　　　$\chi_{2p_z(A)}$　　$-\chi_{2p_z(B)}$

図 15.2　$\sigma^*_{2p_z}$ 軌道と σ_{2p_z} 軌道の波動関数（等高線 h_1 の yz 断面図）

　$2p_z$ 軌道にも波動関数の符号の異なる領域（実線あるいは破線で囲まれた領域）がある。図 15.2（a）では，原子 A も原子 B も右側は波動関数が正の領域であり，左側が負の領域である。この $\sigma^*_{2p_z}$ 軌道では，原子 A と原子 B が近づくと，$2p_z$ 軌道の異なる符号（実線と破線）の波動関数が重なって，2個の原子核の間の電子の存在確率が小さくなる。つまり，反結合性軌道なので名前に記号＊を付けた。一方，図 15.2（b）の σ_{2p_z} 軌道では，原子 A と原子 B が近づくと，$2p_z$ 軌道の同じ符号（実線と実線）の波動関数が重なって，2個の原子核の間の電子の存在確率が大きくなる。つまり，結合性軌道である。

　次に，原子 A の $2p_x$ 軌道の波動関数 $\chi_{2p_x(A)}$ と，原子 B の $2p_x$ 軌道の波動関数 $\chi_{2p_x(B)}$ の重なりでできる分子軌道の波動関数を考える。式で表せば，

$$\pi_{2p_x} = \frac{1}{\sqrt{2+2\gamma}}\left(\chi_{2p_x(A)} + \chi_{2p_x(B)}\right) \quad \text{および} \quad \pi^*{}_{2p_x} = \frac{1}{\sqrt{2-2\gamma}}\left(\chi_{2p_x(A)} - \chi_{2p_x(B)}\right) \quad (15.3)$$

となる。どうして分子軌道の波動関数の記号を σ ではなく π で表したか，その理由については次ページで説明する。$2p_x$ 軌道は結合軸に垂直な方向に広がっていて，図 8.2 を参照して，適当な等高線 h_1 を使って $\chi_{2p_x(A)}$ と $\chi_{2p_x(B)}$ の断面図を描くと π_{2p_x} 軌道と $\pi^*{}_{2p_x}$ 軌道は**図 15.3** のようになる。

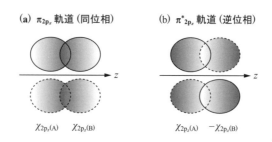

(a) π_{2p_x} 軌道（同位相）　　　**(b)** $\pi^*{}_{2p_x}$ 軌道（逆位相）

図 15.3　π_{2p_x} 軌道と $\pi^*{}_{2p_x}$ 軌道の波動関数（等高線 h_1 の xz 断面図）

　図 15.3（a）の π_{2p_x} 軌道では，原子 A も原子 B も結合軸の上側は波動関数が正の領域，下側は負の領域である。原子 A と原子 B が近づくと，$2p_x$ 軌道の同じ符号（実線と実線あるいは破線と破線）の波動関数が重なって，2 個の原子核の間の電子の存在確率が大きくなる。つまり，結合性軌道である。一方，図 15.3（b）の $\pi^*{}_{2p_x}$ 軌道では，原子 A と原子 B が近づくと，$2p_x$ 軌道の異なる符号（実線と破線）の波動関数が重なって，2 個の原子核の間の電子の存在確率が小さくなる。つまり，反結合性軌道なので記号 * を付けた。原子 A の $2p_y$ 軌道の波動関数 $\chi_{2p_y(A)}$ と，原子 B の $2p_y$ 軌道の波動関数 $\chi_{2p_y(B)}$ の重なりでできる分子の波動関数も，まったく同様に考えればよい。式で表せば，

$$\pi_{2p_y} = \frac{1}{\sqrt{2+2\gamma}}\left(\chi_{2p_y(A)} + \chi_{2p_y(B)}\right) \quad \text{および} \quad \pi^*{}_{2p_y} = \frac{1}{\sqrt{2-2\gamma}}\left(\chi_{2p_y(A)} - \chi_{2p_y(B)}\right) \quad (15.4)$$

となる。π_{2p_y} 軌道と $\pi^*{}_{2p_y}$ 軌道は結合軸に対して垂直に広がり，それぞれ π_{2p_x} 軌道と $\pi^*{}_{2p_x}$ 軌道と方向が $90°$ 違うだけである。つまり，π_{2p_x} 軌道と π_{2p_y} 軌道は縮重し，$\pi^*{}_{2p_x}$ 軌道と $\pi^*{}_{2p_y}$ 軌道が縮重する。なお，異なる種類の 2p 軌道の線形結合では分子軌道はできない。$2p_x$ 軌道，$2p_y$ 軌道，$2p_z$ 軌道は互いに直

交していて，式 13.7 で示した重なり積分が 0 だからである（参考図書 4）。

π_{2p_x} 軌道と $\pi^*_{2p_x}$ 軌道，および π_{2p_y} 軌道と $\pi^*_{2p_y}$ 軌道の波動関数は，z 軸を含む紙面に垂直な面（それぞれ yz 平面または xz 平面）が，電子の存在しない節面となる。結合軸を含む一つの節面のある分子の軌道を **π 軌道**という。あるいは，結合軸方向から眺めると，p 軌道と同じように見える軌道を π 軌道と考えてもよい。また，σ_{2s} 軌道と σ^*_{2s} 軌道，および σ_{2p_z} 軌道と $\sigma^*_{2p_z}$ 軌道の波動関数は，結合軸を含む節面がないので **σ 軌道**という。あるいは，結合軸方向から眺めると，s 軌道と同じように見える軌道を σ 軌道と考えてもよい。ここでは説明を省略するが，d 軌道と d 軌道の波動関数の線形結合で **δ 軌道**ができる（参考図書 4）。δ 軌道にも結合性軌道と反結合性軌道がある。

15.3 窒素分子の軌道と電子配置

周期表の第 2 周期の元素からなる二原子分子として，**窒素分子**（N_2 分子）のエネルギー準位と電子配置を調べてみよう。H_2 分子あるいは He_2 分子のエネルギー準位図（図 14.3 および図 14.4）を参考にして，2 個の N 原子と N_2 分子のエネルギー準位を並べて定性的に描くと**図 15.4** のようになる。

それぞれの N 原子には 7 個の電子が含まれる。エネルギーが低く，安定な状態になるように，2 個が 1s 軌道に，2 個が 2s 軌道に，3 個が 2p 軌道にな

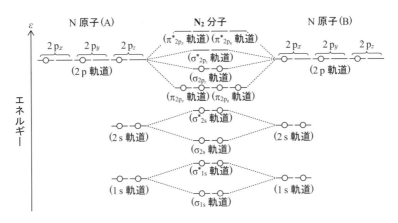

図 **15.4** N 原子と N_2 分子のエネルギー準位

る。2p 軌道はスピン磁気量子数 m_s を考慮すると，六つの状態が縮重してい
る。2p 軌道に複数の電子が含まれる場合には，異なる磁気量子数 m で，同じ
スピン磁気量子数 m_s の状態になり，できるだけ電子スピンによる磁気モーメ
ントの方向をそろえた方が安定である。これを**フントの規則**という。したがっ
て，$2p_x$ 軌道，$2p_y$ 軌道，$2p_z$ 軌道に電子（○）を 1 個ずつ描いた。

　N_2 分子の分子軌道はエネルギーの低い順に，

$$\sigma_{1s} < \sigma^*_{1s} < \sigma_{2s} < \sigma^*_{2s} < \pi_{2p_x} = \pi_{2p_y} < \sigma_{2p_z} < \sigma^*_{2p_z} < \pi^*_{2p_x} = \pi^*_{2p_y} \quad (15.5)$$

となる[†2]。π_{2p_x} 軌道と π_{2p_y} 軌道，および $\pi^*_{2p_x}$ 軌道と $\pi^*_{2p_y}$ 軌道は方向が違う
だけで縮重しているので，エネルギー準位を表す水平線を横に並べて描いた。
N_2 分子に含まれる電子の数は 14 個である。エネルギーの低い軌道から順番に
電子（○）を描くと，前ページの図 15.4 のようになる。結合性軌道の電子数
は σ_{1s} 軌道，σ_{2s} 軌道，σ_{2p_z} 軌道，π_{2p_x} 軌道，π_{2p_y} 軌道の 10 個である。一方，
反結合性軌道の電子数は σ^*_{1s} 軌道と σ^*_{2s} 軌道の 4 個である。したがって，N_2
分子の結合次数は，

$$\frac{10 - 4}{2} = 3 \quad (15.6)$$

となる。つまり，三重結合である。

　なお，この教科書では同じ種類の 2 個の原子からなる**等核二原子分子**のみを
扱った。異なる種類の 2 個の原子からなる**異核二原子分子**の分子軌道も，基本
的には同様に考えればよい（参考図書 4）。

[†2] 同じ 2p 軌道でできる π_{2p} 軌道と σ_{2p} 軌道のエネルギー固有値はほとんど変わらない。p 軌道
の状態の電子の数が 3 以下だと，π_{2p} 軌道のほうが σ_{2p} 軌道よりも安定になり，p 軌道の状態
の電子数が 4 以上だと，σ_{2p} 軌道のほうが π_{2p} 軌道よりも安定になる（参考図書 4）。

16 分子の形は混成軌道で決められる

メタン分子（CH₄ 分子）の**構造式**や**電子式**は平面で描かれる。しかし，実際には，CH₄ 分子の**幾何学的構造**は立体的であり，4 個の H 原子が正四面体をつくり，中心に C 原子がある。定性的な説明では，四つの C－H 結合の共有電子対が反発を避けるために，できるだけ互いに離れようとすると，4 個の H 原子が正四面体となる。このような考え方を**原子価殻電子対反発則**（または**ギレスピー則**）という。しかし，我々はすでに分子の波動関数やエネルギー固有値を理解しているので，量子論を使って，分子の幾何学構造を理解できるはずである。この章では，まず，2 s 軌道および 2 p 軌道の直交変換によってできる**混成軌道**を説明する。次に，混成軌道の広がる方向を調べると，<u>CH₄ 分子が正四面体形</u>になり，<u>NH₃ 分子の形が正三角錐形</u>になり，<u>H₂O 分子の形が折れ線形</u>になることを説明する。

16.1 炭素原子の電子配置と不対電子

メタン分子（CH₄ 分子）の**電子式**を図 16.1 (a) に示す。電子式は，「原子の最外殻の電子が 8 個あると，化合物やイオンが安定に存在する」という**オクテット説**に基づいている。しかし，実際の CH₄ 分子の**幾何学的構造**は平面ではなく，**図 16.1** (b) に示したように立体的である。勘違いしたり，混乱したりすると困るので，大学の物理化学では電子式を扱わない。どうして，CH₄ 分子の幾何学的構造が立体的になるか，波動関数を使って以下に説明する。

CH₄ 分子の中心の C 原子には 6 個の電子が含まれる。まずは，分子をつくらない<u>孤立した状態の C 原子</u>の電子配置を調べる。図 12.3 を参考にすれば，2 個の電子が 1 s 軌道の状態になり，2 個の電子が 2 s 軌道の状態になり，残り

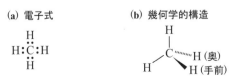

(a) 電子式   (b) 幾何学的構造

H
H:C:H
H

図 16.1　CH₄ 分子の構造

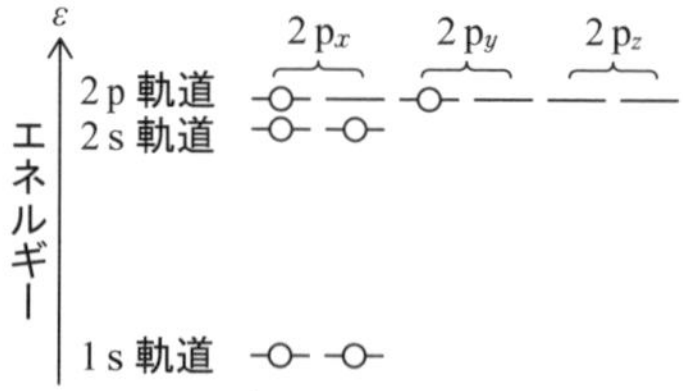

図 16.2 孤立した状態の C 原子の電子配置

の 2 個の電子が 2p 軌道の状態になる（**図 16.2**）。フントの規則を考慮して，2p 軌道の電子は仮に $2p_x$ 軌道と $2p_y$ 軌道の状態とした。このように，同じ軌道で，2 種類のスピン磁気量子数 m_s の準位の片方にだけ入っている電子を**不対電子**という。不対電子はほかの原子が近づくと，結合性軌道をつくって安定化する。もしも，C 原子に H 原子が近づくと，二つの 2p 軌道の状態の不対電子は，H 原子の 1s 軌道との重なりで二つの C−H 結合をつくる。しかし，できるだけ多くの不対電子で，できるだけ多くの H 原子と結合したほうがエネルギーは低く，安定化するはずである。どのようにしたらよいだろうか。

　H 原子のエネルギー固有値は主量子数 n のみに依存し，2s 軌道と 2p 軌道のエネルギー固有値は等しいと説明した（式 6.30 参照）。複数の電子を含む一般の原子では，遮蔽効果が方位量子数 l に依存するので，2s 軌道のエネルギー固有値は 2p 軌道よりも少し低くなる（§11.3 参照）。しかし，そのエネルギー差は小さいので，不対電子の数を増やすために，2s 軌道と三つの 2p 軌道を直交変換して，新しい軌道をつくる。遮蔽効果の影響よりも結合性軌道（化学結合）の数を増やすことによる安定化を優先する，という意味である。

16.2　sp³混成軌道とメタン分子

　8 章では，磁気量子数が $m = -1$ と $m = +1$ の二つの 2p 軌道の波動関数は複素関数だったので，2 行 2 列の規格直交化された行列を使って直交変換して，実関数の $2p_x$ 軌道と $2p_y$ 軌道の波動関数を求めた（§8.2 参照）。CH_4 分子の場合には，一つの 2s 軌道と三つの 2p 軌道の合計四つの波動関数 χ を使って直交変換する。この場合には，4 行 4 列の規格直交化された行列を使い，次のように直交変換する。

$$
\begin{pmatrix} \frac{1}{2} & \frac{1}{2} & \frac{1}{2} & \frac{1}{2} \\ \frac{1}{2} & \frac{1}{2} & -\frac{1}{2} & -\frac{1}{2} \\ \frac{1}{2} & -\frac{1}{2} & -\frac{1}{2} & \frac{1}{2} \\ \frac{1}{2} & -\frac{1}{2} & \frac{1}{2} & -\frac{1}{2} \end{pmatrix} \begin{pmatrix} \chi_{2s} \\ \chi_{2p_x} \\ \chi_{2p_y} \\ \chi_{2p_z} \end{pmatrix} = \frac{1}{2} \begin{pmatrix} \chi_{2s} + \chi_{2p_x} + \chi_{2p_y} + \chi_{2p_z} \\ \chi_{2s} + \chi_{2p_x} - \chi_{2p_y} - \chi_{2p_z} \\ \chi_{2s} - \chi_{2p_x} - \chi_{2p_y} + \chi_{2p_z} \\ \chi_{2s} - \chi_{2p_x} + \chi_{2p_y} - \chi_{2p_z} \end{pmatrix} = \begin{pmatrix} \chi_{sp^3(1)} \\ \chi_{sp^3(2)} \\ \chi_{sp^3(3)} \\ \chi_{sp^3(4)} \end{pmatrix} \quad (16.1)
$$

新しくできた四つの軌道を **sp^3 混成軌道**という。ここでは，式 16.1 の上の波動関数から順番に sp$^3_{(1)}$, sp$^3_{(2)}$, sp$^3_{(3)}$, sp$^3_{(4)}$ 混成軌道と名付けた。2s 軌道と三つの 2p 軌道の波動関数の具体的な式は，表 7.1，式 8.8，式 8.9，式 8.1 に示してある。それらを使うと，たとえば，sp$^3_{(1)}$ 混成軌道の波動関数 $\chi_{sp^3(1)}$ は，

$$
\chi_{sp^3(1)} = \frac{1}{2} \left\{ \left(\frac{1}{32\pi}\right)^{1/2} \left(\frac{1}{a_0}\right)^{3/2} \left(2 - \frac{r}{a_0}\right) \exp\left(-\frac{r}{2a_0}\right) + \left(\frac{1}{32\pi}\right)^{1/2} \left(\frac{1}{a_0}\right)^{3/2} \frac{x}{a_0} \exp\left(-\frac{r}{2a_0}\right) \right.
$$

$$
\left. + \left(\frac{1}{32\pi}\right)^{1/2} \left(\frac{1}{a_0}\right)^{3/2} \frac{y}{a_0} \exp\left(-\frac{r}{2a_0}\right) + \left(\frac{1}{32\pi}\right)^{1/2} \left(\frac{1}{a_0}\right)^{3/2} \frac{z}{a_0} \exp\left(-\frac{r}{2a_0}\right) \right\}
$$

$$
= \frac{1}{2} \left(\frac{1}{32\pi}\right)^{1/2} \left(\frac{1}{a_0}\right)^{5/2} \exp\left(-\frac{r}{2a_0}\right) \{(2a_0 - r) + x + y + z\} \quad (16.2)
$$

となる。同様にして，ほかの三つの sp^3 混成軌道の波動関数も求められる。

　四つの sp^3 混成軌道の波動関数がどの方向に広がっているかを調べてみよう。係数 $(1/2)(1/32\pi)^{1/2}(1/a_0)^{5/2}$ と，r に関する項（指数関数と 2s 軌道の波動関数）は球対称で異方性がないから省略して，三つの 2p 軌道の波動関数の広がる方向を単位ベクトル $(\boldsymbol{e}_x, \boldsymbol{e}_y, \boldsymbol{e}_z)$ で考える。たとえば，式 16.2 の sp$^3_{(1)}$ 混成軌道は $(\boldsymbol{e}_x + \boldsymbol{e}_y + \boldsymbol{e}_z)$ で表されるから，次ページの**図 16.3 (a)** のように描くことができる。ここで，単位ベクトルを → で，波動関数の広がる方向を単位ベクトルの和である ⇨ で表した。同様にして，式 16.1 の行列の各行の要素の符号に注意すれば，sp$^3_{(2)}$ 混成軌道は $(\boldsymbol{e}_x - \boldsymbol{e}_y - \boldsymbol{e}_z)$ で表され，sp$^3_{(3)}$ 混成軌道は $(-\boldsymbol{e}_x - \boldsymbol{e}_y + \boldsymbol{e}_z)$ で表され，sp$^3_{(4)}$ 混成軌道は $(-\boldsymbol{e}_x + \boldsymbol{e}_y - \boldsymbol{e}_z)$ で表されることがわかる。それぞれを**図 16.3 (b) ～ 16.3 (d)** に描いた。四つの sp^3 混成軌道で表される波動関数は，正四面体の頂点の方向に広がる。

　CH$_4$ 分子の中の C 原子の電子配置は**図 16.4** のようになる。四つの sp^3 混成

IV　分子の波動関数

(a) $sp^3{}_{(1)}$ 混成軌道　(b) $sp^3{}_{(2)}$ 混成軌道　(c) $sp^3{}_{(3)}$ 混成軌道　(d) $sp^3{}_{(4)}$ 混成軌道

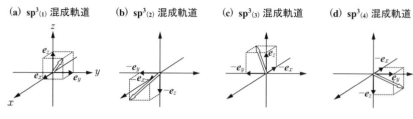

図 16.3　四つの sp^3 混成軌道の方向

軌道は方向が違うだけで等価だから，4本の水平線を横に並べ，さらに2種類のスピン磁気量子数を考慮して，合計8本の水平線を描いた。四つの sp^3 混成軌道のそれぞれの状態に不対電子があるので，4個の H 原子と化学結合ができて安定化する。四つの化学結合の方向は正四面体の頂点の方向であり（図16.3 参照），CH_4 分子の幾何学的構造が図 16.1（b）であることがわかる。

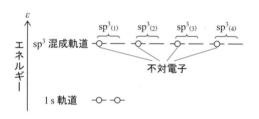

図 16.4　CH_4 分子の中の C 原子の電子配置

　同様に，NH_3 分子の中の N 原子と，H_2O 分子の中の O 原子の電子配置を**図16.5（a）**と**図 16.5（b）**に示す。N 原子の電子数は C 原子よりも1個多いので，一つの sp^3 混成軌道の2個の電子は不対電子ではない。つまり，ほかの原子と化学結合ができない。このような2個の電子を**非共有電子対**という。結

(a) NH_3 分子の中の N 原子　　(b) H_2O 分子の中の O 原子

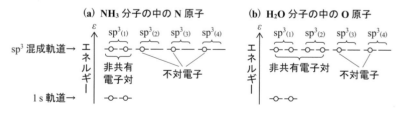

図 16.5　NH_3 分子と H_2O 分子の中心原子の電子配置

局，N 原子は三つの sp³ 混成軌道を使って 3 個の H 原子と結合し，NH₃ 分子の幾何学的構造は正三角錐形になる［**図 16.6**(a)］。一方，O 原子の電子数は C 原子よりも 2 個多いので，二つの sp³ 混成軌道の電子は非共有電子対となる［図 16.5(b)］。残りの二つの sp³ 混成軌道の不対電子が 2 個の H 原子と結合するので，H₂O 分子の幾何学的構造は折れ線形になる［**図 16.6**(b)］。

(a) $\ddot{\mathrm{N}}$ H H H

(b) $\ddot{\mathrm{O}}$ H H

図 16.6 NH₃ 分子と H₂O 分子の幾何学的構造

16.3 sp² 混成軌道とエチレン分子

ほかの原子が近づくときに，C 原子は一つの 2s 軌道と二つの 2p 軌道（たとえば，$2\mathrm{p}_x$ 軌道と $2\mathrm{p}_y$ 軌道）の合計三つの波動関数から，3 行 3 列の規格直交化された行列を使って，次のように直交変換することもある。

$$\begin{pmatrix} \dfrac{1}{\sqrt{3}} & \dfrac{\sqrt{2}}{\sqrt{3}} & 0 \\[2mm] \dfrac{1}{\sqrt{3}} & -\dfrac{1}{\sqrt{6}} & \dfrac{1}{\sqrt{2}} \\[2mm] \dfrac{1}{\sqrt{3}} & -\dfrac{1}{\sqrt{6}} & -\dfrac{1}{\sqrt{2}} \end{pmatrix} \begin{pmatrix} \chi_{2\mathrm{s}} \\[1mm] \chi_{2\mathrm{p}_x} \\[1mm] \chi_{2\mathrm{p}_y} \end{pmatrix} = \begin{pmatrix} \chi_{\mathrm{sp}^2(1)} \\[1mm] \chi_{\mathrm{sp}^2(2)} \\[1mm] \chi_{\mathrm{sp}^2(3)} \end{pmatrix} \tag{16.3}$$

新しくできた軌道を **sp² 混成軌道** という。sp³ 混成軌道と同様に，球対称の 2s 軌道を省略して，三つの sp² 混成軌道の波動関数の広がる方向を調べてみよう。$2\mathrm{p}_z$ 軌道（つまり，e_z）は関係しないので xy 平面で描くと，**図 16.7** のようになる。三つの sp² 混成軌道は互いに 120° の角度の方向に広がる。

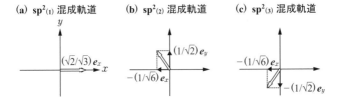

(a) **sp²₍₁₎ 混成軌道**

(b) **sp²₍₂₎ 混成軌道**

(c) **sp²₍₃₎ 混成軌道**

$(\sqrt{2}/\sqrt{3})\,e_x$

$(1/\sqrt{2})\,e_y$ $-(1/\sqrt{6})\,e_x$

$-(1/\sqrt{6})\,e_x$ $-(1/\sqrt{2})\,e_y$

図 16.7 三つの sp² 混成軌道の方向（xy 平面）

Ⅳ 分子の波動関数

図16.8　C_2H_4 分子の中の C 原子の電子配置

　たとえば，エチレン分子（C_2H_4）の中の C 原子の電子配置を**図 16.8** に示す。二つの sp^2 混成軌道が H 原子の 1s 軌道と σ 軌道をつくり，二つの C−H 結合となる。また，残りの sp^2 混成軌道がもう一つの C 原子の sp^2 混成軌道と σ 軌道をつくり，C−C 結合となる。さらに，それぞれの C 原子の $2p_z$ 軌道にも不対電子があるから π 軌道をつくり（§15.2 参照），C−C 結合となる[1]。

　C_2H_4 分子の化学結合を**図 16.9** にまとめた。π 軌道の状態の電子は C−C 結合軸の外側に存在する確率が大きく，ほかの化合物が近づいたときに，最初に反応する電子である。つまり，反応性が高い。逆に，π 軌道の内側にある σ 軌道の状態の電子はなかなか反応しない。

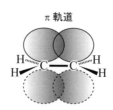

図16.9　C_2H_4 分子の化学結合
（$2p_z$ 軌道による π 軌道以外は sp^2 混成軌道が関与する σ 軌道）

　共役二重結合を含む有機分子，配位結合を含む金属錯体など，様々な分子の幾何学的構造や化学的性質が，波動関数やエネルギー固有値を調べることによって理解できる（参考図書4）。

---

[1] アセチレン分子（C_2H_2 分子）では，式8.2 と同じ直交変換によって，2s 軌道と $2p_z$ 軌道から二つの sp 混成軌道ができる（参考図書4）。C_2H_2 分子の C≡C は，一つの σ 軌道と二つの π 軌道からなる三重結合である。

17 熱は粒子の運動エネルギーである

物質は気体でも液体でも固体でも，原子や分子などで構成された**粒子集団**である。これまでは，原子，分子などの粒子のエネルギーを量子化学で扱った。ここからは，<u>粒子のエネルギー</u>に基づいて，物質，つまり，<u>粒子集団のエネルギー</u>を化学熱力学で扱う。以前は，熱に関するエネルギーを熱素という元素のような熱の塊（粒子？）と考えて，熱素が物質間でやり取りされると考えたこともあった。今では，熱に関するエネルギーは特別なエネルギーではなく，物質を構成する**粒子の運動エネルギー**を使って理解する。ただし，運動エネルギーといっても，様々な種類の運動エネルギーがある。この章では，**熱**と**熱エネルギー**は同じなのか違うのか，**熱運動**と**熱振動**は同じなのか違うのか，**熱**と**温度**は同じなのか違うのか，また，物質を構成する粒子の運動エネルギーに基づいて，<u>気体の温度</u>と<u>固体の温度</u>の違いを説明する。

17.1 気体の運動エネルギー

これまでは，水素原子のエネルギーを中心に説明した。その際に，原子核と電子の運動エネルギーと，電子と原子核の間の静電引力に基づくポテンシャルエネルギーを考えて，水素原子のエネルギー固有値を求めた。原子のエネルギーは近似的には電子のエネルギー（**電子エネルギー**）である。電子エネルギーは，粒子である原子そのものが空間を移動（**並進運動**）しても，その影響を受けることはない。そこで，粒子の並進運動のエネルギー（**並進エネルギー**）と区別して，電子エネルギーを**粒子の内部エネルギー**とよぶことにする（次ページ図 **17.1 左**）。なお，ヘリウムやネオンなどの単原子分子と異なり，二原子分子や多原子分子では，電子エネルギー以外の粒子の内部エネルギーもある。**質量中心**[†1] の位置が空間を移動しなくても，分子を構成する原子核が空間を移動する相対的な運動がある。内容が少し複雑なので，次章で詳しく説明する。

[†1] 分子の質量中心は物体の重心に相当する。分子は質点の集まりなので，質量中心とよぶ。

V 物質の分子運動

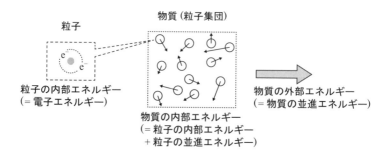

図 17.1　気体（単原子分子）の様々な運動エネルギー

　今度は物質（**粒子集団**）のエネルギーを考えてみよう。気体の場合には，気体を構成する粒子そのものが空間を自由に移動する（**図 17.1 中**）。これは**熱運動**とよばれることもあるが，粒子の並進運動である[†2]。粒子の内部エネルギーと粒子の並進エネルギーの総和が**物質の内部エネルギー**になる。化学熱力学は物質の内部エネルギーの変化量を調べる学問である[†3]。ただし，すべての粒子が同じ速度で並進運動しているわけではない。どのくらいの粒子がどのくらいの速度で並進運動しているかを**速度分布**という。速度分布については 19 章で詳しく説明する。また，並進エネルギーの総和の平均値は，気体の圧力や体積や温度など，気体の状態に関係する重要な物理量である（20 章で説明する）。

　どうして，気体を構成する粒子の内部エネルギーと粒子の並進エネルギーの総和を物質の内部エネルギーとよぶかというと，物質そのものが空間を移動する物質の並進エネルギー，つまり，**物質の外部エネルギー**と区別するためである（**図 17.1 右**の矢印）。どういうことかというと，たとえば，大気の運動を考えるとわかりやすい。「北の風，風速 3 m s⁻¹」と言えば，大気そのものが南に向かって 1 秒間に 3 m の距離を移動することを表す。このとき，大気を構成する粒子（N_2 分子，O_2 分子，Ar 原子）のすべてが，南に向かって 1 秒間に

[†2] 水に浮かんだ花粉から出た物質のブラウン運動のように，粒子ではなく，物質そのものの並進運動を熱運動とよぶこともある。

[†3] 物質の内部エネルギーには，粒子の内部エネルギーと粒子の並進エネルギーのほかに核エネルギーなども含まれ，どこまでを物質の内部エネルギーと考えるかは決まっていない。絶対値を議論できないので，化学熱力学では物質の内部エネルギーの<u>変化量</u>を議論する。

3 m の距離を移動しているわけではない。大気を構成する粒子は，様々な方向に様々な速さで並進運動している。仮に風速が 0 m s^{-1} の無風状態でも，大気を構成する粒子は静止していない。19 章と 20 章で詳しく説明するが，平均すると，大気を構成する粒子は，室温で，およそ 500 m s^{-1} という速さで運動している。したがって，同じ並進エネルギーでも，粒子の並進エネルギー（物質の内部エネルギー）と物質の並進エネルギー（物質の外部エネルギー）を区別する必要がある。ただし，物質の外部エネルギーは古典力学で扱い，化学熱力学では物質の内部エネルギーを扱う。

17.2　固体の運動エネルギー

　物質が固体の場合には，物質の内部エネルギーは気体の場合と大きく異なる（図 17.2）。固体を構成する原子や分子などの粒子は互いに強く結合している。**共有結合**であったり，**イオン結合**であったり，**金属結合**であったりする（参考図書 8）。強く結合しているために，固体を構成する粒子は，気体を構成する粒子のように空間を自由に移動できない。つまり，固体には粒子の並進運動はない。ただし，粒子は強く結合していても静止していることはなく，粒子間の距離が伸びたり縮んだりする。これは**熱振動**とよばれることもあるが，**粒子間の振動運動**である。固体が結晶ならば，とくに**格子振動**とよぶ。粒子の内部エネルギーと，この粒子間の振動運動のエネルギー（**振動エネルギー**）の総和が物質の内部エネルギーとなる。金属の場合には，電子が金属内を移動する運動エネルギーも物質の内部エネルギーに加えることもある。

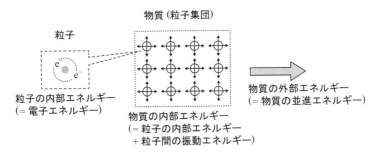

図 17.2　固体の様々な運動エネルギー

（右縦書き）**V　物質の分子運動**

　気体と同様に，固体にも<u>物質の外部エネルギー</u>はある。たとえば，野球の
ボールを投げたとしよう。ボールそのものが空間を移動する並進エネルギーが
物質の外部エネルギーである。あるいは手に持ったボールを離せば，地球の重
力によって地面に落ちる。地球の重力に基づくポテンシャルエネルギーも物質
の外部エネルギーである。しかし，仮にボールが静止していたとしても，ボー
ルを構成する粒子間の振動運動は止まらない。つまり，物質の内部エネルギー
は 0 ではない。

　なお，物質が液体の場合には，液体を構成する原子や分子などが弱く結合し
ている。**水素結合**であったり，**ファンデルワールス結合**[†4]であったりする
（参考図書 8, 9）。いくつかの粒子の集まりを**クラスター**という。液体を構成す
るクラスターは，ゆるく結合しているために，気体を構成する粒子ほど自由で
はないが，ぐにゃぐにゃと動くことができる。これは気体で説明した粒子の並
進運動である。また，クラスター内では粒子間の距離が伸びたり縮んだりす
る。これは固体の粒子間の振動運動に相当する。液体は気体と固体の中間の状
態であり，粒子の内部エネルギーと並進エネルギーと粒子間の振動エネルギー
の総和が<u>物質の内部エネルギー</u>となる。もちろん，液体にも<u>物質の外部エネル
ギー</u>があるが，気体や固体と同様なので，ここでは説明を省略する。

17.3　温度と物質の内部エネルギー

　温度は物質の内部エネルギーに関係する物理量である。温度が一定ならば，
物質の内部エネルギーは一定である。気体の場合には，温度は<u>粒子の並進エネ
ルギー</u>の大きさを反映する。たとえば，大気の温度は気温とよばれ，大気を構
成する粒子（N_2 分子，O_2 分子，Ar 原子）の並進エネルギーの大きさを反映
する。「冬は気温が低い」ということは，粒子の並進エネルギーが低く，「夏は
気温が高い」ということは，粒子の並進エネルギーが高いことを反映する。そ
の様子を**図 17.3** に示す。矢印の長さが粒子の並進運動の速さを表す。矢印の

[†4] 原子核の周りの電子の位置は平均すれば球対称だが，瞬間的には位置がゆらいで電荷もゆら
　　ぐ。このゆらぎによって原子と原子との間に静電引力が働く。これをファンデルワールス力
　　という。極低温では，水素もファンデルワールス力によって液体や固体になる。

温度が低い　　　　　　　温度が高い

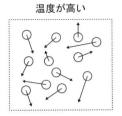

図17.3　気体の温度と粒子の並進運動

長さが長ければ長いほど，並進エネルギーが高いと考えればよい。

　次に，固体の温度を調べてみよう。たとえば，地面の温度は地面を構成する粒子（ケイ素，アルミニウム，鉄などの酸化物）の粒子間の振動エネルギーの大きさを反映する。「冬の地面の温度は低い」ということは，粒子間の振動エネルギーが低く，「夏の地面の温度は高い」ということは，粒子間の振動エネルギーが高いことを反映する。固体の温度と粒子間の振動エネルギーの関係を図17.4に示す。

温度が低い　　　　　　　温度が高い

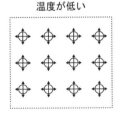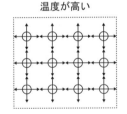

図17.4　固体の温度と粒子間の振動運動

　異なる温度の二つの物質を接触させるとどうなるだろうか。23章で詳しく説明するが，温度の高い物質から温度の低い物質に物質の内部エネルギーが移動し，やがて，二つの物質の温度は同じになる。もしも，高温の気体と低温の気体を接触させると，気体を構成する粒子の衝突によって，高温の気体の並進エネルギーが低温の気体に移動する。また，高温の固体と低温の気体を接触させると，衝突によって，高温の固体を構成する粒子間の振動エネルギーが，低温の気体の並進エネルギーに変換される（**図17.5**）。接触させた二つの物質の間で移動するエネルギーのことを単に**熱**ということもあるが，エネルギーであ

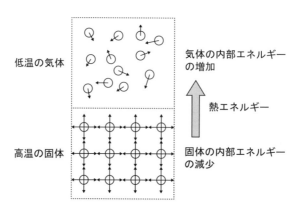

低温の気体

気体の内部エネルギー
の増加

熱エネルギー

高温の固体

固体の内部エネルギー
の減少

図 17.5　高温の固体（地面）から低温の気体（大気）への内部エネルギーの移動

ることを強調するために，**熱エネルギー**とよぶ。昼には地面の温度が上が
り[5]，粒子間の振動エネルギーが地面から大気へ移動し，大気を構成する粒
子の並進エネルギーが増えるので，気温が上がる[6]。夜には地面の温度が下
がり，地面から大気へ移動する固体粒子間の振動エネルギーが少なく，大気を
構成する気体粒子の並進エネルギーがあまり増えないので気温が下がる。ま
た，地表付近の大気は標高が 100 m ずつ上がるにつれて，気温が約 0.6 ℃ 下
がる。大気は地面から離れると，粒子間の衝突を通して地面から受け取る熱エ
ネルギーが少なくなるからである。

---

[5] 地面（固体）は太陽（黒体）から放射される電磁波（とくに光エネルギー）を吸収して，粒
子間の振動エネルギーが高くなる（3 章参照）。

[6] 大気の内部エネルギーは，人類が大気中に放出するエネルギー（化石燃料の燃焼による反応
熱，核分裂による核エネルギー，電化製品の放熱など）によっても増え，並進エネルギーが
増えて気温は上がる。大気の温度は熱エネルギーで上がることを忘れてはならない。寒い冬
にエアコンをつける人はいても，二酸化炭素を撒く人はいない。

18 熱エネルギーは分子内運動に分配される

　前章では，物質を構成する粒子の電子エネルギーを**粒子の内部エネルギー**として説明した。この章からは，しばらく気体分子のみを扱うので，粒子の内部エネルギーを**分子内エネルギー**とよぶ。He 原子や Ar 原子などの単原子分子の分子内エネルギーは**電子エネルギー**だけである。しかし，N_2 分子や O_2 分子のような二原子分子や，CO_2 分子や H_2O 分子のような多原子分子では，電子エネルギー以外の分子内エネルギーを考える必要がある。分子の質量中心が空間を移動しなくても，分子を構成する原子核が空間を移動する相対的な運動があるからである。電子運動と同様に，これを**分子内運動**とよぶ。この章では，どのような分子にどのような分子内運動があり，分子に熱エネルギーが与えられたときに，それぞれの分子内運動に，どのくらいの熱エネルギーが分配されるかを説明する。

18.1　二原子分子の分子内運動

　分子の運動を調べてみよう。He 原子や Ar 原子のような単原子分子が空間を移動する運動は**並進運動**[†1]である。分子は x 軸方向に移動したり，y 軸方向に移動したり，z 軸方向に移動したりする。このようなときに，「**運動の自由度は 3**」と表現する。一方，N_2 分子や O_2 分子のような二原子分子は，2 個の原子核が共有結合している。それぞれの原子核が仮に自由に運動しているとすると，それぞれの原子核の運動の自由度は 3 だから，二原子分子の運動の自由度は $6 (= 2 \times 3)$ になる。それぞれの原子核が x 軸方向，y 軸方向，z 軸方向に移動する様を**図 18.1** に示す。ここでは**等核二原子分子**を仮定し，分子軸を y 軸方向（紙面内の水平方向）とした。矢印（→）が原子核の移動する方向を表す。一つの枠の中に，原子核が移動する方向を逆にして二つ描いた。運動の自由度を考えるときに，原子核の運動の方向が相対的に同じならば，同じ種類の運動となる。一般的な運動は図 18.1 の運動の組み合わせで表せる。

[†1] 化学熱力学では物質の並進運動を扱わないので，「粒子（分子）の並進運動」を単に「並進運動」とよぶことにする。

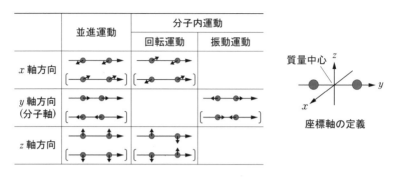

図 18.1　等核二原子分子を構成する 2 個の原子核の運動

　まずは，x 軸方向の原子核の運動を調べる。もしも，2 個の原子核が同じ方向に移動すれば，質量中心が空間を移動するので並進運動であり，分子内運動ではない。一方，2 個の原子核が逆の方向に移動すれば，質量中心が空間を移動しない分子内運動である。これは z 軸を回転軸とする**回転運動**の接線方向の運動である。z 軸方向の運動も同様である。2 個の原子核が同じ方向に移動する並進運動と，x 軸を回転軸として逆の方向に移動する回転運動を考えることができる。y 軸方向の運動には注意が必要である。2 個の原子核が同じ方向に移動すれば並進運動であるが，右の原子核が正の方向に動き，左の原子核が負の方向に動けば結合距離が伸び，逆の方向に動けば結合距離が縮む。結合距離が伸びても縮んでも，質量中心の位置が変わらないので分子内運動である。これを**振動運動**という。

　気体の運動エネルギーを**図 18.2** にまとめた。以降，気体の内部エネルギーを**内部エネルギー**とよび，分子の内部エネルギーを**分子内エネルギー**とよぶ。

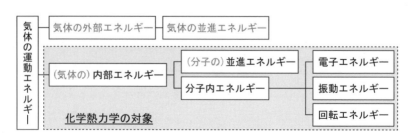

図 18.2　気体の運動エネルギー

18.2 多原子分子の分子内運動

1個の原子核の運動の自由度は3だから，N個の原子から構成される多原子分子の運動の自由度は$3 \times N$である。多原子分子の並進運動（質量中心の空間の移動）の自由度は，単原子分子や二原子分子と同様に3である。一方，回転運動の自由度は**直線分子**と**非直線分子**で異なる。たとえば，直線分子であるCO_2分子の質量中心（C原子）を原点に置き，分子軸をy軸方向にとり，座標軸周りの回転を**図18.3**に示す。x軸あるいはz軸を回転軸とすれば，2個のO原子が回転するので回転運動である。しかし，y軸（分子軸）を回転軸としても，3個の原子核の位置はどれも動かないから回転運動ではない。結局，直線分子の回転運動の自由度は二原子分子と同じ2である（参考図書7）。

図18.3 CO_2分子の三つの回転軸周りの回転

非直線分子では，どの回転軸の周りに回転させても，いくつかの原子核の位置が必ず空間を移動する。つまり，非直線分子の回転運動の自由度は3である。非直線三原子分子の例として，H_2O分子の質量中心を原点に置き，三つの回転運動を**図18.4**に示す。

図18.4 H_2O分子の三つの回転軸周りの回転

多原子分子には，二原子分子と同様に振動運動がある。直線分子のCO_2分子ならば，2個のO原子が分子軸方向で逆の方向に動く振動運動と，同じ方向に動く振動運動がある（**図18.5**）。後者の場合には，質量中心の位置が動か

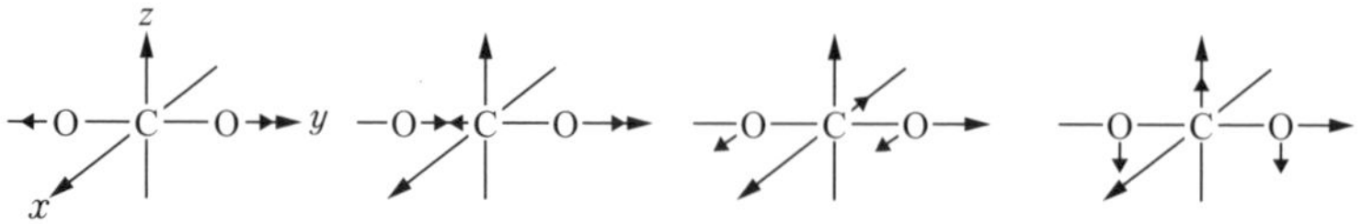

対称伸縮振動　　　　逆対称伸縮振動　　変角振動（xy 平面内）　変角振動（yz 平面内）

図 18.5　CO_2 分子の振動運動

ないように，近づいてくる O 原子の方向に C 原子が動くと分子内運動になる。前者を**対称伸縮振動**といい，後者を**逆対称伸縮振動**という。**伸縮振動**のほかに，多原子分子には二原子分子とは異なる種類の振動運動がある。それは，質量中心の位置は動かずに，結合距離も変わらないが，結合角が変化する振動である。これを**変角振動**という。CO_2 分子の変角振動には方向の異なる 2 種類がある。xy 平面内で結合角 ∠OCO が変化する変角振動と，yz 平面内で結合角が変化する変角振動である（**図 18.5**）。同じ平面内で，分子軸から離れる 2 個の O 原子と逆方向に C 原子が動くと，質量中心の位置は動かないので，分子内運動（変角振動）になる。なお，xz 平面内に O 原子はないから，xz 平面内の変角振動はない。一方，非直線分子の H_2O 分子には，yz 平面内で結合角 ∠HOH が変化する変角振動が一つある。代表的な分子の並進運動と分子内運動の自由度を**表 18.1** にまとめた。どの分子の自由度の合計も $3 \times N$ になる。

表 18.1　代表的な分子の運動の自由度

分子	並進運動	回転運動	振動運動		合計
			伸縮振動	変角振動	
単原子分子（Ar など）	3	0	0	0	3
二原子分子（N_2, O_2 など）	3	2	1	0	6
直線三原子分子（CO_2 など）	3	2	2	2	9
非直線三原子分子（H_2O など）	3	3	2	1	9

18.3　熱エネルギーの分配

気体は熱エネルギーを受け取ると，内部エネルギーが増える（17 章参照）。ただし，**基底状態**（$n = 1$）と**励起状態**（$n = 2$）の電子エネルギーの差は大き

いので，熱エネルギーは**電子遷移**のためのエネルギーとしては不十分であ
り[†2]，電子エネルギーには分配されない。そうすると，単原子分子で構成さ
れる気体では，増えた内部エネルギーはすべて並進エネルギーの増加になる。
一方，二原子分子ならば，増えた内部エネルギーは並進エネルギーと分子内エ
ネルギーに分配される。ただし，電子エネルギーと同様に，熱エネルギーは伸
縮振動の遷移のためのエネルギーとしては不十分である[†3]。したがって，増
えた内部エネルギーは並進エネルギーと回転エネルギーに分配される。また，
多原子分子の変角振動は基底状態と励起状態の差が伸縮振動ほど大きくないの
で，熱エネルギーで遷移できる[†4]。したがって，増えた内部エネルギーは並
進エネルギー，回転エネルギー，変角振動エネルギーに分配される。

　気体の温度は並進エネルギーを反映し，分子内エネルギーが増えても温度は
上昇しない。どういうことかというと，分子が同じ位置（質量中心が空間を移
動しない状態）で，いくら激しく回転しても振動しても，空間を移動して寒暖
計に衝突しなければ（並進エネルギーがなければ），寒暖計の表示温度は変わ
らない。あるいは，分子が同じ位置で，いくら激しく回転しても振動しても，
氷山にぶつからなければ，氷山は融けない。

　物質の温度を $1\,K$（$= 1℃$）上げるために必要なエネルギーを**熱容量**（heat
capacity）という（記号は C）。とくに，$1\,mol$ の物質の熱容量を**モル熱容量**[†5]
という。**標準圧力**[†6]（$1\,atm = 1.01325 \times 10^5\,Pa$），室温（$25℃ = 298.15\,K$）
で，大気成分のモル熱容量を**表18.2**に示す。つまり，気体の温度を $298.15\,K$

[†2] たとえば，水素原子の電子遷移には $13.6\,eV$ のエネルギーが必要である（§12.3参照）。これ
を電磁波の波数で表すと約 $110000\,cm^{-1}$ になる（§1.1参照）。$300\,K$ での熱エネルギーは
$1000\,cm^{-1}$ 以下の赤外線のエネルギーに相当し，電子遷移には不十分である。

[†3] たとえば，N_2 分子の伸縮振動の遷移には約 $2400\,cm^{-1}$ のエネルギーが必要であり，$300\,K$ で
の熱エネルギーでは不十分である。高温にすれば熱エネルギーは高くなるので，伸縮振動の
遷移も可能となる（参考図書10）。

[†4] たとえば，CO_2 分子の変角振動の遷移には約 $670\,cm^{-1}$ のエネルギーが必要であり，$300\,K$ で
の熱エネルギーで遷移できる（141ページ脚注3参照）。

[†5] 単位に mol^{-1} を含む物理量や物理定数は「モル○○」とよぶ。気体定数 R は正式にはモル気
体定数である。

[†6] 標準圧力を $1 \times 10^5\,Pa$ とすることが推奨されている。しかし，$1\,atm$ で測定された実験データ
が多いので，この教科書では標準圧力を $1\,atm$ とする。また，記号を $P^{\ominus}$ とする。

表 18.2　大気成分のモル熱容量（1 atm, 298.15 K）と温度上昇

気体	伸縮振動を除く運動の自由度	モル熱容量[a] $C/(\text{J K}^{-1} \text{mol}^{-1})$	温度上昇[b] $\Delta T/K$
Ar	3（並進）	20.79	1.38
N_2	3（並進）+ 2（回転）= 5	29.12	0.98
O_2	3（並進）+ 2（回転）= 5	29.38	0.97
CO_2	3（並進）+ 2（回転）+ 2（変角）= 7	37.11	0.77
H_2O	3（並進）+ 3（回転）+ 1（変角）= 7	37.10[c]	0.77

a）参考図書 11 から引用。
b）体積が約 2.5 cm^3 の水素ガスの燃焼による約 25000 cm^3 の気体の温度上昇。
c）水蒸気の 1 atm, 380 K での値（§25.3 参照）。

から 299.15 K にするために必要な熱エネルギーである。すでに説明したよう
に，Ar などは熱エネルギーをすべて並進エネルギーとして受け取るので，少
ない熱エネルギーで 1 K の温度上昇がある。つまり，熱容量が小さい。一方，
N_2 や O_2 などは熱エネルギーの一部を分子内エネルギー（回転エネルギー）
に分配するので，並進エネルギーに分配される熱エネルギーは少ない。つま
り，熱容量が大きく，1 K の温度上昇にはたくさんの熱エネルギーが必要であ
る。もっとたくさんの熱エネルギーを必要とする気体が CO_2 である。せっか
く受け取った熱エネルギーを分子内エネルギー（回転エネルギーと変角振動エ
ネルギー）に分配してしまうからである。熱容量は運動の自由度が増えるにつ
れて大きくなる（§20.3 で詳しく説明する）。

　具体的に，1 atm, 298.15 K で 0.0001 mol の水素ガス（約 2.5 cm^3）を燃焼
したときに放出される熱エネルギー 28.6 J（表 30.1 参照）によって，1 mol
の Ar の気体（約 25000 cm^3）の温度上昇 ΔT は，

$$\Delta T = \frac{(28.6 \text{ J})}{(20.79 \text{ J K}^{-1} \text{mol}^{-1}) \times (1 \text{ mol})} \approx 1.38 \text{ K} \qquad (18.1)$$

と計算できる。そのほかの気体の温度上昇も同様に計算できる（表 18.2 右段
参照）。運動の自由度が増えて，分子内エネルギーに分配される熱エネルギー
が多くなるほど，気体の温度上昇は少なくなる。気体分子の回転運動や振動運
動は，人類が大気に放出する<u>熱エネルギー</u>の吸収材としての役割を果たす。

19 分子の並進速度には分布がある

気体を構成する分子は様々な速度で並進運動している。分子が並進運動する領域の総和が気体の体積であり，分子が速く動けば動くほど，並進運動の領域は広がり，気体の体積が増える。たとえば，気体が $1\,mol$（約 6.022×10^{23} 個）の He 原子でできているとしよう。$1\,mol$ の He 原子の体積の総和を計算すれば，$7.551 \times 10^{-8}\,m^3$ になる[†1]。しかし，気体の温度が $0\,℃$（$= 273.15\,K$）で，圧力が $1\,atm$（$= 1.01325 \times 10^5\,Pa$）のヘリウムの体積は約 $22.41\,L$（$= 22.41 \times 10^{-3}\,m^3$）である（205ページ参照）。どうして計算した体積の桁が 10^5 も違うのかというと，気体を構成する He 原子が様々な速度で並進運動しているからである。この章では，どのくらいの分子が，どのくらいの速度で並進運動しているか，まずは，ボルツマン分布則を使って一次元空間で速度分布を求め，その後で，三次元空間に拡張する。

19.1 ボルツマン分布則

物質も，それを構成する粒子も，エネルギーの低いほうが安定である。たとえば，リンゴは木の枝から地面に向かって落ちる。この場合には，枝の位置よりも，地面のポテンシャルエネルギーのほうが低くて安定だからである。今度は，リンゴの代わりに，たくさんの乾いた砂を目の高さから落とすと，地面に砂山ができる。砂山は裾野から頂上に向かって次第に細くなる。裾野から頂上に向かってポテンシャルエネルギーが高くなって不安定になり，砂の量が減ると考えればよい。あるいは，ポテンシャルエネルギーの低い状態の確率は大きく，ポテンシャルエネルギーの高い状態の確率は小さくなると表現してもよい。

気体を構成する分子も同様である。並進エネルギーが高くなれば不安定になり，その状態の分子数が少なくなる。また，並進エネルギーが低くなれば安定

V
物質の分子運動

[†1] He 原子の電子の存在確率が最大となる半径 r は $a_0/1.704 \approx 3.105 \times 10^{-11}\,m$ である（§11.3参照）。$1\,mol$ の体積は，$V = (1\,mol) \times N_A \times (4/3)\pi r^3 = (1\,mol) \times (6.022 \times 10^{23}\,mol^{-1}) \times (4/3) \times 3.1416 \times (3.105 \times 10^{-11}\,m)^3 \approx 7.551 \times 10^{-8}\,m^3$ と計算できる。

になり，その状態の分子数が多くなる。極端なことをいえば，絶対零度
（0 K）の気体は，熱運動，つまり，並進エネルギーがまったくない状態であ
り，すべての分子は静止している。それでは，温度が上がって，熱運動が活発
になると，どのくらいの分子がどのくらいの速度で並進運動するのだろうか。
速い分子もあれば，遅い分子もあるはずである。

　ボルツマン（L. Boltzmann）は，エネルギーが E の状態の相対的な分子数 n
を次の式で表した（これを**ボルツマン分布則**という）。

$$n = \exp\left(-\frac{E}{k_B T}\right) \tag{19.1}$$

ここで，exp は指数関数を表し，k_B はボルツマン定数[†2]，T は熱力学温度
（単位はケルビン K）である。例として，総数が 15 個の分子のボルツマン分
布を**図 19.1** に示す[†3]。ここでは，分子のエネルギーは等間隔に量子化されて
いて，そのエネルギー間隔を ΔE とした。

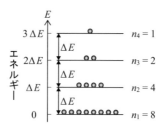

図 19.1　ボルツマン分布則に従う **15** 個の分子

　式 19.1 は指数関数 exp を用いているので，エネルギー間隔が同じならば，
分子数の比も同じになる。たとえば，図 19.1 の分子数の比 n_2/n_1 と n_4/n_3 は，

$$\frac{n_2}{n_1} = \frac{\exp(-\Delta E/k_B T)}{\exp(-0/k_B T)} = \exp(-\Delta E/k_B T) \tag{19.2}$$

$$\frac{n_4}{n_3} = \frac{\exp(-3\Delta E/k_B T)}{\exp(-2\Delta E/k_B T)} = \exp(-\Delta E/k_B T) \tag{19.3}$$

[†2] ボルツマン定数 k_B にアボガドロ定数 N_A を掛け算すると，モル気体定数 R になる。

[†3] 電子のエネルギーではなく分子の並進エネルギーなので，ここでは §14.2 で説明したパウリ
の排他原理や §15.3 で説明したフントの規則は関係ない。つまり，同じエネルギーの状態に
ある分子の数に制限はない。

となって，同じ式になる。エネルギーの絶対値に関係なく，二つの状態のエネルギー差が同じならば，分子数の比も同じになることが，ボルツマン分布則の特徴である。なお，分子数ではなく確率で考えたければ，式 19.1 を分子の総数で割り算すればよい。図 19.1 で説明するならば，それぞれのエネルギーの状態の分子数を総数の 15 で割り算すれば確率となる。

19.2　一次元空間と二次元空間の速度分布 ───────────── ▫

　気体を構成する分子の**速度分布**を調べてみよう。まずは，説明を簡単にするために，x 軸方向のみの一次元空間を並進運動する分子を考える。分子の質量を m，分子の速度を v_x とすると[†4]，並進エネルギー ε は，

$$\varepsilon = \frac{1}{2}mv_x{}^2 \tag{19.4}$$

で表される。これを式 19.1 の E に代入すると，速度 v_x で並進運動する相対的な分子数 n は，次のようになる。

$$n = \exp\left(-\frac{mv_x{}^2}{2k_\mathrm{B}T}\right) \tag{19.5}$$

　もしも確率で考えたければ，相対的な分子数 n の総数 N を計算する必要がある。ただし，前節の説明と異なり，並進エネルギーは連続だから，式 19.5 を積分して総数 N を求める。また，速度 v_x は左に向かう場合（負の値）も右に向かう場合（正の値）もあるから，積分範囲を $-\infty \sim +\infty$ として，総数 N は次のように表される。

$$N = \int_{-\infty}^{+\infty} \exp\left(-\frac{mv_x{}^2}{2k_\mathrm{B}T}\right)\mathrm{d}v_x \tag{19.6}$$

ここで，次の数学の公式を用いる。

$$\int_{-\infty}^{+\infty} \exp(-\alpha x^2)\mathrm{d}x = \left(\frac{\pi}{\alpha}\right)^{1/2} \tag{19.7}$$

$x = v_x$，$\alpha = m/2k_\mathrm{B}T$ とおけば，式 19.6 の積分を計算できて，

$$N = \left(\frac{2\pi k_\mathrm{B}T}{m}\right)^{1/2} \tag{19.8}$$

■ **V** ■

物質の分子運動

[†4] 速度はベクトルなので太字で書く必要があるが，ここでは速度の x 成分と考えて太字にしない。速度も速さも同じ記号の v_x となるので注意する。

となる。結局，式 19.8 で式 19.5 を割り算すれば，次のようになる。

$$\Phi(v_x) = \frac{n}{N} = \left(\frac{m}{2\pi k_B T}\right)^{1/2} \exp\left(-\frac{mv_x^2}{2k_B T}\right) \tag{19.9}$$

$\Phi(v_x)$ を**速度分布関数**とよぶ。また，並進運動の速度が $v_x \sim v_x + dv_x$ の範囲にある分子の<u>確率</u>は $\Phi(v_x)dv_x$ で表され，次のようになる[5]。

$$\Phi(v_x)\,dv_x = \left(\frac{m}{2\pi k_B T}\right)^{1/2} \exp\left(-\frac{mv_x^2}{2k_B T}\right)dv_x \tag{19.10}$$

縦軸に速度分布関数 $\Phi(v_x)$ の値をとり，横軸に v_x をとったグラフを**図 19.2**に示す。式 19.10 の $\Phi(v_x)$ は v_x^2 を変数とする関数なので，速度が $-v_x$ のときと $+v_x$ のときに同じ値になる対称関数である。また，$v_x = 0$ のときに $\Phi(v_x)$ は最も大きく，静止している分子数が最も多い。なお，式 19.9 を見るとわかるように，$\Phi(v_x)$ は熱力学温度 T に依存する関数である。図 19.2 では温度が 100 K，300 K，1000 K のグラフを比較した。温度が低ければ，ゆっくり動く分子が多くなり，グラフの幅が狭くなり，絶対零度では幅がなくなる。逆に，温度が高ければ，幅が広がる。速く動く分子の確率が増えるという意味である。

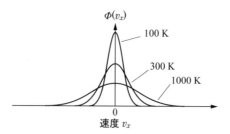

図 19.2 x 軸方向の一次元空間で並進運動する分子の速度分布

xy 平面の二次元空間で運動する分子の並進エネルギー ε は，

$$\varepsilon = \frac{1}{2}m(v_x^2 + v_y^2) \tag{19.11}$$

で表される。詳しいことは省略するが（参考図書 9），速度分布関数は，

---

[5] 確率は指定する範囲が狭ければ小さく，広ければ大きな値になる。サイコロの1の目の出る確率は 1/6 であるが，3 以下の目の出る確率は 1/2 になる。つまり，確率は範囲を指定する必要があるので，式 19.10 では範囲 dv_x を掛け算した（§3.2 の電磁波の強度分布を参照）。

$$\Phi(v_x, v_y) = \left(\frac{m}{2\pi k_B T}\right)^{1/2} \exp\left(-\frac{mv_x^2}{2k_B T}\right) \times \left(\frac{m}{2\pi k_B T}\right)^{1/2} \exp\left(-\frac{mv_y^2}{2k_B T}\right)$$

$$= \left(\frac{m}{2\pi k_B T}\right) \exp\left\{-\frac{m(v_x^2 + v_y^2)}{2k_B T}\right\} \tag{19.12}$$

となる。x 軸に速度 v_x をとり，y 軸に速度 v_y をとり，z 軸に速度分布関数 $\Phi(v_x, v_y)$ の値をとったグラフを**図 19.3** に示す。温度は 300 K を仮定した。ちょうど，§19.1 でたとえた砂山のようになる。原点 $(v_x = 0, v_y = 0)$ は静止している分子を表し，砂山の頂上のように分子数が最も多くなる。

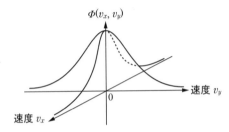

図 19.3 ***xy*** 平面の二次元空間で並進運動する分子の速度分布

19.3 三次元空間の速度分布

　一次元空間から二次元空間への拡張と同様に，三次元空間の速度分布に拡張できる。三次元空間の分子の並進エネルギー ε は，

$$\varepsilon = \frac{1}{2} m(v_x^2 + v_y^2 + v_z^2) \tag{19.13}$$

で表され，速度分布関数 $\Phi(v_x, v_y, v_z)$ は，

$$\Phi(v_x, v_y, v_z) = \left(\frac{m}{2\pi k_B T}\right)^{1/2} \exp\left(-\frac{mv_x^2}{2k_B T}\right) \times \left(\frac{m}{2\pi k_B T}\right)^{1/2} \exp\left(-\frac{mv_y^2}{2k_B T}\right)$$

$$\times \left(\frac{m}{2\pi k_B T}\right)^{1/2} \exp\left(-\frac{mv_z^2}{2k_B T}\right)$$

$$= \left(\frac{m}{2\pi k_B T}\right)^{3/2} \exp\left\{-\frac{m(v_x^2 + v_y^2 + v_z^2)}{2k_B T}\right\} \tag{19.14}$$

となる。しかし，三次元空間 (v_x, v_y, v_z) で速度分布関数 $\Phi(v_x, v_y, v_z)$ をグラフで描こうとすると，四次元が必要となり，描くことができない。そこで，速度の

V
物質の分子運動

大きさである速さ $v\left[=(v_x{}^2+v_y{}^2+v_z{}^2)^{1/2}\right]$ を変数として考えて，二次元のグラフを描くことにする。なお，三次元空間では，分子は様々な方向を向いて並進運動しているが，速さ v が同じならば，方向が異なっても，グラフの横軸の値は同じになる。つまり，原点から見て，あらゆる方向に同じ速さ v の仲間の分子がたくさんいるので，速さ v の半径の球の表面積 $4\pi v^2$ を掛け算する必要がある[6]。結局，速さ v を変数とする速度分布関数 $\Phi(v)$ は，

$$\Phi(v) = 4\pi v^2\left(\frac{m}{2\pi k_B T}\right)^{3/2}\exp\left(-\frac{mv^2}{2k_B T}\right) \tag{19.15}$$

となる。速度 (v_x, v_y, v_z) を変数にすると，静止した分子が最も多くなるが，速さ v を変数にすると静止した分子が最も少なく，ある速さで分子数が最大となる。なお，速度の範囲は $-\infty \sim +\infty$ であるが，速さは速度の大きさだから，横軸の範囲は $0 \sim +\infty$ になる。**図 19.4** では，温度が $100\,\mathrm{K}$，$300\,\mathrm{K}$，$1000\,\mathrm{K}$ のグラフを比較した。温度が高くなれば，速く動く分子が多くなり，速度分布関数の最大値を表す横軸の位置が原点から次第に離れることがわかる。

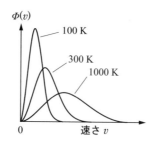

図 19.4 　三次元空間で並進運動する分子の速度分布

---

[6] 電子の存在確率を描くために，波動関数の代わりに動径分布関数に変換したことと考え方は同じ（§7.3 参照）。

20 並進エネルギーは圧力と温度に反映される

前章では，気体分子の並進運動について，速さ v を変数とする速度分布関数 $\Phi(v)$ を求めた。$\Phi(v)$ に速さの微小範囲 dv を掛け算すれば，速さが $v \sim v + dv$ の範囲にある分子の確率を表す。確率が求められれば，速さの平均値を求めることも容易である。どういうことかというと，たとえば，1個のサイコロを振ったときに，それぞれの目の出る確率はすべて $1/6$ だから，出る目の数の平均値は $(1 \times 1/6 + 2 \times 1/6 + 3 \times 1/6 + 4 \times 1/6 + 5 \times 1/6 + 6 \times 1/6) = 3.5$ というように，容易に計算できる。この章では，まず，速度分布関数を使って，分子の並進運動の速さの平均値を求める。同様にして，速さの2乗の平均値を求める。次に，その結果を使って，分子の並進エネルギーの平均値を求める。さらに，並進エネルギーの平均値が気体の体積だけではなく，圧力や温度にも反映されることを説明する。

20.1 気体分子の速さの平均値

サイコロの出る目の数はとびとびの値（整数）なので，出る目の数の平均値はそれぞれの目の数に確率を掛け算して，それらを足し算して求める。一方，気体分子の並進運動の速さは連続的な値（実数）なので，速さ v の平均値は v に式 19.15 の確率 $\Phi(v)dv$ を掛け算して，$0 \sim \infty$ の範囲で積分して求める。熱力学温度 T で，三次元空間で並進運動する気体分子の平均速さ $\langle v \rangle$ は[1]，

$$\langle v \rangle = \int_0^\infty v\,\Phi(v)\mathrm{d}v = 4\pi \left(\frac{m}{2\pi k_\mathrm{B}T}\right)^{3/2} \int_0^\infty v^3 \exp\left(-\frac{mv^2}{2k_\mathrm{B}T}\right)\mathrm{d}v \quad (20.1)$$

となる。ここで，次の数学の公式を使う。

$$\int_0^\infty x^{2n+1} \exp(-\alpha x^2)\,\mathrm{d}x = \frac{n!}{2\alpha^{n+1}} \quad (20.2)$$

$x = v$, $n = 1$, $\alpha = m/2k_\mathrm{B}T$ とおけば，平均の速さ $\langle v \rangle$ は，

$$\langle v \rangle = 4\pi \left(\frac{m}{2\pi k_\mathrm{B}T}\right)^{3/2} \times \frac{1}{2} \times \left(\frac{2k_\mathrm{B}T}{m}\right)^2 = \left(\frac{8k_\mathrm{B}T}{\pi m}\right)^{1/2} \quad (20.3)$$

となる。

---

[1] v の平均を表すために $\bar{v}$ と書くこともあるが，この教科書では $\langle v \rangle$ と書く。

　式 20.3 は §17.3 で説明した温度と分子の平均速さとの関係を示す。つまり，気体を構成する分子の平均速さ $\langle v \rangle$ は温度の平方根 $T^{1/2}$ に比例して大きくなる。実際に分子の平均速さを計算するためには，1 個の原子の質量 m を使うよりも，1 mol あたりの質量であるモル質量を使った方が便利である。そこで，式 20.3 の右辺の分母と分子にアボガドロ定数 N_A を掛け算し，$N_A m$ をモル質量 M で置き換え，$N_A k_B$ をモル気体定数 R で置き換えると（110 ページ脚注 2），

$$\langle v \rangle = \left(\frac{8RT}{\pi M} \right)^{1/2} \tag{20.4}$$

となる。

　たとえば，300 K で N_2 分子の平均速さ $\langle v \rangle$ を計算してみよう。$R \approx 8.314\,\mathrm{J\,K^{-1}\,mol^{-1}}$, $T = 300\,\mathrm{K}$, $M \approx 28.0 \times 10^{-3}\,\mathrm{kg\,mol^{-1}}$ を式 20.4 に代入すれば，

$$\langle v \rangle = \left\{ \frac{8 \times (8.314\,\mathrm{J\,K^{-1}\,mol^{-1}}) \times (300\,\mathrm{K})}{3.1416 \times (28.0 \times 10^{-3}\,\mathrm{kg\,mol^{-1}})} \right\}^{1/2} \approx 476.3\,\mathrm{m\,s^{-1}} \tag{20.5}$$

となる。ここでエネルギーの単位のジュール J は $\mathrm{kg\,m^2\,s^{-2}}$ のことである。秒速 476 m はおよそ時速 1700 km だから，N_2 分子は新幹線のおよそ 6 倍の速さで並進運動していることになる。あるいは，1200 K での平均速さを計算したければ，分子の平均速さは $T^{1/2}$ に比例するから，$2\,[= (1200/300)^{1/2}]$ 倍になることがわかる。代表的な気体分子の平均速さを表 20.1 にまとめる。温度は 300 K とした。分子の質量が大きくなれば，平均速さは遅くなる。後ほど説明するように，温度が同じならば，並進エネルギー $(1/2)mv^2$ の平均値が同じだからである。m が大きくなれば v は小さくなるという意味である。

表 20.1　代表的な気体分子の平均速さ $\langle v \rangle$ (300 K)

気体	$\langle v \rangle/(\mathrm{m\,s^{-1}})$	気体	$\langle v \rangle/(\mathrm{m\,s^{-1}})$
He	1259	N_2	476
Ne	561	O_2	446
Ar	399	CO_2	380
Kr	275	CH_4	629

20.2 圧力と並進エネルギー

前節で計算した結果,気体分子は新幹線のおよそ 6 倍の速さで我々の身体に衝突していることがわかった。しかし,分子の質量はとても小さいので,たとえ身体に衝突しても,それを認識することはない。ただし,分子が衝突することによって圧力が生まれ,我々は大気圧の中で生きることができる。それでは,気体分子の並進運動と圧力の関係を調べてみよう。

図 20.1 に示すように,一辺の長さが a の立方体の容器の中で,1 mol の気体分子が並進運動しているとする。説明を簡単にするために,すべての分子は x 軸方向に様々な速度で並進運動しているとする。容器の yz 平面の壁が受ける圧力を考えてみよう。分子の質量が大きければ,圧力は高くなるだろうし,分子の速度が速ければ圧力は高くなると思われる。つまり,yz 平面の壁が受け取る**運動量** $p_x (= mv_x)$ に関係する。分子の速度は壁に衝突する前と後では向きが逆になるから,1 個の分子が壁との衝突によって失う運動量の大きさは,

$$\Delta p_x = m(-v_x) - mv_x = -2mv_x \tag{20.6}$$

となる。Δ(デルタ)は変化量(差)を表す記号である[†2]。一方,壁が分子から受け取る運動量は,符号を変えて $2mv_x$ である。

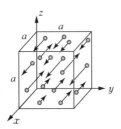

図 20.1 一辺の長さが a の立方体の中の気体分子の並進運動(x 軸方向)

今度は,同じ分子が 1 秒間に何回,壁に衝突して運動量を失うかを調べてみよう。分子は壁に衝突してから同じ壁に戻ってくるために,$2a$ の距離を動かなければならない。分子の速さは v_x だから,かかる時間は $2a/v_x$ である。そ

[†2] 物理,数学では Δ を斜体で書くこともあるが,変数と間違えないように,化学では立体で書くことが決まっている(参考図書 2)。

うすると，1 秒間に yz 平面の壁に衝突する回数は $v_x/2a$ 回になる。したがって，1 秒間に yz 平面の壁が 1 個の分子から受け取る運動量は，

$$\Delta p_x = 2mv_x \frac{v_x}{2a} = \frac{mv_x{}^2}{a} \tag{20.7}$$

と計算できる。

圧力 P は単位面積，単位時間あたりの運動量の変化として表される[†3]（参考図書 9）。式 20.7 の単位時間あたりの運動量を，yz 平面の壁の面積 a^2 で割り算すると，1 個の分子の圧力 P に対する寄与を計算できる。

$$P\,(1\,\text{個の分子の寄与}) = \frac{\Delta p_x}{a^2} = \frac{mv_x{}^2}{a^3} = \frac{mv_x{}^2}{V} \tag{20.8}$$

a^3 は容器の体積のことだから V で置き換えた。そうすると，1 mol の分子の圧力 P に対する寄与は，式 20.8 にアボガドロ定数 N_A を掛け算すればよいかというと，そうはならない。なぜならば，分子は様々な速さで並進運動しているからである。そこで，速さの 2 乗 $v_x{}^2$ の代わりに平均値 $\langle v_x{}^2 \rangle$ を使うことにする。$v_x{}^2$ は分子同士の衝突などによって刻一刻と変化するが，温度が一定ならば $\langle v_x{}^2 \rangle$ は変化しないからである。そうすると，圧力 P は，

$$P = \sum_{i=1}^{N_A} \frac{mv_x{}^2}{V} = \frac{N_A m \langle v_x{}^2 \rangle}{V} \tag{20.9}$$

となる（v_x の順序数 i の記述は省略）。ここで，次の関係式を用いた。

$$\sum_{i=1}^{N_A} v_x{}^2 = N_A \langle v_x{}^2 \rangle \tag{20.10}$$

分子は実際には三次元空間を並進運動しているから，

$$\langle v^2 \rangle = \langle v_x{}^2 + v_y{}^2 + v_z{}^2 \rangle = \langle v_x{}^2 \rangle + \langle v_y{}^2 \rangle + \langle v_z{}^2 \rangle \tag{20.11}$$

が成り立つ。三次元空間では，x 軸方向も y 軸方向も z 軸方向も等価である。つまり，$\langle v_x{}^2 \rangle = \langle v_y{}^2 \rangle = \langle v_z{}^2 \rangle$ である。そこで，式 20.9 に $\langle v_x{}^2 \rangle = (1/3)\langle v^2 \rangle$ を代入すると，圧力 P は次のように表される。

$$P = \frac{N_A m \langle v^2 \rangle}{3V} \tag{20.12}$$

[†3] この教科書では，運動量 p と区別するために圧力を大文字の P で表す。力は質量×加速度であり，$m(v_2 - v_1)/\Delta t = (p_2 - p_1)/\Delta t = \Delta p/\Delta t$ となるから，圧力（単位面積あたりに働く力）は「単位面積，単位時間あたりの運動量の変化」であることがわかる。

速さの 2 乗の平均値 $\langle v^2 \rangle$ は，速さの平均値 $\langle v \rangle$ と同様に，式 19.15 で表される確率 $\Phi(v)\mathrm{d}v$ を使って，次のように求めることができる。

$$\langle v^2 \rangle = \int_0^\infty v^2 \Phi(v)\mathrm{d}v = 4\pi \left(\frac{m}{2\pi k_\mathrm{B} T} \right)^{3/2} \int_0^\infty v^4 \exp\left(-\frac{mv^2}{2k_\mathrm{B} T} \right)\mathrm{d}v \quad (20.13)$$

ここで，次の数学の公式を使う。

$$\int_0^\infty x^{2n} \exp(-\alpha x^2)\,\mathrm{d}x = \frac{1 \times 3 \times 5 \cdots \times (2n-1)}{2^{n+1}\alpha^n} \left(\frac{\pi}{\alpha} \right)^{1/2} \quad (20.14)$$

$x = v$, $n = 2$, $\alpha = m/2k_\mathrm{B}T$ とおけば，式 20.13 は，

$$\langle v^2 \rangle = 4\pi \left(\frac{m}{2\pi k_\mathrm{B} T} \right)^{3/2} \times \frac{3}{8} \times \left(\frac{2k_\mathrm{B} T}{m} \right)^2 \times \left(\frac{\pi 2 k_\mathrm{B} T}{m} \right)^{1/2} = \frac{3k_\mathrm{B} T}{m} \quad (20.15)$$

となる。したがって，式 20.12 の圧力 P は，

$$P = \frac{N_\mathrm{A} m}{3V} \times \frac{3k_\mathrm{B} T}{m} = \frac{N_\mathrm{A} k_\mathrm{B} T}{V} = \frac{RT}{V} \quad (20.16)$$

となる。体積 V を右辺から左辺に移動すれば，1 mol の理想気体の状態方程式（$PV = RT$）が得られる。

V

物質の分子運動

20.3　温度と並進エネルギー

速さの 2 乗の平均値 $\langle v^2 \rangle$ を式 20.15 で求めたので，1 個の気体分子の並進エネルギーの平均値 $\langle \varepsilon \rangle$ を次のように求めることができる。

$$\langle \varepsilon \rangle = \frac{1}{2} m \langle v^2 \rangle = \frac{1}{2} m \times \frac{3k_\mathrm{B} T}{m} = \frac{3}{2} k_\mathrm{B} T \quad (20.17)$$

したがって，1 mol の気体の並進エネルギーの総和の平均値 $\langle E \rangle$ は，式 20.17 にアボガドロ定数 N_A を掛け算して，次のように表される。

$$\langle E \rangle = N_\mathrm{A} \langle \varepsilon \rangle = \frac{3}{2} N_\mathrm{A} k_\mathrm{B} T = \frac{3}{2} RT \quad (20.18)$$

並進エネルギーの大きさは温度に反映されることがわかる（§17.3 参照）。

§18.3 で説明したように，**モル熱容量** C は 1 mol の気体の温度を 1 K 上昇させるために必要なエネルギーである。つまり，単位温度あたりのエネルギーの変化量である。そこで，式 20.18 の両辺を熱力学温度 T で微分すると，

$$C = \frac{\mathrm{d}\langle E \rangle}{\mathrm{d}T} = \frac{3}{2} R \quad (20.19)$$

となる。したがって，並進エネルギーに関するモル熱容量は $(3/2)R$ であることがわかる。並進運動の自由度は x 軸方向，y 軸方向，z 軸方向の 3 だから（§18.1 参照），一つの運動の自由度について，モル熱容量は $(1/2)R$ と考えればよい。

　モル熱容量の大きさは分子の形によって異なる（表 18.2 参照）。その理由は分子内運動の自由度が異なるからである。一つの運動の自由度についてモル熱容量が $(1/2)R$ として計算すると，**表 20.2** のようになる。なお，次章で詳しく説明するが，内部エネルギーの変化量は，体積が一定の条件（**定容過程**）[†4] と圧力が一定の条件（**定圧過程**）で異なる。定容過程では**定容モル熱容量**といい，定圧過程では**定圧モル熱容量**という。後者は前者よりもモル気体定数 R だけ大きくなる（§22.2 参照）。それぞれの気体の定圧モル熱容量の理論式に $R \approx 8.314\,\mathrm{J\,K^{-1}\,mol^{-1}}$ を代入し，計算値を表 18.2 の実測値と比較すると，計算値と実測値はよく一致する。わずかな差は，熱容量に対する振動運動の寄与を求めることによって説明できる[†5]（詳しくは参考図書 9, 10）。

表 20.2　大気成分のモル熱容量の計算値と実測値との比較

気体	運動の自由度[a]	モル熱容量の理論式		定圧モル熱容量 /($\mathrm{J\,K^{-1}\,mol^{-1}}$)	
		定容	定圧	計算値[b]	実測値[c]
Ar	3	$(3/2)R$	$(5/2)R$	20.79	20.79
N_2	5	$(5/2)R$	$(7/2)R$	29.10	29.12
O_2	5	$(5/2)R$	$(7/2)R$	29.10	29.38
CO_2	7	$(7/2)R$	$(9/2)R$	37.41	37.11
H_2O	7	$(7/2)R$	$(9/2)R$	37.41	37.10

a）伸縮振動を除く（表 18.2 参照）。　b）$R \approx 8.314\,\mathrm{J\,K^{-1}\,mol^{-1}}$ を使った計算値。
c）参考図書 11 から引用（1 atm, 298.15 K）。

[†4]「定積変化」ということもある。

[†5] 分子が室温で自然界の赤外線を吸収したとしても，「振動エネルギーから並進エネルギーへの変換を無視できる」ことを意味する（141 ページ脚注 3 参照）。

21 熱力学的過程は条件で異なる

　気体を密閉容器に入れると，分子は分子同士の衝突や容器の壁との衝突を繰り返し，気体はやがて**熱平衡状態**（略して**平衡状態**）になる。平衡状態とは，個々の分子の微視的な運動は刻一刻と変化するが，圧力，体積，温度などの巨視的な物理量が一定になる状態のことである。これらの巨視的な物理量を**状態量**という。また，温度が一定ならば，内部エネルギー（並進エネルギー ＋ 分子内エネルギー）も一定だから（§**17.3** 参照），内部エネルギーも状態量である。この章では，気体が熱エネルギーを受け取り，ある平衡状態が別の平衡状態になる場合に，体積が一定という条件（**定容過程**）と圧力が一定という条件（**定圧過程**）で，内部エネルギーの変化量が異なることを説明する。また，内部エネルギーが熱エネルギーと仕事エネルギーの和になるというエネルギーの保存則（**熱力学第一法則**）を説明する。

21.1　定容過程

　図 **21.1** に示すように，密閉容器の中に 1 mol の気体を入れて，圧力が P_1 で，温度が T_1 で，体積が V_1 の平衡状態 1 になっていたとする。また，内部エネルギーを U_1 とする。この場合の気体のように，着目する対象を**系**とよぶ。また，密閉容器を含めた系以外の対象を**外界**とよぶ。系の内部エネルギーは，平衡状態では時間が経っても変わらないが，外界から熱エネルギーを受け取れば増え，外界に熱エネルギーを放出すれば減り，やがて別の平衡状態 2 になる。このときの圧力を P_2，温度を T_2，体積を V_2，内部エネルギーを U_2 とする。一般に，ある平衡状態 1 が別の平衡状態 2 になる過程を**熱力学的過程**とよぶ。と

Ⅵ
物質の熱平衡

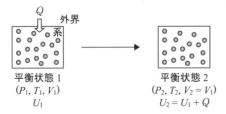

　　　平衡状態 1　　　　　　　　　平衡状態 2
　　(P_1, T_1, V_1)　　　　　　　$(P_2, T_2, V_2 = V_1)$
　　　　U_1　　　　　　　　　　$U_2 = U_1 + Q$

図 **21.1**　定容過程での状態量の変化

くに，密閉容器のように，体積が変わらないまま（$V_2 = V_1$），平衡状態が変化する熱力学的過程を**定容過程**という。

　定容過程で，系が外界とやり取りする**熱エネルギー**を Q とする。すでに §17.3 で説明したように，熱エネルギーは系の内部エネルギーになるから，内部エネルギーの変化量 ΔU は，

$$\Delta U = U_2 - U_1 = Q \qquad (21.1)$$

となる。なお，図 21.1 では，系が外界から熱エネルギーを受け取る場合を描いたが，系が外界に熱エネルギーを放出する場合には ⇩ の向きを逆にすればよい。ただし，式 21.1 の ΔU と Q が同じ符号であることに注意する[1]。ΔU が正の値の場合には Q も正の値である。つまり，系が外界から熱エネルギー $Q(>0)$ を受け取ると，内部エネルギー $U_2(= U_1 + Q)$ は高くなる。逆に，系が外界に熱エネルギー $Q(<0)$ を放出すると，内部エネルギー $U_2(= U_1 + Q)$ は低くなる。

21.2　定圧過程

　系が外界と熱エネルギーをやり取りするときに，体積が変わると式 21.1 は成り立たない。その理由を考えてみよう。ただし，系の体積は変わるが，圧力は変わらない（$P_2 = P_1$）とする。このような熱力学的過程を**定圧過程**という。説明をわかりやすくするために，図 21.1 の密閉容器の右側の壁をピストンで置き換える（**図 21.2**）。ピストンは限りなく滑らかに動き，しかも，系の気体が外界に漏れないと仮定する。最初の平衡状態 1 では，系の圧力が外界の圧力と釣り合っている。定圧過程で，系が外界から熱エネルギー Q を受け取って，体積が増えて平衡状態 2 になったとする。体積が増えるので，密度が小さくなって圧力が低くなったように見えるかもしれないが，そうではない。系は外界から熱エネルギーを受け取ったので，内部エネルギーが増え，温度が上がり，個々の分子の並進エネルギーが増える（§17.3 参照）。その結果，密度が小さくても，圧力は熱エネルギーを受け取る前と変わらない。

---

[1] 外界の立場に立つと，発熱反応は $Q > 0$，吸熱反応は $Q < 0$ としたくなるが，化学熱力学では，あくまでも系の立場で熱エネルギーの符号を考える（30 章参照）。

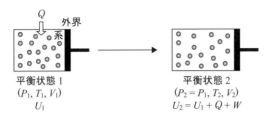

図 **21.2** 定圧過程での状態量の変化

系の体積が増えると，外界は系によって圧力 P で押されたことになる。つまり，外界は系によって仕事をされたことになる。外界が受け取る仕事のエネルギー（**仕事エネルギー**）W_{out} を計算してみよう。ピストンの面積を A，ピストンを押す力を F とすると，圧力は単位面積あたりの力だから，

$$P = \frac{F}{A} \tag{21.2}$$

となる。ピストンが距離 Δa だけ押されたとすると，外界が受け取る仕事エネルギー W_{out} は（力 × 距離）だから，

$$W_{out} = F\Delta a \tag{21.3}$$

となる。式 21.3 に式 21.2 を代入すると，

$$W_{out} = PA\Delta a = P\Delta V \tag{21.4}$$

が得られる。ここで，$A\Delta a$ はピストンが動くことによって増加した体積だから，$\Delta V (= V_2 - V_1)$ で置き換えた。

実際には系の圧力は一定でない。系の圧力は最初の平衡状態 1 と最後の平衡状態 2 では外界と同じであるが，外界から熱エネルギーを受け取ると，系の圧力が外界よりも高くなるのでピストンは動く。そこで，ピストンは圧力が少しずつ変化しながら少しずつ動くと考えて，式 21.4 の右辺を微小変化 $P\mathrm{d}V$ に変えて，最初の体積 V_1 から最後の体積 V_2 まで積分する。式で表せば，次のようになる。

$$W_{out} = \int_{V_1}^{V_2} P\,\mathrm{d}V \tag{21.5}$$

ここで，ピストンの動く距離の微小変化は $\mathrm{d}a$ であるが，ピストンの面積 A（一定値）を掛け算して，体積の微小変化 $\mathrm{d}V$ を考えた。式 21.5 は，圧力 P が

VI 物質の熱平衡

体積 V とともに変化する場合にも成り立つ式である。化学熱力学では，変数がほかの変数にどのように依存するかを考慮するために，「微分形を考えてから積分形を考える手順」がときどき現れる。

　式 21.5 は外界が系から受け取る仕事エネルギーを表す。そうすると，系が外界に放出した（系の立場の）仕事エネルギー W は，符号を逆にして[†2]，次のようになる。

$$W = -\int_{V_1}^{V_2} P\,dV \tag{21.6}$$

　ピストンが限りなくゆっくりと動くと，系と外界は常に平衡状態になっていて，系と外界の圧力が常に等しいと近似できる。これを**準静的過程**という。準静的過程は，逆向きに変化させることもできるから，**可逆過程**である。準静的過程では，式 21.6 の圧力 P は定数なので（定圧過程），積分の外に出して，

$$W = -P\int_{V_1}^{V_2} dV = -P(V_2 - V_1) = -P\Delta V \tag{21.7}$$

となる。定圧過程では，系が外界から熱エネルギー Q を受け取っても，その一部のエネルギーを仕事エネルギー W として外界に放出してしまう。結局，定圧過程での内部エネルギーの変化量 ΔU は次のようになる。

$$\Delta U = Q - P\Delta V \tag{21.8}$$

　一般に，内部エネルギーの変化量 ΔU は，系が外界とやり取りした熱エネルギー Q と仕事エネルギー W の和に等しい。

$$\Delta U = Q + W \tag{21.9}$$

これを**熱力学第一法則**という。なお，Q と同様に，W の符号にも注意が必要である。系が受け取る W は正の値，系から放出される W は負の値と定義する（脚注 2 参照）。たとえば，図 21.2 は系が外界から Q を受け取って，外界を押して W を放出することを仮定した。この場合には系の体積が増え（**膨張過程**），$\Delta V > 0$ だから，$W < 0$ である（式 21.7 参照）。逆に，系が外界に Q を放出して外界に押されて，系の体積が減る場合（**圧縮過程**）には，$\Delta V < 0$ だから，$W > 0$ となる。なお，系の巨視的な物理量である内部エネルギーを**状**

[†2] 高校では式 21.6 の W を W_{in} と書いて W_{out} と区別する。この教科書では，あくまでも化学熱力学（系の立場）で符号を考えるので，W_{in} を W で表し，以降は W_{out} を $-W$ で表す。

態関数とよぶのに対して，系の状態を変化させるために系と外界がやり取りする Q と W を**経路関数**とよぶ。

21.3 等温過程と断熱過程

定容過程，定圧過程のほかに，温度が一定の条件で平衡状態を変化させる**等温過程**がある。たとえば，恒温槽の中に容器を入れて，系が恒温槽から熱エネルギーを受け取る（図21.3）。最初の平衡状態1も最後の平衡状態2も，温度は同じ（$T_2 = T_1$）である。ただし，圧力 P も体積 V も変化する。

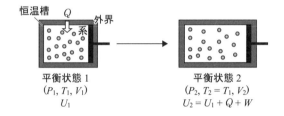

図 21.3 等温過程での状態量の変化

仕事エネルギー W は式 21.6 を使って計算できる。ただし，体積 V が変化すると圧力 P も変化するから，そのまま積分することはできない。そこで，1 mol の理想気体の状態方程式（$P = RT/V$）を利用すると，仕事エネルギー W は，

$$W = -\int_{V_1}^{V_2} \frac{RT}{V} dV = -RT \int_{V_1}^{V_2} \frac{1}{V} dV = -RT(\ln V_2 - \ln V_1) = RT \ln\left(\frac{V_1}{V_2}\right)$$

$$(21.10)$$

と計算できる。等温過程では系の温度が変わらないから，系の内部エネルギーも変わらない（§17.3参照）。そうすると，式21.9より，

$$\Delta U = U_2 - U_1 = Q + W = 0 \qquad (21.11)$$

が成り立つ。したがって，等温過程で系が外界から受け取る熱エネルギー Q は，

$$Q = -W = -RT \ln\left(\frac{V_1}{V_2}\right) = RT \ln\left(\frac{V_2}{V_1}\right) \qquad (21.12)$$

となる。

　外界から熱エネルギーを受け取らない条件で，平衡状態を変化させる熱力学的過程を**断熱過程**という。断熱材で容器を囲んで，ピストンを動かして，仕事エネルギーをやり取りすればよい。体積が増える場合を**断熱膨張過程**といい，体積が減る場合を**断熱圧縮過程**という。断熱過程では，圧力，温度，体積のすべての状態量が変化するので，仕事エネルギーの計算は難しい。詳しいことは省略するが（参考図書 10），理想気体の断熱過程では，次の**ポアソンの法則**が成り立つ（c は光の真空中の速さと無関係）。

$$P_1 V_1{}^\gamma = P_2 V_2{}^\gamma = P V^\gamma = c \ (\text{定数}) \tag{21.13}$$

γ（ガンマ）は次章で説明する定容モル熱容量 C_V と定圧モル熱容量 C_P の比である。式 21.13 を式 21.6 に代入して積分すれば，断熱過程での仕事エネルギーが求められる。

$$W = -\int_{V_1}^{V_2} c V^{-\gamma} \mathrm{d}V = -\frac{c}{1-\gamma}(V_2{}^{1-\gamma} - V_1{}^{1-\gamma})$$

$$= \frac{1}{\gamma - 1}(P_2 V_2{}^\gamma V_2{}^{1-\gamma} - P_1 V_1{}^\gamma V_1{}^{1-\gamma}) = \frac{1}{\gamma - 1}(P_2 V_2 - P_1 V_1) \tag{21.14}$$

四つの熱力学過程（準静的過程）で，系（1 mol の気体）の内部エネルギーの変化量がどのようになるかを**表 21.1** にまとめた。

表 21.1　熱エネルギー，仕事エネルギー，内部エネルギーの変化量

熱力学的過程	熱エネルギー Q	仕事エネルギー W	内部エネルギーの変化量 $\Delta U \, (= Q + W)$
定容過程	Q	0	Q
定圧過程	Q	$-P\Delta V$	$Q - P\Delta V$
等温過程	$RT \ln(V_2/V_1)$	$RT \ln(V_1/V_2)$	0
断熱過程[a]	0	$(P_2 V_2 - P_1 V_1)/(\gamma - 1)$	$(P_2 V_2 - P_1 V_1)/(\gamma - 1)$

a) $\gamma = C_P/C_V$（参考図書 10）。

22 エンタルピーは仕事エネルギーを考慮する

　前章では，系に同じ熱エネルギーを与えても，**定容過程**と**定圧過程**で系の内部エネルギーの増え方が異なることを説明した。定圧過程では熱エネルギーの一部が仕事エネルギーとして使われるからである。逆に言えば，内部エネルギーから仕事エネルギーを引き算したエネルギーを新たな系のエネルギーとして定義すれば，その変化量は熱エネルギーに等しくなる。この新たな系のエネルギーを**エンタルピー**とよぶ。エンタルピーと熱エネルギーは，どちらもエネルギーを表す物理量であるが，まったく異なる概念である。エンタルピーは系のエネルギーを表す**状態関数**であり，熱エネルギーは系の状態を変化させるエネルギーを表す**経路関数**である。この章では，まず，熱エネルギーとモル熱容量の関係を説明し，次に，四つの熱力学的過程で，エンタルピーがどのように変化するかを調べる。

22.1　定容過程の内部エネルギーの変化

　定容過程では，式 21.1 からわかるように，系が外界とやり取りする熱エネルギー Q は系の内部エネルギーの変化量 ΔU に等しい。

$$Q = \Delta U \tag{22.1}$$

この式を使って，**定容モル熱容量** C_V を求めてみよう。C_V は体積が一定の条件で，1 mol の気体の温度を 1 K（＝ 1℃）上昇させるために必要な熱エネルギーである。式 22.1 を見るとわかるように，定容過程では熱エネルギー Q は内部エネルギーの変化量 ΔU に等しいから，C_V を微分形（微小変化）の式で表せば，

$$C_V = \frac{Q}{\Delta T} = \frac{\Delta U}{\Delta T} = \frac{\mathrm{d}U}{\mathrm{d}T} \tag{22.2}$$

となる。右辺の $\mathrm{d}T$ を左辺に移動し，左右を入れ替えてから積分すると，

$$\int_{U_1}^{U_2} \mathrm{d}U = (U_2 - U_1) = \Delta U = \int_{T_1}^{T_2} C_V \, \mathrm{d}T \tag{22.3}$$

となる。積分するならば，あらかじめ微分形を考えなくてもよいと思うかもしれない。しかし，定容モル熱容量 C_V の温度依存性を考慮するために，まずは

微分形で，次に積分形で考える（§ 21.2 の W の計算を参照）。このようにすれば，C_V が温度に依存してもしなくても成り立つ式 22.3 が得られるからである。

　もしも，C_V が温度に関係なく一定の値ならば，式 22.3 の C_V を積分の外に出して，1 mol あたりの内部エネルギーの変化量 ΔU は，

$$\Delta U = C_V \int_{T_1}^{T_2} \mathrm{d}T = C_V(T_2 - T_1) = C_V \Delta T \qquad (22.4)$$

と計算できる。これを式 22.1 に代入すれば，熱エネルギー Q は次のようになる。

$$Q = C_V \Delta T \qquad (22.5)$$

C_V が温度に依存しない場合には，式 22.2 の左の等号の式と一致する。

22.2　定圧過程のエンタルピーの変化　　　　　　　　　　　　□

　今度は定圧過程で，系が外界とやり取りする熱エネルギー Q を調べてみよう。定圧過程での内部エネルギーの式 21.8 を書き直すと，

$$Q = \Delta U + P\Delta V = \Delta U - (-P\Delta V) \qquad (22.6)$$

となる。$-P\Delta V$ は体積変化に伴う仕事エネルギー W のことである。つまり，定圧過程では，系が外界とやり取りした熱エネルギー Q はそのまま内部エネルギーの変化量 ΔU になるわけではなく，一部の熱エネルギーは仕事エネルギー $W (= -P\Delta V)$ として使われてしまう。結果として，定圧過程での内部エネルギーの変化量は定容過程と比べて少なくなる。つまり，定圧過程では，仕事エネルギーのために，内部エネルギーの変化量は熱エネルギーに等しくない。そこで，内部エネルギーに仕事エネルギーを考慮した新たなエネルギーの状態関数を定義する。そうすれば，その状態関数の変化量は熱エネルギーに等しくなるはずである。

　系のエネルギーを表す新たな状態関数を次のように定義する。

$$H = U + PV \qquad (22.7)$$

右辺がすべて状態量なので，左辺の H は状態関数である。系のエネルギーを表す新たな状態関数 H を**エンタルピー**という。まずは，エンタルピーを微小

変化で表すと[†1]，

$$dH = dU + PdV + VdP \tag{22.8}$$

となる。ここで，PV については積の微分の公式を利用した。両辺を積分すると，

$$\int_{H_1}^{H_2} dH = \int_{U_1}^{U_2} dU + \int_{V_1}^{V_2} PdV + \int_{P_1}^{P_2} V \, dP \tag{22.9}$$

となる。つまり，

$$\Delta H = \Delta U + \int_{V_1}^{V_2} PdV + \int_{P_1}^{P_2} V \, dP \tag{22.10}$$

である。もしも，圧力が一定で変化しない定圧過程 $(dP = 0)$ ならば，右辺の第3項は消える。また，第2項の P（定数）を積分の外に出して計算でき，

$$\Delta H = \Delta U + P(V_2 - V_1) = \Delta U + P\Delta V \tag{22.11}$$

が得られる。これを式 22.6 に代入すれば，

$$Q = \Delta H \tag{22.12}$$

となる。つまり，定圧過程 $(P_2 = P_1)$ では，系が外界とやり取りする熱エネルギー Q は，系の内部エネルギーの変化量ではなく，エンタルピーの変化量に等しくなる。

定圧モル熱容量 C_P を使って[†2]，エンタルピーの変化量を求めてみよう。C_P は圧力が一定の条件で，1 mol の気体の温度を 1 K 上昇させるために必要な熱エネルギーである。式 22.12 で示したように，定圧過程では熱エネルギーはエンタルピーの変化量に等しいから，微分形（微小変化）で表せば，

$$C_P = \frac{Q}{\Delta T} = \frac{\Delta H}{\Delta T} = \frac{dH}{dT} \tag{22.13}$$

となる。右辺の dT を左辺に移動し，左右を入れ替えてから積分すると，

$$\int_{H_1}^{H_2} dH = (H_2 - H_1) = \Delta H = \int_{T_1}^{T_2} C_P dT \tag{22.14}$$

となる。この式は定圧モル熱容量 C_P が温度に依存してもしなくても成り立つ式である。もしも，C_P が温度に関係なく一定の値ならば，式 22.14 の C_P を

[†1] エンタルピー H に対する圧力 P および体積 V の依存性を調べるために，まずは微分形を考え，その後で積分形を考える（§21.2 の W の計算を参照）。

[†2] 圧力を大文字の P で表したので，C_P の添え字の P も大文字で書くことにする。

積分の外に出して，1 mol あたりのエンタルピーの変化量 ΔH を計算できる。

$$\Delta H = C_P \int_{T_1}^{T_2} \mathrm{d}T = C_P(T_2 - T_1) = C_P \Delta T \qquad (22.15)$$

これを式 22.12 に代入すれば，次のようになる。

$$Q = C_P \Delta T \qquad (22.16)$$

C_P が<u>温度に依存しない</u>場合には，式 22.13 の左の等号の式と一致する。

　式 22.1 や式 22.12 は等号で書かれているが，熱エネルギーは経路関数であり，内部エネルギーやエンタルピーは状態関数である。この違いを理解するために，<u>熱化学</u>と<u>化学熱力学</u>の違いを使って以下に説明する。熱化学は<u>外界の立場</u>に立って，熱エネルギー Q がどのくらいやり取りされたかに着目し，系のエネルギーの変化量を気にしない［**図 22.1 (a)**］。一方，化学熱力学は<u>系の立場</u>に立って，系のエネルギーの変化量（ΔU, ΔH）に着目する［**図 22.1 (b)**］。系のエネルギーの変化量は，やり取りする熱エネルギー Q だけでは決まらず，仕事エネルギー W によっても変化する。そこで，化学熱力学では，内部エネルギー U のほかに，仕事エネルギーを考慮したエンタルピー H を定義する。

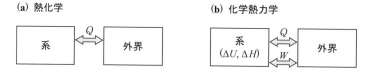

(a) 熱化学　　　　　　　　　　　**(b) 化学熱力学**

図 22.1　着目するエネルギーの違い

　理想気体の場合には，C_V と C_P の関係を求めることができる。どうするかというと，式 22.11 に式 22.4 と式 22.15 を代入する。そうすると，

$$C_P \Delta T = C_V \Delta T + P \Delta V \qquad (22.17)$$

が得られる。1 mol の理想気体では状態方程式（$PV = RT$）が成り立つから，定圧過程では $P\Delta V = R\Delta T$ となる。これを式 22.17 に代入すると，

$$C_P \Delta T = C_V \Delta T + R\Delta T = (C_V + R)\Delta T \qquad (22.18)$$

となる。つまり，次の関係式が得られる。

$$C_P = C_V + R \qquad (22.19)$$

これを**マイヤーの関係式**という。定圧過程では，熱エネルギーの一部を仕事エ

ネルギーとして使うので，定圧モル熱容量 C_P は定容モル熱容量 C_V よりもモル気体定数 R だけ大きい（表20.1参照）。

22.3　定圧過程以外のエンタルピーの変化 ────────── □

　§22.1で，系が定容過程で外界とやり取りする熱エネルギーは，内部エネルギーの変化量に等しいことを説明した（式22.1）。定容過程でもエンタルピーの変化量を求めることができる。定容過程では体積は一定で変化しない（$dV = 0$）。そうすると，式22.9の右辺の第2項は消え，第3項の V（定数）を積分の外に出して，エンタルピーの変化量 ΔH は，

$$\Delta H = \Delta U + V(P_2 - P_1) = \Delta U + V\Delta P \tag{22.20}$$

となる。もしも，1 mol の理想気体を考えるならば，状態方程式（$PV = RT$）が成り立つから，定容過程では $(\Delta P)V = R\Delta T$ が成り立つ。これを式22.20に代入すると，

$$\Delta H = \Delta U + R\Delta T \tag{22.21}$$

となる。さらに，式22.4を代入して，式22.19を利用すれば，

$$\Delta H = C_V\Delta T + R\Delta T = (C_V + R)\Delta T = C_P\Delta T \tag{22.22}$$

となって，定圧過程の式22.15と同じ結果が得られる。つまり，温度上昇 ΔT が同じならば，定容過程でも定圧過程でも，エンタルピーの変化量は同じになる。ただし，温度上昇 ΔT を同じにするために，系が外界とやり取りする熱エネルギー Q は異なる必要がある。定容過程でやり取りする熱エネルギー $C_V\Delta T$ を Q_V とし，定圧過程でやり取りする熱エネルギー $C_P\Delta T$ を Q_P とすると，$C_P > C_V$ だから $Q_P > Q_V$ である。

　定容過程と定圧過程で，内部エネルギーとエンタルピーがどのように変化するかを次ページの**図22.2**で比較した。定容過程では系が外界とやり取りした熱エネルギー Q_V は内部エネルギーの変化量 ΔU に等しく，定圧過程では系が外界とやり取りした熱エネルギー Q_P はエンタルピーの変化量 ΔH に等しい。

　ほかの熱力学過程（準静的過程）でも，系（1 mol の気体）の内部エネルギーの変化量 ΔU は式22.4で，エンタルピーの変化量 ΔH は式22.15で表さ

VI

物質の熱平衡

(a) 定容過程

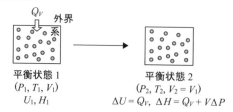

平衡状態 1
(P_1, T_1, V_1)
U_1, H_1

平衡状態 2
$(P_2, T_2, V_2 = V_1)$
$\Delta U = Q_V, \ \Delta H = Q_V + V\Delta P$

(b) 定圧過程

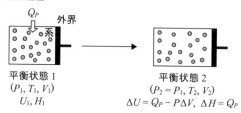

平衡状態 1
(P_1, T_1, V_1)
U_1, H_1

平衡状態 2
$(P_2 = P_1, T_2, V_2)$
$\Delta U = Q_P - P\Delta V, \ \Delta H = Q_P$

図 22.2　内部エネルギーの変化量とエンタルピーの変化量

れる（**表 22.1**）。ただし，等温過程では温度変化がない（$\Delta T = 0$）ので，ΔU も ΔH も 0 である（断熱過程での式の導出は参考図書 10 を参照）。

表 22.1　内部エネルギーの変化量 ΔU とエンタルピーの変化量 ΔH

熱力学的過程	Q	W	ΔU	ΔH
定容過程	$C_V\Delta T$	0	$C_V\Delta T$	$C_P\Delta T$
定圧過程	$C_P\Delta T$	$-R\Delta T$	$C_V\Delta T$	$C_P\Delta T$
等温過程 [a]	$RT\ln(V_2/V_1)$	$RT\ln(V_1/V_2)$	$C_V\Delta T\,(=0)$	$C_P\Delta T\,(=0)$
断熱過程 [b]	0	$R\Delta T/(\gamma - 1)$	$C_V\Delta T$	$C_P\Delta T$

a）状態方程式（$PV = RT$）を使って，表 21.1 の W の式を変形した。
b）$\gamma = C_P/C_V$ と $C_P - C_V = R$ を使って，W の式を変形すると，$C_V\Delta T$ になる。

23 エントロピーは乱雑さを表す

物質はできるだけエネルギーの低い状態になろうとする。リンゴは木の枝から地面に落ちるし，すべり台で遊ぶ子供は上から下にすべる。これらはポテンシャルエネルギーが低くなる状態に自然に変化する。しかし，**分子集団**では，エネルギーが変わらなくても，状態が自然に変化する現象（**不可逆過程**）がある。たとえば，角砂糖を水に入れると，熱エネルギーを与えなくても，溶けて砂糖水になる。しかし，いくら待っていても砂糖水から角砂糖はできない。砂糖の分子は一緒になって整然としているよりも，ばらばらに離れて乱雑になっているほうが好きなようである。「整然とする」とか「乱雑になる」という概念は 1 個の分子では考えることのない概念である。この章では，分子集団の状態に関係する物理量を**エントロピー**として導入する。エントロピーは**確率の概念**を使って理解できる。不可逆過程はエントロピーが増大する方向に変化する（**熱力学第二法則**）。

23.1 気体の真空への拡散

圧力 P_1，温度 T_1，体積 V_1 の容器に 1 mol の気体が入っている状態を平衡状態 1 とする（図 23.1 左）。同じ体積の真空の容器を連結する。ただし，両方の容器の間に壁（点線）があって分子は移動できない。また，容器は断熱材に囲まれていて，外界との熱エネルギーのやり取りはないとする。もしも，壁を除くとどうなるだろうか。気体は真空へ拡散して平衡状態 2 になる（図 23.1 右）。系の体積 V_2 は $2V_1$ になり，圧力 P_2 は $P_1/2$ になる。平衡状態 2 では，微視的に見ると，すべての分子は左に移動したり，右に移動したりするが，巨視的に見ると，半分の分子が容器の左にいて，半分の分子が容器の右にいる。

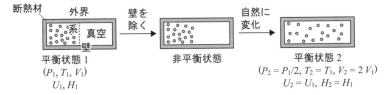

図 23.1 気体の真空への拡散

　気体がこのように真空へ拡散する理由を考えてみると結構難しい。壁を除いた直後の**非平衡状態**（図23.1中）が平衡状態2になる過程で、系は外界と熱エネルギーをやり取りしていないし（$Q=0$）、仕事エネルギーもやり取りしていない（$W=0$）。仕事エネルギーは力によって質点や物体を動かすときのエネルギーであり、真空への拡散では力がかからないからである。そうすると、非平衡状態が平衡状態2になる過程で、内部エネルギーの変化量 ΔU は、

$$\Delta U = Q + W = 0 + 0 = 0 \tag{23.1}$$

となる（式21.9参照）。つまり、内部エネルギーは変化しない（$U_2 = U_1$）。内部エネルギーが変化しないから、気体の温度も変わらない（$T_2 = T_1$）。また、$W=0$ だから、エンタルピーも変わらない（$H_2 = H_1$）。

　はじめに説明したように、物質はエネルギーの低い状態になろうとする。しかし、図23.1では、内部エネルギーもエンタルピーも変わらないのに、分子は移動を始め、非平衡状態は平衡状態2になる。その後、すべての分子が容器の左に移動して、非平衡状態と同じ状態に戻ることはない。このような一方向的な過程を**不可逆過程**という。どうして、状態が自然に変化する不可逆過程が起こるのだろうか。

23.2　分子集団の微視的状態数

　不可逆過程を**確率の概念**で簡単に説明するために、容器の中に2個の分子が入っているとする。仮に分子の名前を①と②とする。平衡状態2では、分子①も分子②も容器の左にも右にも自由に移動できる。そうすると、**図23.2**に示したように、4通りの状態の可能性がある。1個の分子について、左にいる可能性と右にいる可能性の2種類があり、2個の分子だから、4（$=2^2$）通りと考えればよい。圧力、温度、体積などの状態量で定義される<u>系全体の「巨視</u>

非平衡状態と
同じ微視的状態

図23.2　2個の分子の平衡状態での微視的状態

的な状態」と区別するために、これらを4通りの**微視的状態**と表現する。非平衡状態と同じように、2個の分子が容器の左にある微視的状態は1通りである。確率で表現すれば、非平衡状態と同じ微視的状態になる確率は1/4となる。

今度は、容器の中に3個の分子が入っているとしよう。3個の分子の平衡状態での微視的状態の可能性は $8 (= 2^3)$ 通りである。すべての分子が容器の左にある非平衡状態と同じ微視的状態は1通りであり、その確率は1/8となる。同様にして、アボガドロ定数 N_A 個の分子を考えることができる。平衡状態での微視的状態の可能性は 2^{N_A} 通りになり、非平衡状態と同じ微視的状態の可能性は1通りである。そうすると、その確率は $1/2^{N_A}$ となり、0ではないが、限りなく0に近くなる。つまり、図23.1の平衡状態2で、すべての分子が容器の左に集まり、非平衡状態と同じ微視的状態になる確率は限りなく0に近い。エネルギーが同じでも、分子は一緒になって<u>整然とする</u>よりも、微視的状態の可能性（**微視的状態数**）の多い<u>乱雑な状態</u>になろうとする。

ボルツマン（L. Botzmann）は微視的状態数を反映する物理量として、**エントロピー**を考えた。微視的状態数を Ω（オメガ）とすると、エントロピー S は次の式で定義される。

$$S = k_B \ln \Omega \qquad (23.2)$$

ここで、k_B は§3.2や§19.1でも現れた**ボルツマン定数**である。自然対数 $\ln \Omega$ には単位がないから、エントロピーの単位はボルツマン定数と同じ $J K^{-1}$ である。どうして、微視的状態数 Ω の自然対数を考えたかというと、エントロピーを示量性の状態量にするためである。状態量は**示強性状態量**か**示量性状態量**のいずれかである。たとえば、同じ圧力、温度、体積で、同じ種類の1 mol の気体を二つの容器に入れて、壁を除いてみよう（**図23.3**）。圧力 P と温度 T

VI 物質の熱平衡

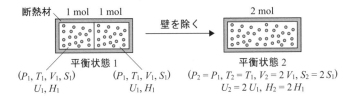

図 **23.3** 示強性状態量と示量性状態量

は壁を除く前と変わらないので示強性状態量という。一方，体積 V や内部エネルギー U，エンタルピー H は 2 倍になるので示量性状態量という。

　それではエントロピー S を調べてみよう。壁を除く前には，左の容器も右の容器も分子数は N_A であり，それぞれの微視的状態数 Ω は 2^{N_A} である。したがって，それぞれのエントロピーは Ω を式 23.2 に代入して，

$$S_左 = S_右 = k_B \ln 2^{N_A} = k_B N_A \ln 2 = R \ln 2 \tag{23.3}$$

となる（式 23.2 参照）。壁を除いた後の微視的状態数 Ω は 2^{2N_A} だから，

$$S_全体 = k_B \ln 2^{2N_A} = 2k_B N_A \ln 2 = 2R \ln 2 \tag{23.4}$$

である。つまり，$S_全体 = S_左 + S_右$ となって，エントロピーが示量性状態量であることを確認できる。

　図 23.1 の非平衡状態から平衡状態 2 への過程でのエントロピーの変化量を求めてみよう。非平衡状態の微視的状態数 Ω は 1 であり，平衡状態 2 の微視的状態数 Ω は 2^{N_A} である。したがって，エントロピーの変化量 ΔS は，

$$\Delta S = k_B \ln 2^{N_A} - k_B \ln 1 = k_B N_A \ln 2 = R \ln 2 \tag{23.5}$$

と計算できる。モル気体定数 R も $\ln 2$ も正の値だから，$\Delta S > 0$ である。状態が自然に変化する不可逆過程は，エントロピーの増大する方向に変化することが経験的にわかっている。これを**熱力学第二法則**という。

23.3　熱エネルギーとエントロピー ─────────────────■

　これまでは，系が外界と熱エネルギーをやり取りしない不可逆過程で，エントロピーの変化量を求めた。系が外界と熱エネルギーをやり取りする場合には，可逆過程（準静的過程）でもエントロピーは変化する。詳しいことは省略するが（参考図書 10），熱力学温度 T で，熱エネルギー Q をやり取りする場合のエントロピーの変化量 ΔS は，次のように表される。

$$\Delta S = \frac{Q}{T} \tag{23.6}$$

1 mol の気体の定容過程では，式 22.1 と式 22.3 で示したように，熱エネルギー Q は定容モル熱容量 C_v を使って，

$$Q = \Delta U = \int_{T_1}^{T_2} C_V \mathrm{d}T \tag{23.7}$$

と表される。C_V が温度に依存しなければ，エントロピーの変化量 ΔS は，

$$\Delta S = \int_{T_1}^{T_2} \frac{C_V}{T} \mathrm{d}T = C_V(\ln T_2 - \ln T_1) = C_V \ln\left(\frac{T_2}{T_1}\right) \tag{23.8}$$

となる。同様に，1 mol の気体の定圧過程では，式 22.12 と式 22.15 で示したように，熱エネルギー Q は定圧モル熱容量 C_P を使って，次のように表される。

$$Q = \Delta H = \int_{T_1}^{T_2} C_P \mathrm{d}T \tag{23.9}$$

C_P が温度に依存しなければ，エントロピーの変化量 ΔS は次のようになる。

$$\Delta S = \int_{T_1}^{T_2} \frac{C_P}{T} \mathrm{d}T = C_P(\ln T_2 - \ln T_1) = C_P \ln\left(\frac{T_2}{T_1}\right) \tag{23.10}$$

また，1 mol の気体の等温過程では，熱エネルギーは式 21.12 で示したように，

$$Q = RT \ln\left(\frac{V_2}{V_1}\right) \tag{23.11}$$

である。温度が一定なので，式 23.11 をそのまま式 23.6 に代入すると，

$$\Delta S = \frac{RT \ln(V_2/V_1)}{T} = R \ln\left(\frac{V_2}{V_1}\right) \tag{23.12}$$

となる。なお，断熱過程では系と外界との熱エネルギーのやり取りはない $(Q = 0)$ から，式 23.6 に代入して $\Delta S = 0$ である。

四つの熱力学的過程（準静的過程）で，系（1 mol の気体）のエントロピーの変化量 ΔS の式を**表 23.1** にまとめた。

表 **23.1** 熱エネルギー Q とエントロピーの変化量 ΔS

熱力学的過程	Q	$\Delta S^{a)}$
定容過程	$\int_{T_1}^{T_2} C_V \mathrm{d}T$	$C_V \ln(T_2/T_1)$
定圧過程	$\int_{T_1}^{T_2} C_P \mathrm{d}T$	$C_P \ln(T_2/T_1)$
等温過程	$RT \ln(V_2/V_1)$	$R \ln(V_2/V_1)$
断熱過程	0	0

a) モル熱容量は温度に依存しないと仮定。

VI 物質の熱平衡

　図23.1左の平衡状態1の状態量は，壁を除いただけだから，真ん中の非平衡状態の状態量と同じである。そうすると，非平衡状態から平衡状態2への過程でのエントロピーの変化量は，平衡状態1から平衡状態2への過程でのエントロピーの変化量と同じになるはずである。ただし，平衡状態1は熱エネルギーを与えないと，準静的過程で平衡状態2へ変化しない。つまり，体積は増えない。そこで，壁を除く代わりに，**図23.4**に示したように，熱エネルギーを与えて，準静的（可逆的）に等温過程 $(T_2 = T_1)$ で体積を2倍にする $(V_2 = 2V_1)$。このときのエントロピーの変化量 ΔS は，表23.1の等温過程の式を利用して，

$$\Delta S = R\ln\left(\frac{2V_1}{V_1}\right) = R\ln 2 \tag{23.13}$$

と計算できる。この結果は，図23.1の非平衡状態と平衡状態2の微視的状態数から計算した結果（式23.5）と同じになる。不可逆過程のエントロピーの変化量は，微視的状態数を考えなくても，準静的過程（可逆過程）に置き換えることによって計算できる。

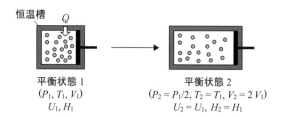

図23.4　気体の真空への拡散を等温可逆過程に置き換える

24 自由エネルギーはエントロピーを考慮する

前章では，非平衡状態（整然とした状態）が平衡状態（乱雑な状態）になる**不可逆過程**について説明した。系は外界と熱エネルギーも仕事エネルギーもやり取りしないから，内部エネルギーもエンタルピーも変わらない。それでも，エントロピーが増大する状態へ自然に変化した。もしも，内部エネルギーあるいはエンタルピーに，エントロピーを考慮した新たなエネルギーを定義できるならば，その新たなエネルギーを比較して，状態がどちらの方向に自然に変化するかを予測できるはずである。エントロピーの関係するエネルギーを**束縛エネルギー**といい，束縛エネルギーを考慮した新たなエネルギーを**自由エネルギー**という。この章では，まず，自由エネルギーの定義を説明し，その後で，内部エネルギー，エンタルピー，自由エネルギーの違いを説明する。

24.1 微視的状態数とボルツマン分布則

前章の気体の真空への拡散を系のエネルギーで考えてみよう。縦軸に内部エネルギー（エンタルピーでも同じ）をとり，非平衡状態と平衡状態 2 をシーソーの両側に乗せる（**図 24.1 左**）。非平衡状態と平衡状態 2 の内部エネルギーは同じだから，シーソーはどちらにも傾かない。しかし，非平衡状態と平衡状態 2 では微視的状態数が異なるから，エントロピーも異なる。熱力学第二法則に従えば，エントロピーが増大する方向に状態は変化する。そこで，エントロピーに関係したエネルギーを錘として考えて，シーソーの両端にぶら下げる。

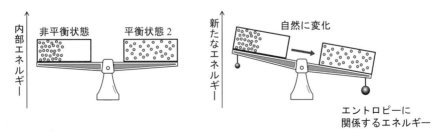

図 24.1　気体の真空への拡散と，エントロピーに関係する新たなエネルギー

VI 物質の熱平衡

非平衡状態（整然とした状態）のようにエントロピーが小さければ錘は軽く，平衡状態（乱雑な状態）のようにエントロピーが大きければ錘は重いと考え，**図24.1右**では非平衡状態よりも平衡状態2に重い錘をぶら下げた。そうすると，シーソーは自然に右に傾き，非平衡状態は自然に平衡状態2になることが容易にわかる。

　錘にたとえたエントロピーの関係するエネルギーは，どのような式で表されるだろうか。それを調べるために，もう一度，§19.2で説明した一般的な**ボルツマン分布則**を復習する。ボルツマン分布則は，エネルギーが E の状態にある相対的な分子数 n を次の式で表した。

$$n = \exp\left(-\frac{E}{k_B T}\right) \tag{24.1}$$

ここで，k_B はボルツマン定数，T は熱力学温度である。§19.2では微視的状態数を考慮せずに，ボルツマン分布則から速度分布を求めた。以下では，微視的状態数が異なる状態のボルツマン分布則を考える。また，二つの状態のエネルギー差を内部エネルギーの変化量 ΔU とする（**図24.2**）[1]。

　もしも，二つの状態の微視的状態数が同じならば，分子数の比 n_2/n_1 は，

$$\frac{n_2}{n_1} = \exp\left(-\frac{\Delta U}{k_B T}\right) \tag{24.2}$$

となる[2]。**図24.2 (a)** では状態1と状態2の微視的状態数（水平線の数）は

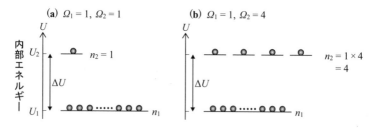

図24.2　微視的状態数に依存するボルツマン分布則

---

[1] ここでは一般論なので ΔU を考える。気体の真空への拡散ならば $\Delta U = 0$ と考えればよい。つまり，非平衡状態と平衡状態2を同じ高さで別々の状態として並べる。

[2] 個々の分子について ΔU を考えているので，単位はジュール J である。1 mol の分子を考えるならば，単位を $J\,mol^{-1}$ として，ボルツマン定数 k_B をモル気体定数 R にすればよい。

同じとして描いた。また，状態 2 の分子数は $n_2 = 1$ と仮定した。もしも，状態 1 と状態 2 の微視的状態数が異なるならば，分子数の比はどうなるだろうか。**図 24.2 (b)** では，状態 1 の微視的状態数 Ω_1 を 1，状態 2 の微視的状態数 Ω_2 を 4 として描いた。分子数は微視的状態数に比例すると考えられるから，状態 2 の分子数 n_2 は $4\,(= 1 \times 4)$ となる。そうすると，微視的状態数 Ω を考慮した分子数の比は，次のようになる[3]。

$$\frac{n_2}{n_1} = \frac{\Omega_2}{\Omega_1}\exp\left(-\frac{\Delta U}{k_B T}\right) \tag{24.3}$$

　式 24.3 をわかりやすい例で説明するならば，野球場の座席数と観客数を考えればよい。微視的状態数が座席数に相当し，分子数が観客数に相当する。2 階席の座席数を増やせば，2 階席の観客数が増える。ただし，1 階席よりも 2 階席の入場料のほうが高いと仮定する。入場料はボルツマン分布則の内部エネルギーに相当し，観客数は式 24.3 の指数関数の値に従って減少する。

24.2 束縛エネルギーと自由エネルギー

　式 24.3 の両辺の自然対数をとると，次のようになる。

$$\ln\left(\frac{n_2}{n_1}\right) = \ln\left(\frac{\Omega_2}{\Omega_1}\right) - \frac{\Delta U}{k_B T} = (\ln\Omega_2 - \ln\Omega_1) - \frac{\Delta U}{k_B T} \tag{24.4}$$

ここで，式 23.2 のエントロピーの定義 $(S = k_B \ln\Omega)$ を用いると，

$$\ln\left(\frac{n_2}{n_1}\right) = \left(\frac{S_2}{k_B} - \frac{S_1}{k_B}\right) - \frac{\Delta U}{k_B T} = -\frac{\Delta U - T\Delta S}{k_B T} \tag{24.5}$$

となる。そこで，内部エネルギーにエントロピーの関係するエネルギーを考慮して，新たな系のエネルギーを次のように定義する。

$$A = U - TS \tag{24.6}$$

TS を**束縛エネルギー**という。エントロピーの単位が $J\,K^{-1}$ だから，束縛エネルギーの単位はエネルギーのジュール J となる。また，束縛エネルギーを考慮

---

[3] たとえば，CO_2 分子の変角振動は $\Omega = 2$ である（図 18.5 参照）。ボルツマン分布則に従うと，赤外線を吸収しなくても，室温で約 8 ％ の CO_2 分子が熱エネルギーによって振動励起状態になっている（並進エネルギーから振動エネルギーへの変換）。計算は $2 \times \exp[\{-(670\ cm^{-1}) \times (2.998 \times 10^{10}\ cm\ s^{-1}) \times (6.626 \times 10^{-34}\ J\ s)\}/\{(1.380 \times 10^{-23}\ J\ K^{-1}) \times (300\ K)\}] \approx 0.08$ である（120 ページ脚注 5 参照）。

したエネルギーを**自由エネルギー**という。とくに，内部エネルギー U に関する自由エネルギー A を**ヘルムホルツエネルギー**という。

式 24.6 の両辺を微分すると，

$$\mathrm{d}A = \mathrm{d}U - (T\mathrm{d}S + S\mathrm{d}T) \tag{24.7}$$

となる。さらに，温度が一定の条件（$\mathrm{d}T = 0$）では最後の項を省略することができ，積分すると，ヘルムホルツエネルギーの変化量 ΔA は，

$$\Delta A = \Delta U - T\Delta S \tag{24.8}$$

となる[†4]。これを式 24.5 に代入すると，

$$\ln\left(\frac{n_2}{n_1}\right) = -\frac{\Delta A}{k_\mathrm{B}T} \tag{24.9}$$

となる。そうすると，ある熱力学温度 T でのボルツマン分布則に従う分子数比を，

$$\frac{n_2}{n_1} = \exp\left(-\frac{\Delta A}{k_\mathrm{B}T}\right) \tag{24.10}$$

と表すことができる。式 24.10 を式 24.2 および式 24.3 と比べるとわかるが，微視的状態数 Ω，つまり，エントロピー S が異なる場合には，内部エネルギー U の代わりにヘルムホルツエネルギー A を考えればよい。図 24.1 の新たなエネルギーがヘルムホルツエネルギーであり，錘が束縛エネルギーを表す。

定圧過程の場合には，系は外界と仕事エネルギーをやり取りするので，内部エネルギー U の代わりに，エンタルピー H を考える必要がある。そこで，エンタルピーに束縛エネルギーを考慮した自由エネルギーを，

$$G = H - TS \tag{24.11}$$

と定義する。G を**ギブズエネルギー**という。式 24.11 の両辺を微分すると，

$$\mathrm{d}G = \mathrm{d}H - (T\mathrm{d}S + S\mathrm{d}T) \tag{24.12}$$

となる。さらに，温度が一定の条件（$\mathrm{d}T = 0$）では最後の項を省略でき，ギブズエネルギーの変化量 ΔG は，積分すると次のようになる。

$$\Delta G = \Delta H - T\Delta S \tag{24.13}$$

[†4] 気体の真空への拡散ならば，$\Delta U = 0$ だから $\Delta A = -T\Delta S$ である。しかし，27 章で説明する相平衡のように，温度が一定でも ΔU も ΔH も 0 でない熱力学的過程もある。

24.3 系の４種類のエネルギーの関係

これまでに学んだ系の４種類のエネルギーを整理してみよう。ある平衡状態１から別の平衡状態２に変化する場合に，系のエネルギーの変化量としては，基本的には内部エネルギー（並進エネルギーなど）の変化量 ΔU を考えればよい。ただし，系の体積が変化しない定容過程の場合である。もしも，系の体積が変化する場合には，内部エネルギーの一部を仕事エネルギーとして外界とやり取りするので，内部エネルギーに仕事エネルギーを考慮したエンタルピーの変化量 ΔH を考える必要がある。ただし，系の微視的状態数が変化しない場合である。もしも，微視的状態数が変化する場合には，エントロピーの関係したエネルギーである束縛エネルギーを考慮して，自由エネルギーを考える必要がある。体積が変化しない場合にはヘルムホルツエネルギーの変化量 ΔA を考え，体積が変化する場合にはギブズエネルギーの変化量 ΔG を考える。系の４種類のエネルギーの定義と，物理的な意味を**表 24.1** にまとめる。

表 24.1 系の４種類のエネルギーの定義と物理的な意味

熱力学的エネルギー	定義	物理的な意味
内部エネルギー	U	並進エネルギーなど
エンタルピー	$H = U + PV$	仕事エネルギーを考慮
ヘルムホルツエネルギー	$A = U - TS$	束縛エネルギーを考慮
ギブズエネルギー	$G = H - TS$ $(= U + PV - TS)$	仕事エネルギーも 束縛エネルギーも考慮

系の４種類のエネルギーの定義の関係を次ページの**図 24.3** に示す。わかりやすくするために，内部エネルギー U と仕事エネルギー PV と束縛エネルギー TS を横にずらして描いた[5]。それぞれの棒グラフの幅に意味はない。長さはエネルギーの大きさを表すが，関係を示すのが目的なので適当に描いた。内部エネルギー U とヘルムホルツエネルギー A に仕事エネルギー PV を足し算すると，エンタルピー H とギブズエネルギー G となる。また，内部エネルギー U とエンタルピー H から束縛エネルギー TS を引き算すると，自由エネルギーであるヘルムホルツエネルギー A とギブズエネルギー G となる。

[5] 仕事エネルギーは $(-PV)$ を引き算するので，PV を足し算することになる。

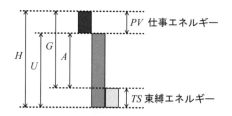

図 24.3　系の 4 種類のエネルギーの定義の関係

　熱力学的エネルギーの微分形と，熱力学的過程（準静的過程）での変化量を表す式を**表 24.2**にまとめた。内部エネルギーの微分形は，式 21.8 の $\Delta U = Q - P\Delta V$ に式 23.6 の $\Delta S = Q/T$ を代入して，微小量を考えれば求められる。定圧過程でのエンタルピーの変化量は，エンタルピーの微分形で $dP = 0$ を代入してから積分すれば，$\Delta H = \Delta U + P\Delta V$ となる。あるいは，等温定圧過程でのギブズエネルギーの変化量は，ギブズエネルギーの微分形で $dP = 0$, $dT = 0$ を代入してから積分すれば，$\Delta G = \Delta H - T\Delta S = 0$ となる。27 章で説明する相平衡は等温定圧過程であり，二つの相のギブズエネルギーが変化しない（$\Delta G = 0$）ことを示す。

表 24.2　熱力学的エネルギーの微分形と変化量

熱力学的エネルギー	微分形	エネルギーの変化量
内部エネルギー	$dU = TdS - PdV$	ΔU （定容過程）
エンタルピー	$dH = dU + PdV + VdP$ $= TdS + VdP$	$\Delta H = \Delta U + P\Delta V$ （定圧過程）
ヘルムホルツエネルギー	$dA = dU - TdS - SdT$ $= -PdV - SdT$	$\Delta A = \Delta U - T\Delta S = 0$ （等温定容過程）
ギブズエネルギー	$dG = dH - TdS - SdT$ $= VdP - SdT$	$\Delta G = \Delta H - T\Delta S = 0$ （等温定圧過程）

25 エンタルピーは相変化で変わる

物質は外界から熱エネルギーを受け取ると，固体は液体になり，液体は気体になる。固体，液体，気体のそれぞれの状態を**固相**，**液相**，**気相**といい，これらを**物質の三態**という。**17** 章で説明したように，固体は構成する分子が強く結合しているが，熱エネルギーを受け取ると，一部の分子間の結合が切れて液体になる。液体がさらに熱エネルギーを受け取ると，すべての分子間の結合が切れて，分子は自由に動くことができる気体になる。固体が液体になることを**融解**といい，液体が気体になることを**蒸発**といい，これらの変化を**相変化**という。相変化のときに，内部エネルギーやエンタルピーは変化するが，温度は変わらない。この章では，**標準圧力** $P^{\ominus}$ **(1 atm)** で，氷，水，水蒸気が熱エネルギーを受け取ると，平衡状態がどのように変化し，その際にエンタルピーやエントロピーがどのように変化するかを調べる。また，具体的に，定圧モル熱容量 C_P からエントロピーを計算する。

25.1 氷，水，水蒸気の状態図

すでに § 21.1 で説明したように，物質の状態量（圧力，温度，体積など）は平衡状態で一定の値となる。そして，物質が外界から熱エネルギーを受け取ると，別の平衡状態になる。これまでは気体の平衡状態の変化を考えたが，ここでは固体，液体，気体の平衡状態も考えることにする。これまでの平衡状態あるいは § 23.2 の微視的状態と区別するために，これらの三つの異なる状態を**相状態**とよぶ。したがって，固体は**固相**の物質，液体は**液相**の物質，気体は**気相**の物質のことである[†1]。

物質の状態量が異なると，どのような相状態になっているかを示したグラフを**状態図**という（**相図**ともいう）。圧力，温度，体積を変数にとって，三次元で状態図を描くこともできるが（参考図書 10），わかりやすく二次元のグラフで状態図を描くことにしよう。そのためには，圧力，温度，体積のいずれか二つの状態量を選ぶ必要がある。縦軸に圧力を，横軸に温度を変数として選んで

[†1] 同じ固相でも結晶形が違えば「相が異なる」と表現する。

相状態を示したグラフを**圧力－温度図**という。また，縦軸に体積を，横軸に温度を変数として選んだグラフを**体積－温度図**という。図 25.1 には氷，水，水蒸気の圧力－温度図を示した。固相（氷）と液相（水）の境界線が**融解圧曲線**（融解曲線ともいう），液相（水）と気相（水蒸気）の境界線が**蒸気圧曲線**，固相（氷）と気相（水蒸気）の境界線が**昇華圧曲線**を表す。それぞれの境界線は，二つの相の物質が共存する圧力と温度の関係を表すグラフである。また，三重点は，三つの相の物質が共存する圧力（0.006 atm）と温度（273.16 K）を表す点である。

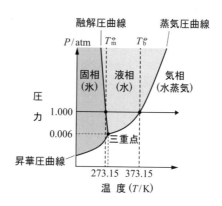

図 25.1 氷，水，水蒸気の状態図（圧力－温度図）

たとえば，常に標準圧力 $P^{\ominus}(= 1\,\mathrm{atm})$ で，氷が外界から熱エネルギーを受け取って，温度が上がる場合を考えよう。これは図 25.1 の状態図で，縦軸の 1 atm で水平線を引いて，左から右に進むことに相当する。水平線は融解圧曲線と交わり，氷は水になる。相状態が変わることを**相変化**という。また，固相から液相へ相変化する温度を融点（<u>m</u>elting point）といい，T_{m} と書く。とくに，標準圧力 $P^{\ominus}$ での融点 273.15 K（= 0℃）を**標準融点** $T_{\mathrm{m}}^{\ominus}$ という[2]。さらに標準圧力を表す水平線を右に進むと，水平線は蒸気圧曲線と交わり，水は水蒸気になる。この交点の温度を沸点（<u>b</u>oiling point）といい，T_{b} と書く。とくに，標準圧力での沸点 373.15 K（= 100℃）を**標準沸点** $T_{\mathrm{b}}^{\ominus}$ という。

---

[2] 添え字の $\ominus$ が標準圧力 $P^{\ominus}$ での物理量であることを表す。

25.2 エンタルピーの温度変化

前節で説明した相変化は常に標準圧力での変化である。つまり，外界から熱エネルギーを受け取るときの定圧変化である。定圧変化の場合，物質の体積変化に伴う仕事エネルギーを考慮する必要があるから，物質（系）のエネルギーとしてはエンタルピーを考える。縦軸に 1 mol あたりのエンタルピー（**モルエンタルピー**）H をとり，横軸に温度をとると**図 25.2** のようになる。ただし，物質の内部エネルギー U は，どこまでを内部エネルギーと考えるかによって値が変わるので（§17.1 参照），エンタルピー $H(=U+PV)$ の絶対値も決めることはできない。図 25.2 では，絶対零度での値を仮に H_0 とした。

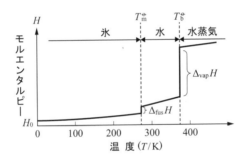

図 25.2 氷，水，水蒸気のモルエンタルピーの温度変化（**1 atm**）

図 25.2 のグラフを左から右に進めると（温度を高くすると），エンタルピーは高くなる。外界から熱エネルギーを受け取ることによって，物質のエンタルピーが高くなることを意味する。氷のエンタルピーは標準融点 $T_m^{\ominus}$ で垂直になる。これは，標準融点では，外界から受け取る熱エネルギーが氷から水への相変化，つまり，一部の水素結合を切るエネルギーに使われて，物質の温度が変わらないことを意味する。相変化に伴うエンタルピーの変化量がグラフの垂直線の長さに相当する。固相から液相への変化に伴うエンタルピーの変化量を**融解エンタルピー**といい，1 mol の物質ならば**モル融解エンタルピー**である。記号では $\Delta_{fus}H$ と書く[3]。Δ_{fus} は融解（fusion）するときの変化量を表す記号である。また，すべての氷が水に変化した後で，さらにグラフを右に進むと，エ

---

[3] 融解熱は定容過程では $\Delta_{fus}U$ に等しく，定圧過程では $\Delta_{fus}H$ に等しい。

ンタルピーは温度の一次関数で増加する。このグラフの傾き dH/dT が水の定圧モル熱容量 C_P に相当する（式 22.13 参照）。

さらに，図 25.2 のグラフを右に進めると，標準沸点 $T_b^{\ominus}$ でふたたび垂直になる。これは，標準沸点で受け取る熱エネルギーが水から水蒸気への相変化，つまり，すべての水素結合を切るエネルギーに使われ，物質の温度が変わらないことを意味する。液相から気相への変化に伴うエンタルピーの変化量を**蒸発エンタルピー**といい，1 mol の物質ならば**モル蒸発エンタルピー**である。記号では $\Delta_{vap}H$ と書く。Δ_{vap} は蒸発（vaporization）するときの変化量を表す記号である。$\Delta_{vap}H$ が $\Delta_{fus}H$ よりも大きい理由は，蒸発の方が融解よりもたくさんの水素結合を切る必要があるためである。

さらにグラフを右に進めると，エンタルピーは温度の一次関数で増加する。グラフの傾きが水蒸気の定圧モル熱容量 C_P に相当する。氷，水，水蒸気の C_P の温度変化を**図 25.3** に示す[†4]。水の $C_P (\approx 75.3 \, \mathrm{J \, K^{-1} \, mol^{-1}})$ は水蒸気の $C_P (\approx 37.1 \, \mathrm{J \, K^{-1} \, mol^{-1}})$ よりも大きく，水は水蒸気よりも温まりにくい。

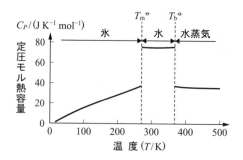

図 25.3　氷，水，水蒸気の定圧モル熱容量の温度変化（**1 atm**）

25.3　エントロピーの温度変化

氷は水素結合によって強く結合していて，規則的に配列した結晶となっている。その結果，氷の結晶の中には隙間ができ，氷の密度は水よりも小さいという特徴がある。分子レベルで模式的に描いた三態を**図 25.4** に示す。

[†4] 参考図書 11 のデータを使ってグラフを作製。

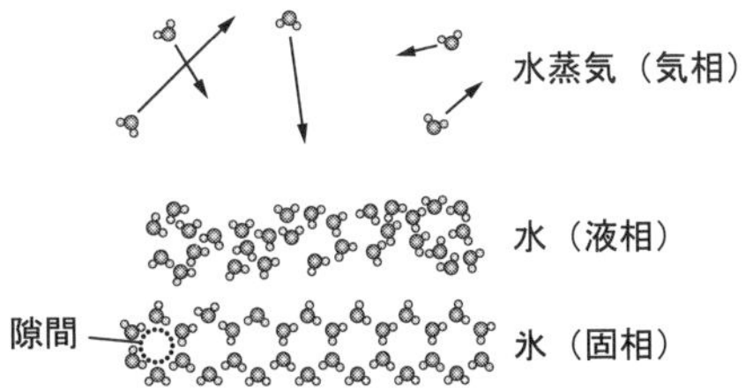

水蒸気（気相）

水（液相）

隙間

氷（固相）

図 25.4 分子レベルで描いた氷，水，水蒸気の模式図

23 章で説明したように，エントロピーは乱雑さを表す物理量である。また，図 25.4 を見るとわかるように，氷は H_2O 分子が規則的に整然と並んでいるので乱雑さが少ない。一部の水素結合が切れた水の H_2O 分子はゆらぐことができるので乱雑さが増す。水蒸気になると，H_2O 分子は自由に並進運動して，どこにでも存在できるようになり，とても乱雑である。そうすると，それぞれの相のエントロピーは 氷 ＜ 水 ＜ 水蒸気 の順番で大きくなると予想される。

もしも，相変化がなければ，熱力学温度 T_1 の平衡状態から T_2 の平衡状態にしたときの 1 mol あたりのエントロピー（モルエントロピー）の変化量 ΔS は，定圧モル熱容量 C_P から計算できる。図 25.3 のグラフからわかるように，水蒸気と水の C_P は一定である（それぞれ 37.1 と 75.3 J K^{-1} mol^{-1}）と近似できるので，式 23.10 を使えばよい。水蒸気と水のそれぞれのモルエントロピーの変化量 ΔS は，

$$\Delta S_{水蒸気} = \int_{T_1}^{T_2} \frac{C_P}{T} dT = (37.1 \text{ J K}^{-1} \text{ mol}^{-1}) \times (\ln T_2 - \ln T_1) \qquad (25.1)$$

$$\Delta S_{水} = \int_{T_1}^{T_2} \frac{C_P}{T} dT = (75.3 \text{ J K}^{-1} \text{ mol}^{-1}) \times (\ln T_2 - \ln T_1) \qquad (25.2)$$

となる。一方，図 25.3 のグラフで，氷の C_P は温度にほぼ比例しているので，

$$C_P = (0.138 \text{ J K}^{-2} \text{ mol}^{-1}) \times T \qquad (25.3)$$

と近似すると，氷のモルエントロピーの変化量 ΔS は次のように計算できる。

$$\Delta S_{氷} = \int_{T_1}^{T_2} \frac{0.138 \, T}{T} dT = (0.138 \text{ J K}^{-2} \text{ mol}^{-1}) \times (T_2 - T_1) \qquad (25.4)$$

絶対零度では，すべての構成粒子が規則的に整然と並んだ完全結晶であり，すべての物質の微視的状態数は $\Omega = 1$ であると仮定できる。そうすると，す

すべての物質の微視的状態数は $\Omega = 1$ であると仮定できる。そうすると，すべての物質のエントロピーは，絶対零度で $S_0 = k_B \ln 1 = 0$ と考えることができる（式 23.2 参照）。これを**熱力学第三法則**という。したがって，内部エネルギーやエンタルピーと異なり，エントロピーは絶対値で考えることができる。つまり，グラフは原点を通り，縦軸に目盛を書くことができる。図 25.3 の C_P の値を使って計算した氷，水，水蒸気のモルエントロピーを**図 25.5** に示す。

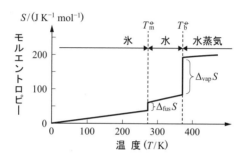

図 25.5 氷，水，水蒸気のモルエントロピーの温度変化（**1 atm**）

氷のエントロピー S は標準融点 $T_m^{\ominus}$ になるまで増加する。そして，図 25.2 のエンタルピー H と同様に，標準融点でグラフは垂直になる。これは，標準融点では一部の水素結合が切れて，乱雑になってエントロピーは増えるが，物質の温度は変わらないことを意味する。グラフの垂直線の長さが**モル融解エントロピー**であり，$\Delta_{fus} S$ と書く。さらにグラフを右に進むと，エントロピーは増加する。切れる水素結合の数が増えて，乱雑さが増すという意味である。標準沸点 $T_b^{\ominus}$ でも同様である。グラフの標準沸点での垂直線の長さが**モル蒸発エントロピー**であり，$\Delta_{vap} S$ と書く。$\Delta_{vap} S$ が $\Delta_{fus} S$ よりも大きいのは，融解よりも蒸発のほうが物質の空間が広がり，相変化による体積の増え方が大きいからである（§23.2 参照）。さらにグラフを右に進むと，エントロピーは増加する。定圧過程なので，温度の上昇とともに体積が増え，乱雑さが増すからである。

26 ギブズエネルギーは相平衡で変化しない

　前章では，氷，水，水蒸気のモルエンタルピー H の温度変化から定圧モル熱容量 C_P が求められ，C_P からモルエントロピー S の温度変化が求められることを説明した。エントロピーが温度によって変化するから，24 章で説明した束縛エネルギー TS に，エントロピーの温度依存性も考慮する必要がある。そうすると，ギブズエネルギー G（$= H - TS$）の温度依存性はどのようになっているかが気になる。この章では，まず，氷，水，水蒸気のギブズエネルギーの温度変化を，エンタルピーとエントロピーの温度変化から求める。また，二つの相の物質が共存する相平衡では，二つの相の物質のエンタルピーとエントロピーは異なるが，ギブズエネルギーは変わらないことを説明する。さらに，水と水蒸気の相平衡を表す蒸気圧曲線から，マクスウェルの関係式を利用して，蒸発エンタルピーを求める。

26.1　ギブズエネルギーの温度変化

　氷，水，水蒸気のギブズエネルギー G（$= H - TS$）は，前章の図 25.2 のエンタルピーのグラフと，図 25.5 のエントロピーのグラフから計算できる。1 mol あたりのギブズエネルギー（モルギブズエネルギー）の温度変化を図 26.1 に示す。

　ギブズエネルギーのグラフには，エンタルピーやエントロピーのグラフと大きく異なることがある。一つは，温度の上昇（グラフを右に進む）に伴ってエ

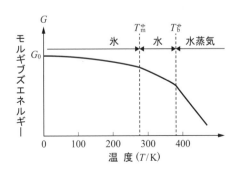

図 26.1　氷，水，水蒸気のモルギブズエネルギーの温度変化（1 atm）

Ⅶ　物質の相平衡

ンタルピー H もエントロピー S も高くなるが，ギブズエネルギー G は逆に低くなることである。温度が高くなるにつれて，エンタルピー H の寄与よりも，束縛エネルギー TS の寄与のほうが大きくなると考えればよい。

　また，図 26.1 のギブズエネルギーのグラフには，標準融点 $T_{\mathrm{m}}^{\ominus}$（および標準沸点 $T_{\mathrm{b}}^{\ominus}$）で垂直線がない。つまり，融点では，すべてが氷でも，一部が水でも，すべてが水でも系全体のギブズエネルギーは変わらない。これが融点で氷（固相）と水（液相）が共存できる理由である。図 24.1 の気体の真空への拡散と同様にシーソーで考えてみよう（**図 26.2**）。縦軸にエンタルピーをとると，氷のエンタルピーの方が水よりも低いので，シーソーは氷に傾き，すべての水は氷になるはずである［図 26.2（a）］。しかし，縦軸に束縛エネルギーを考慮したギブズエネルギーをとると，氷と水のギブズエネルギーは等しくなり，シーソーは水平になって，すべてが氷でも，一部が水でも，すべてが水でも系全体のギブズエネルギーは変わらない［図 26.2（b）］。これが二つの相の物質が共存する**相平衡**である。エントロピーが変化する場合には，エンタルピーではなく，束縛エネルギーを考慮したギブズエネルギーで考える必要がある。

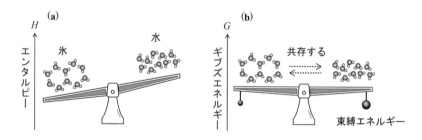

図 26.2　束縛エネルギーを考慮した氷と水の相平衡

　相平衡では圧力も温度も一定の値なので，氷が水になる過程も，水が氷になる過程も<u>等温定圧過程</u>である。たとえば，氷が外界から熱エネルギーを受け取るときに，標準圧力 $P^{\ominus}$（1 atm），標準融点 $T_{\mathrm{m}}^{\ominus}$（273.15 K）で何が起こっているかを模式的に描くと**図 26.3**のようになる。なお，§25.1 で説明したように，水の体積は氷よりも小さいので，熱エネルギーを受け取るにつれて，標準圧力を保つことができるように，系全体の体積が小さくなるように描いた。

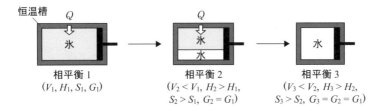

図 26.3　氷と水の相平衡での状態量の変化（1 atm, 273.15 K）

相平衡での氷のギブズエネルギーを $G_氷$（図 26.3 左の G_1），水のギブズエネルギーを $G_水$（図 26.3 右の G_3）とする。相平衡では系全体のギブズエネルギーは変わらないから（図 26.1 参照），融解ギブズエネルギーは，

$$\Delta_{fus}G = G_水 - G_氷 = 0 \qquad (26.1)$$

である。そうすると，相平衡（等温定圧過程）では，融点 T_m が定数だから，

$$\Delta_{fus}G = \Delta_{fus}H - T_m\Delta_{fus}S = 0 \qquad (26.2)$$

が成り立つ（表 24.2 参照）。したがって，氷から水への相変化に伴う**融解エントロピー** $\Delta_{fus}S$ は，融解エンタルピー $\Delta_{fus}H$ と融点 T_m を使って，

$$\Delta_{fus}S = \frac{\Delta_{fus}H}{T_m} \qquad (26.3)$$

となる[†1]。同様にして，水から水蒸気への相変化に伴う**蒸発エントロピー** $\Delta_{vap}S$ は，蒸発エンタルピー $\Delta_{vap}H$ と沸点 T_b を使って，次のようになる。

$$\Delta_{vap}S = \frac{\Delta_{vap}H}{T_b} \qquad (26.4)$$

26.2　水と水蒸気の相平衡

圧力が変わると，融点の値も沸点の値も変わる。言い換えれば，相平衡の圧力は温度に依存する。相平衡になる温度と圧力の関係を示すグラフが**蒸気圧曲線**である。図 25.1 の蒸気圧曲線の一部を拡大して次ページの**図 26.4** に示す。

相平衡での物質の状態量が，どのように変化するかを調べてみよう。図 26.4 の蒸気圧曲線に沿った変化（⇩）によって，相平衡になる圧力（縦軸）

[†1] エントロピーを実験で求めることは難しいので，実験で求めることのできるエンタルピーからエントロピーを計算する方法を説明している。また，式 26.3 は標準圧力以外の圧力でも成り立つので，標準融点 $T_m^⦵$ ではなく，融点 T_m とした。式 26.4 も同様に沸点 T_b とした。

VII 物質の相平衡

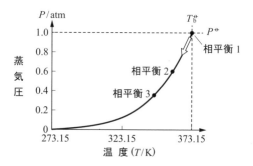

図 26.4　水の蒸気圧曲線

も温度（横軸）も変化する。そこで，体積が一定の条件（定容過程）で，物質（系）から外界に熱エネルギーが放出されたと考える（**図 26.5**）。図 26.5 左の相平衡 1 ではすべての物質が水蒸気であり，圧力が標準圧力 $P^{\ominus}$ (1 atm)，温度が標準沸点 $T_b^{\ominus}$ (373.15 K) である[†2]。熱エネルギー Q を放出すると，水蒸気の一部は水になり，蒸気圧曲線に沿って温度は下がり，圧力は低くなり，水蒸気と水が共存する相平衡 2 になる（図 26.5 中）。相平衡 2 では水蒸気の圧力と水の圧力は同じであり，それが系の圧力となる。さらに熱エネルギー Q を放出すると，水蒸気の一部は水になり，蒸気圧曲線に沿って温度は下がり，圧力は低くなり，水蒸気と水が共存する相平衡 3 となる（図 26.5 右）。

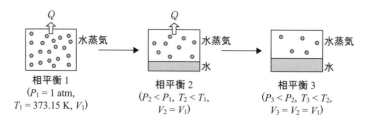

図 26.5　蒸気圧曲線（相平衡）に沿った状態量の変化

[†2] 図 26.3 では圧力が一定の条件で体積を変化させたので，氷（固相）と水（液相）が共存することもできた。ここでは体積が一定の条件なので，相平衡 1 では圧力が一定のまま水蒸気が水になることができず，すべてが水蒸気である。

26.3 蒸気圧曲線と蒸発エンタルピー ─────────────────── □

図 26.4 の蒸気圧曲線の傾き $\mathrm{d}P/\mathrm{d}T$ を調べてみよう。圧力 P，熱力学温度 T，体積 V，エントロピー S の四つの状態量に関しては，次の**マクスウェルの関係式**が知られている（参考図書 10）。

$$\left(\frac{\partial T}{\partial P}\right)_S = \left(\frac{\partial V}{\partial S}\right)_P,\ \left(\frac{\partial P}{\partial T}\right)_V = \left(\frac{\partial S}{\partial V}\right)_T,\ \left(\frac{\partial T}{\partial V}\right)_S = -\left(\frac{\partial P}{\partial S}\right)_V,\ \left(\frac{\partial V}{\partial T}\right)_P = -\left(\frac{\partial S}{\partial P}\right)_T$$

$$(26.5)$$

たとえば，2 番目の式[†3]は，「体積 V が一定の条件で圧力 P の温度 T に関する偏微分は，温度 T が一定の条件でエントロピー S の体積 V に関する偏微分に等しい」と読む。

式 26.5 の 2 番目の式から，蒸気圧曲線の傾き $\mathrm{d}P/\mathrm{d}T$ は沸点 T での $\mathrm{d}S/\mathrm{d}V$ に等しいことがわかる。したがって，次の式が成り立つ。

$$\frac{\mathrm{d}P}{\mathrm{d}T} = \frac{\Delta_\mathrm{vap}S}{\Delta_\mathrm{vap}V} \qquad (26.6)$$

ここで，1 mol の物質を考えれば，$\Delta_\mathrm{vap}S$ と $\Delta_\mathrm{vap}V$ は**モル蒸発エントロピー**と蒸発に伴う**モル体積変化**である。また，相平衡の熱力学温度 T では，

$$\Delta_\mathrm{vap}G = \Delta_\mathrm{vap}H - T\Delta_\mathrm{vap}S = 0 \qquad (26.7)$$

が成り立つから（式 26.2 参照），式 26.6 は次のようになる。

$$\frac{\mathrm{d}P}{\mathrm{d}T} = \frac{\Delta_\mathrm{vap}H}{T\Delta_\mathrm{vap}V} \qquad (26.8)$$

また，$\Delta_\mathrm{vap}V$ は水蒸気の体積 $V_\text{水蒸気}$ と水の体積 $V_\text{水}$ の差である。§25.3 で説明したように $V_\text{水蒸気} \gg V_\text{水}$ だから，$\Delta_\mathrm{vap}V \approx V_\text{水蒸気}$ と近似できる。さらに，1 mol の理想気体の状態方程式 $(PV_\text{水蒸気} = RT)$ を代入すると，

$$\frac{\mathrm{d}P}{\mathrm{d}T} = \frac{\Delta_\mathrm{vap}H}{TV_\text{水蒸気}} = \frac{P\Delta_\mathrm{vap}H}{RT^2} \qquad (26.9)$$

が得られる。これを**クラペイロン-クラウジウスの式**という。式 26.9 の左辺の $\mathrm{d}T$ を右辺に移動して，右辺の P を左辺に移動すると次のようになる。

─────────────

[†3] 表 24.2 の $\mathrm{d}A = -P\mathrm{d}V - S\mathrm{d}T$ から $(\partial A/\partial V)_T = -P$ と $(\partial A/\partial T)_V = -S$ が得られ，さらに，それぞれから $(\partial/\partial T(\partial A/\partial V)_T)_V = -(\partial P/\partial T)_V$ と $(\partial/\partial V(\partial A/\partial T)_V)_T = -(\partial S/\partial V)_T$ が得られる。左辺は偏微分の順番が違うだけなので，それぞれの右辺は等しく，式 26.5 の 2 番目の式が得られる。

VII 物質の相平衡

$$\frac{1}{P}\mathrm{d}P = \frac{\Delta_{\mathrm{vap}}H}{R} \times \frac{1}{T^2}\mathrm{d}T \tag{26.10}$$

左辺の圧力を 標準圧力 $P^{\ominus}$ ～ 任意の圧力 P の範囲で，右辺の温度を 標準沸点 $T_{\mathrm{b}}^{\ominus}$ ～ 任意の温度 T の範囲で積分すると，

$$\ln P - \ln P^{\ominus} = \ln\left(\frac{P}{P^{\ominus}}\right) = -\frac{\Delta_{\mathrm{vap}}H}{R} \times \left(\frac{1}{T} - \frac{1}{T_{\mathrm{b}}^{\ominus}}\right) \tag{26.11}$$

が得られる[4]。ここで，モル蒸発エンタルピー $\Delta_{\mathrm{vap}}H$ は蒸気圧曲線上のどの温度でも一定の値であると近似して，積分の外に出して計算した。

　縦軸に $\ln(P/P^{\ominus})$ をとり，横軸に $1/T$ をとって，図 26.4 の蒸気圧曲線を描きなおすと**図 26.6** になり，グラフは直線で近似できる。式 26.11 からわかるように，直線の傾きの大きさが $\Delta_{\mathrm{vap}}H/R$ と一致する。$1/T = 0.0030\,\mathrm{K}^{-1}$ で縦軸の値は約 -1.7 であり，$1/T = 0.0035\,\mathrm{K}^{-1}$ で縦軸の値は約 -4.2 だから，直線の傾きの大きさは次のように計算できる。

$$\frac{\Delta_{\mathrm{vap}}H}{R} = \frac{4.2 - 1.7}{(0.0035\,\mathrm{K}^{-1}) - (0.0030\,\mathrm{K}^{-1})} \approx 5000\,\mathrm{K} \tag{26.12}$$

モル蒸発エンタルピー $\Delta_{\mathrm{vap}}H$ は，$R \approx 8.3145\,\mathrm{J\,K^{-1}\,mol^{-1}}$ を掛け算して，

$$\Delta_{\mathrm{vap}}H = (5000\,\mathrm{K}) \times (8.3145\,\mathrm{J\,K^{-1}\,mol^{-1}}) \approx 41600\,\mathrm{J\,mol^{-1}} \tag{26.13}$$

と求めることができる。

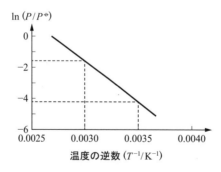

図 26.6　蒸発エンタルピーを求めるために変換した蒸気圧曲線

---

[4] 式 26.11 では，圧力の単位が atm でなくても成り立つように，標準圧力 $P^{\ominus}$ を含む式とした。こうすると，圧力の単位に関係なく無次元の物理量の自然対数となる。

27 化学ポテンシャルはモル分率に依存する

　これまでは純粋な物質（**純物質**）の状態変化を考えてきた。しかし，身近に存在するほとんどの物質は**混合物**である。たとえば，大気は窒素，酸素などの気体の混合物であるし，地殻はケイ酸塩などの固体の混合物である。あるいは，海水は水に塩化ナトリウムなどの固体が溶けた混合物であるし，お酒は水とエタノールなどの液体の混合物である。混合物の状態変化は純物質の状態変化とは大きく異なる。最も大きな違いは，混合物のエントロピーや自由エネルギーなどが，混合した成分の物質量の割合（**モル分率**）に依存することである。この章では，まず，エントロピーがモル分率に依存することを説明し，その後で，混合物の自由エネルギーを説明する。その際に，混合物のある成分に着目し，その成分の **1 mol** あたりの自由エネルギーを**化学ポテンシャル**として導入する。

27.1　混合エントロピー

　§23.2 では，断熱材で囲まれた容器の中で，外界から熱エネルギーを与えなくても気体が真空へ拡散する理由は，エントロピーが増大する（熱力学第二法則）からであると説明した（図 23.1 参照）。同様の現象は真空の容器の代わりに別の気体を入れた容器でも起こる。たとえば，容器の左側に 0.5 mol の気体 A を入れ，右側に 0.5 mol の気体 B を入れたとする（**図 27.1**）。なお，両方の気体の圧力も温度も体積も同じとする。二つの容器の境界の壁を除くとどうなるだろうか。想像がつくと思うが，気体 A と気体 B は自然に混合し，非平衡状態は平衡状態 2 になる。ただし，気体の真空への拡散（図 23.1）では

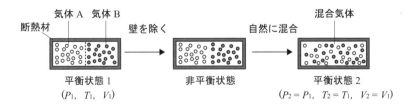

図 27.1　2 種類の気体 $(n_A/n_B = 1)$ の混合

圧力が 1/2 倍になり，体積が 2 倍になったが，気体の混合では系全体の圧力も温度も体積も変わらない。しかし，以下に説明するように，エントロピーは変化する。混合（mixing）する前後のエントロピーの変化量を**混合エントロピー**といい，$\Delta_{\mathrm{mix}}S$ と書く。図 27.1 の非平衡状態から平衡状態 2 への $\Delta_{\mathrm{mix}}S$ を計算してみよう。

§23.2 で説明したように，エントロピーは示量性状態量だから，気体 A のエントロピーの変化量と気体 B のエントロピーの変化量を別々に計算し，それらを足し算すれば，混合エントロピーとなる。まず，気体 A に着目すれば，混合した後の体積は混合する前の体積の 2 倍になる。非平衡状態での体積 $V_1/2$ が平衡状態 2 での体積 V_1 になるという意味である。そうすると，エントロピーの変化量は気体の真空への拡散で求めた式 23.13 と同じになる。ただし，エントロピーは示量性物理量だから，物質量の 0.5 mol を掛け算する必要がある。結局，気体 A のエントロピーの変化量 ΔS_{A} は，

$$\Delta S_{\mathrm{A}} = 0.5R\ln\left(\frac{V_1}{V_1/2}\right) = 0.5R\ln 2 \tag{27.1}$$

となる。まったく同様にして，気体 B のエントロピーの変化量は $\Delta S_{\mathrm{B}} = 0.5R\ln 2$ となる。そうすると，混合エントロピー $\Delta_{\mathrm{mix}}S$ は，

$$\Delta_{\mathrm{mix}}S = \Delta S_{\mathrm{A}} + \Delta S_{\mathrm{B}} = 0.5R\ln 2 + 0.5R\ln 2 = R\ln 2 \tag{27.2}$$

と計算できる。容器に含まれる系全体の物質量が同じならば，気体の真空への拡散も 2 種類の気体の混合も，系全体のエントロピーの変化量は同じになる。ただし，2 種類の気体がともに 0.5 mol であり，系全体の物質量が同じだからである。

27.2　物質量の異なる 2 種類の気体の混合

エントロピーは微視的状態数を反映するので，混合する気体の物質量の割合に依存する。説明を簡単にするために，まず，容器に 3 個の分子 A と 1 個の分子 B の合計 4 個の分子が入っていたとする。分子 A と分子 B は容器の左側にも右側にも自由に動くことができる。そうすると，平衡状態 2 では左側にも右側にも 2 個ずつの分子があるから[†1]，微視的状態数は**図 27.2** に示したよう

に 2 通りである．一つは分子 B が左側にある状態，もう一つは分子 B が右側
にある状態である．

B が左側の状態　　　　　　B が右側の状態

図 27.2　3 個の分子 A（○）と 1 個の分子 B（●）の微視的状態

　それでは，分子数の合計が同じ 4 個であるが，分子 A も分子 B も 2 個ずつ
ではどうなるだろうか（**図 27.3**）．この場合には，2 個の分子 B が左側の場
合，1 個の分子 B が左側の場合，2 個の分子 B が右側の場合の 3 通りになる．
つまり，分子数の合計が同じ 4 個でも，分子 A の数と分子 B の数の比が異な
ると，微視的状態数が異なり，エントロピーも異なることがわかる．

2 個の B が左側の状態　　　1 個の B が左側と　　2 個の B が右側の状態
　　　　　　　　　　　　　右側の状態

図 27.3　2 個の分子 A（○）と 2 個の分子 B（●）の微視的状態

　一般的に，気体 A の物質量が n_A で，気体 B の物質量が n_B の場合の混合エ
ントロピーを考えてみよう．平衡状態 1 で，気体 A と気体 B が存在する体積
をそれぞれ V_A と V_B とする．それぞれの気体の圧力が系全体の圧力 P_1 と同じ
（$P_A = P_B = P_1$）であるためには，$V_A/V_B = n_A/n_B$ でなければならない．その理
由は，それぞれの気体の状態方程式，$P_1 V_A = n_A RT$ と $P_1 V_B = n_B RT$ から V_A
と V_B の比を求めてみればわかる．

$$\frac{V_A}{V_B} = \frac{n_A RT}{P_1} \times \frac{P_1}{n_B RT} = \frac{n_A}{n_B} \tag{27.3}$$

次ページの**図 27.4** では $n_A = 3\,\mathrm{mol}$ と $n_B = 1\,\mathrm{mol}$ を仮定し，$V_A/V_B = 3$ とし
て，2 種類の気体の混合の様子を描いた．

[†1] 23 章では非平衡状態と同じ状態と，平衡状態で可能な微視的状態数を別々に計算して比較し
た．ここでは，平衡状態での圧力は容器全体で均一だから，左側も右側も分子が 2 個ずつと
考えて，物質量の割合の異なる微視的状態数を比較している．

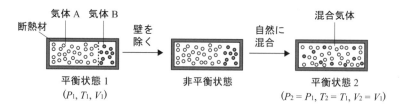

図 27.4　2 種類の気体 ($n_A/n_B = 3$) の混合

気体 A に着目すると，混合の前後で体積は $(n_A + n_B)/n_A$ 倍になる。そうすると，気体 A のエントロピーの変化量 ΔS_A は，式 27.1 の代わりに，

$$\Delta S_A = n_A R \ln\left(\frac{n_A + n_B}{n_A}\right) \tag{27.4}$$

となる。もちろん，気体 A と気体 B の物質量が同じならば，$n_A = n_B = 0.5$ を代入して，式 27.1 が得られる。気体 B についても同様に計算できて，

$$\Delta S_B = n_B R \ln\left(\frac{n_A + n_B}{n_B}\right) \tag{27.5}$$

となる。したがって，2 種類の気体の混合エントロピー $\Delta_{mix}S$ は，

$$\Delta_{mix}S = \Delta S_A + \Delta S_B = n_A R \ln\left(\frac{n_A + n_B}{n_A}\right) + n_B R \ln\left(\frac{n_A + n_B}{n_B}\right) \tag{27.6}$$

となる。ここで，それぞれの気体の**モル分率** x_A と x_B を次のように定義する。

$$x_A = \frac{n_A}{n_A + n_B} \quad \text{および} \quad x_B = \frac{n_B}{n_A + n_B} \tag{27.7}$$

そうすると，式 27.6 の混合エントロピー $\Delta_{mix}S$ は，

$$\Delta_{mix}S = -n_A R \ln x_A - n_B R \ln x_B = -R(n_A \ln x_A + n_B \ln x_B) \tag{27.8}$$

と表され，$\Delta_{mix}S$ がモル分率に依存することがわかる。

27.3　化学ポテンシャル

エントロピーが気体の混合で変化するならば，自由エネルギーも変化する。たとえば，等温定圧過程ではエンタルピーの変化量は $\Delta H = 0$ だから，ギブズエネルギーの変化量は $\Delta G = -T\Delta S$ で表される（表 24.2 参照）。したがって，2 種類の気体が自然に混合する場合の**混合ギブズエネルギー** $\Delta_{mix}G$ は，

$$\Delta_{mix}G = -T\Delta_{mix}S = RT(n_A \ln x_A + n_B \ln x_B) \tag{27.9}$$

となる。一般に，3種類以上の気体の混合エントロピー $\Delta_{\mathrm{mix}}S$ と混合ギブズエネルギー $\Delta_{\mathrm{mix}}G$ は，次のように表される。

$$\Delta_{\mathrm{mix}}S = -R\sum_i n_i \ln x_i \quad \text{および} \quad \Delta_{\mathrm{mix}}G = RT\sum_i n_i \ln x_i \quad (27.10)$$

また，等温定容過程を考えるならば，内部エネルギーの変化量は $\Delta U = 0$ だから，ヘルムホルツエネルギーの変化量は $\Delta A = -T\Delta S$ となり，**混合ヘルムホルツエネルギー** $\Delta_{\mathrm{mix}}A$ は $\Delta_{\mathrm{mix}}G$ と同じ式になる。

$$\Delta_{\mathrm{mix}}A = RT\sum_i n_i \ln x_i \quad (27.11)$$

図24.1と同様に，2種類の気体の混合をシーソーで描いてみよう。縦軸にエンタルピー（内部エネルギーでも同じ）をとると，非平衡状態と平衡状態2のエンタルピーは変わらないので，シーソーは水平になる（**図27.5左**）。しかし，縦軸にギブズエネルギー（ヘルムホルツエネルギーでも同じ）をとると，平衡状態2のほうが乱雑でエントロピーが大きいから，束縛エネルギーも大きくなり，シーソーは平衡状態2に傾く（**図27.5右**）。つまり，2種類の気体は自然に混合する。この不可逆過程も熱力学第二法則に基づく状態変化である。

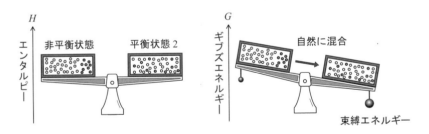

図 **27.5** エントロピーを考慮した2種類の気体の混合

気体Aのギブズエネルギーの変化量に着目すると，

$$\Delta G_{\mathrm{A}} = RT n_{\mathrm{A}} \ln x_{\mathrm{A}} \quad (27.12)$$

となる（式27.10参照）。ここで，混合物のある成分に着目し，その成分の1 molあたりのギブズエネルギーを**部分モルギブズエネルギー**[†2]あるいは**化学**

[†2] 混合物のそれぞれの成分の1 molあたりの状態量を部分モル○○という。たとえば，水1 dm³とエタノール1 dm³を混ぜても，それぞれの部分モル体積はモル分率に依存するので2 dm³にはならない（参考図書10参照）。

ポテンシャルとよび，記号は μ（ミュー）で表す。純物質の場合の化学ポテンシャルはモルギブズエネルギーのことである。そうすると，式27.12は，

$$\Delta\mu_A = \frac{\Delta G_A}{n_A} = RT\ln x_A \tag{27.13}$$

となる。$\Delta\mu_A$ は気体を混合する前後の化学ポテンシャルの変化量である。混合する前の純物質の化学ポテンシャルを μ_A^*，混合した後の混合物の化学ポテンシャルを μ_A と書くと，$\Delta\mu_A = \mu_A - \mu_A^*$ だから，式27.13は，

$$\mu_A = \mu_A^* + RT\ln x_A \tag{27.14}$$

となる。気体Bの化学ポテンシャルについても同様である。一般に，混合物の i 番目の成分の化学ポテンシャル μ_i は，混合する前の状態である純物質の化学ポテンシャル μ_i^* と，モル分率 x_i を使って，次のように書ける。

$$\mu_i = \mu_i^* + RT\ln x_i \tag{27.15}$$

また，系全体の圧力を P，それぞれの気体の分圧を p_i とすると，次の**ドルトンの分圧の法則**が成り立つ。

$$p_i = x_i P \tag{27.16}$$

そうすると，化学ポテンシャルを表す式27.15は，

$$\mu_i = \mu_i^* + RT\ln\left(\frac{p_i}{P}\right) \tag{27.17}$$

と表すこともできる（156ページ脚注4参照）。混合する前の気体（純物質）の標準圧力 $P^{\ominus}$ での化学ポテンシャル（**標準化学ポテンシャル**）を $\mu_i^{\ominus}$ とすると，

$$\mu_i = \mu_i^{\ominus} + RT\ln\left(\frac{p_i}{P^{\ominus}}\right) \tag{27.18}$$

となる。次章以降で説明するように，希薄溶液のような混合物の状態変化は，化学ポテンシャルを使って理解できる。

28 溶液の相平衡を化学ポテンシャルで考える

この章では，微量の物質を液体に溶かした**希薄溶液**（混合物）の相平衡を，前章で説明した化学ポテンシャルで考える。溶かした微量の物質を**溶質**といい，溶かす大量の液体を**溶媒**という。モル分率が **0** に近い物質が溶質で，モル分率が **1** に近い物質が溶媒である。なお，この章では不揮発性の非電解質を溶質として考える。希薄溶液の性質を調べてみると面白いことがわかる。たとえば，希薄溶液の凝固点（融点）は，溶質の溶けていない純粋な溶媒の凝固点よりも低く，沸点は純粋な溶媒の沸点（蒸発点）よりも高くなる。前者を**凝固点降下**，後者を**沸点上昇**という。凝固点降下度も沸点上昇度も溶質の種類には依存しない。このような性質を希薄溶液の**束一的性質**という。希薄溶液の凝固点がどうして純粋な溶媒よりも降下し，沸点がどうして上昇するかを化学ポテンシャルで説明する。

28.1 純物質と希薄溶液の化学ポテンシャル

まずは，純物質の固相と液相の相平衡を考える。相平衡では，固体の一部が液体になっても，液体の一部が固体になっても，系全体のギブズエネルギーは変わらない（§26.1 参照）。固相の化学ポテンシャルを $\mu_{\text{固}}^*$，液相の化学ポテンシャルを $\mu_{\text{液}}^*$ としよう（**図 28.1**）。＊は純物質であることを表す。純物質では，化学ポテンシャルは物質量 1 mol あたりのギブズエネルギーであり，ギブズエネルギーは示量性状態量だから，相平衡で系全体のギブズエネルギー $G_{\text{系}}$ は，

$$G_{\text{系}} = n_{\text{固}}\mu_{\text{固}}^* + n_{\text{液}}\mu_{\text{液}}^* \tag{28.1}$$

と書ける。ここで，$n_{\text{固}}$ と $n_{\text{液}}$ は固相と液相の物質量である。もしも，微小の物質量 dn の液体が固体になったとすると，固相の物質量は dn 増える。ただ

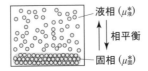

図 28.1 純物質の固相と液相の相平衡と化学ポテンシャル

し，相平衡では系全体のギブズエネルギーは変わらないから，

$$G_{系} = (n_{固} + \mathrm{d}n)\mu_{固}^* + (n_{液} - \mathrm{d}n)\mu_{液}^* \tag{28.2}$$

となる。式28.2から式28.1を引き算すれば，

$$0 = \mathrm{d}n\,\mu_{固}^* - \mathrm{d}n\,\mu_{液}^* = (\mu_{固}^* - \mu_{液}^*)\mathrm{d}n \tag{28.3}$$

が得られるから，純物質の固相と液相の相平衡では，次の式が成り立つ。

$$\mu_{固}^* = \mu_{液}^* \tag{28.4}$$

相平衡では，それぞれの相の化学ポテンシャルは等しいことがわかる。

　次に希薄溶液の融点での相平衡を調べてみよう（図28.2）。溶媒の固相の化学ポテンシャルを $\mu_{固}$，溶媒の液相の化学ポテンシャルを $\mu_{液}$ とする[†1]。純物質ではなく混合物なので，添え字の * を付けない。溶媒の固相と液相は融点では相平衡だから，純物質と同様に，

$$\mu_{固} = \mu_{液} \tag{28.5}$$

が成り立つ。また，希薄溶液の固相のほとんどは溶媒の固体のみである。そうすると，$\mu_{固}$ は純粋な溶媒の固相の化学ポテンシャル $\mu_{固}^*$ で近似できる。

$$\mu_{固} \approx \mu_{固}^* \tag{28.6}$$

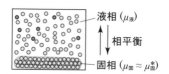

液相 ($\mu_{液}$)

相平衡

固相 ($\mu_{固} \approx \mu_{固}^*$)

図 28.2　希薄溶液の固相と液相の相平衡と化学ポテンシャル

28.2　希薄溶液の凝固点降下

　式27.15で説明したように，混合物の化学ポテンシャルは，純物質の化学ポテンシャル μ^* とモル分率 x を使って表すことができる（$\mu_i = \mu_i^* + RT \ln x_i$）。そうすると，式28.5と式28.6から，

$$\mu_{固}^* \approx \mu_{固} = \mu_{液} = \mu_{液}^* + RT \ln x_{溶媒} \tag{28.7}$$

が成り立つ。ここで，$x_{溶媒}$ は液相の溶媒のモル分率であり，溶質のモル分率

[†1] 溶媒の化学ポテンシャルなので，$\mu_{固(溶媒)}$，$\mu_{液(溶媒)}$ と書く必要があるが，この章では溶質の化学ポテンシャルが現れないので，添え字の「(溶媒)」を省略する。

$x_{溶質}$ を足し算すると 1 になる。つまり，次の関係式が成り立つ。

$$x_{溶媒} = 1 - x_{溶質} \tag{28.8}$$

式 28.7 を整理すると，

$$\ln x_{溶媒} = \frac{\mu_{固}^* - \mu_{液}^*}{RT} \tag{28.9}$$

が得られる。圧力が一定の条件で，両辺を熱力学温度 T で微分すると[†2]，

$$\frac{\mathrm{d}}{\mathrm{d}T}(\ln x_{溶媒}) = \frac{1}{R}\frac{\mathrm{d}}{\mathrm{d}T}\left(\frac{\mu_{固}^* - \mu_{液}^*}{T}\right) \tag{28.10}$$

となる。化学ポテンシャル μ は温度の関数なので，微分の外には出せない。そこで，次の**ギブズ–ヘルムホルツの式**[†3] を利用する（参考図書 10）。

$$\frac{\mathrm{d}}{\mathrm{d}T}\left(\frac{\mu}{T}\right) = -\frac{H}{T^2} \tag{28.11}$$

H はモルエンタルピーである。そうすると，式 28.10 は，

$$\frac{\mathrm{d}}{\mathrm{d}T}(\ln x_{溶媒}) = -\frac{H_{固}^* - H_{液}^*}{RT^2} = \frac{H_{液}^* - H_{固}^*}{RT^2} = \frac{\Delta_{\mathrm{fus}}H}{RT^2} \tag{28.12}$$

となる。ここで，$H_{液}^* - H_{固}^*$ は 1 mol の純粋な溶媒が固相から液相になるときのエンタルピー差だから，モル融解エンタルピー $\Delta_{\mathrm{fus}}H$ で置き換えた。

式 28.12 の左辺の $\mathrm{d}T$ を右辺に移動してから，純粋な溶媒の状態から希薄溶液の状態になるまで積分してみよう。純粋な溶媒に少しずつ溶質を溶かすということだから，モル分率の積分範囲は $1 \sim x_{溶媒}$ であり，温度の積分範囲は $T_{\mathrm{f}}^* \sim T_{\mathrm{f}}$ である。ここで T_{f}^* は純粋な溶媒の凝固点（融点 T_{m}^* と同じ），T_{f} は希薄溶液の凝固点である。添え字の f は freezing point を表す。そうすると，

$$左辺 = \int_1^{x_{溶媒}} \mathrm{d}(\ln x_{溶媒}) = \ln x_{溶媒} - \ln 1 = \ln x_{溶媒}$$

$$右辺 = \int_{T^*}^{T_{\mathrm{f}}} \frac{\Delta_{\mathrm{fus}}H}{RT^2}\,\mathrm{d}T = -\frac{\Delta_{\mathrm{fus}}H}{R}\left(\frac{1}{T_{\mathrm{f}}} - \frac{1}{T_{\mathrm{f}}^*}\right) = \frac{\Delta_{\mathrm{fus}}H}{R} \times \frac{T_{\mathrm{f}} - T_{\mathrm{f}}^*}{T_{\mathrm{f}}T_{\mathrm{f}}^*} \tag{28.13}$$

[†2] 化学ポテンシャルの温度に関係しない項（エンタルピー）を分離して扱うために，温度で微分してから，もう一度，温度で積分する（129 ページ脚注 1 参照）。

[†3] 表 24.2 の $\mathrm{d}G = V\mathrm{d}P - S\mathrm{d}T$ から $(\partial G/\partial T)_P = -S$ が得られる。P が一定の条件で G/T を T で微分すると，$(\mathrm{d}/\mathrm{d}T)(G/T)_P = -G/T^2 + (1/T)(\partial G/\partial T)_P = -G/T^2 - S/T$ となる。$G = H - TS$ を代入して，1 mol あたりのギブズエネルギーである化学ポテンシャル μ で考えれば，式 28.11 が得られる。

VII 物質の相平衡

となる。左辺に式 28.8 を利用し，さらに，$x_{溶質} \approx 0$ だから，**マクローリン展開**（35 ページ脚注 6）を利用すると，左辺は次のように近似できる。

$$\ln x_{溶媒} = \ln(1 - x_{溶質}) \approx -x_{溶質} \tag{28.14}$$

また，$T_f \approx T_f^*$ だから，式 28.13 は，

$$-x_{溶質} = \frac{\Delta_{fus} H}{R} \times \frac{T_f - T_f^*}{(T_f^*)^2} \tag{28.15}$$

となる。**凝固点降下度** $\Delta T_f (= T_f^* - T_f)$ は，最終的に次のように表される。

$$\Delta T_f = \frac{R(T_f^*)^2}{\Delta_{fus} H} x_{溶質} \tag{28.16}$$

結局，凝固点降下度は溶質のモル分率 $x_{溶質}$ に比例し，比例定数はモル気体定数 R，純粋な溶媒の凝固点 T_f^* とモル融解エンタルピー $\Delta_{fus} H$ から計算できる。また，右辺はすべて正の値だから，左辺の $\Delta T_f (= T_f^* - T_f)$ も正の値であり，希薄溶液の凝固点 T_f が純粋な溶媒の凝固点 T_f^* よりも低いことがわかる。

　凝固点降下度を測定するときは，溶質のモル分率 $x_{溶質}$ の代わりに**質量モル濃度** m を用いることが多い。質量モル濃度 m は溶媒 1000 g（= 1 kg）に溶かした溶質の物質量である。溶媒のモル質量を M（単位は $g\,mol^{-1}$）とすると，溶媒の物質量は $1000/M$ だから，溶質のモル分率 $x_{溶質}$ は次のようになる。

$$x_{溶質} = \frac{m}{1000/M + m} \approx \frac{mM}{1000} \tag{28.17}$$

ここで，溶質の物質量は溶媒よりもはるかに少ないので，$1000/M \gg m$ の近似を使って，分母の m を省略した。式 28.17 を式 28.16 に代入すれば，

$$\Delta T_f = \frac{RM(T_f^*)^2}{1000 \Delta_{fus} H} m = K_f m \tag{28.18}$$

となる。比例定数 K_f を**モル凝固点降下**（**凝固点定数**ともいう）といい，溶媒の種類によって決まる定数である。

28.3　希薄溶液の沸点上昇

　今度は希薄溶液の沸点での相平衡を調べてみよう（**図 28.3**）。溶媒の気相の化学ポテンシャルを $\mu_{気}$，溶媒の液相の化学ポテンシャルを $\mu_{液}$ とする。沸点では溶媒の気相と液相が相平衡になっているから，

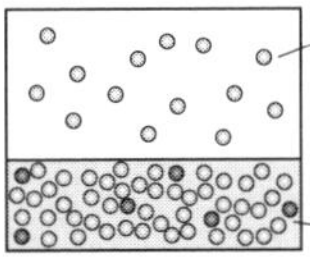

図 **28.3** 希薄溶液の気相と液相の相平衡と化学ポテンシャル

$$\mu_\text{気} = \mu_\text{液} = \mu_\text{気}^* + RT \ln x_\text{溶媒} \tag{28.19}$$

が成り立つ。溶質として不揮発性の非電解質を考えているので，希薄溶液の気相は溶媒のみと考えられる。したがって，気相の溶媒の化学ポテンシャル $\mu_\text{気}$ を $\mu_\text{気}^*$ で近似できる。あとは凝固点降下と同様に考えればよい。

式 28.9 に対応する式は，

$$\ln x_\text{溶媒} = \frac{\mu_\text{気}^* - \mu_\text{液}^*}{RT} \tag{28.20}$$

となる。両辺を温度 T で微分して，ギブズ-ヘルムホルツの式を応用すると，式 28.12 に対応する式は，

$$\frac{\mathrm{d}}{\mathrm{d}T}(\ln x_\text{溶媒}) = -\frac{H_\text{気}^* - H_\text{液}^*}{RT^2} = -\frac{\Delta_\text{vap}H}{RT^2} \tag{28.21}$$

となる。ここで，$H_\text{気}^* - H_\text{液}^*$ は 1 mol の純粋な溶媒が液相から気相になるときのエンタルピー差だから，モル蒸発エンタルピー $\Delta_\text{vap}H$ で置き換えた。式 28.21 の左辺の dT を右辺に移動してから，モル分率を $1 \sim x_\text{溶媒}$ の範囲で，温度を $T_\text{b}^* \sim T_\text{b}$ の範囲で積分する。T_b^* は純粋な溶媒の沸点，T_b は希薄溶液の沸点である。添え字の b は boiling point を表す（§25.1 参照）。式 28.13 に対応する式は，

$$\ln x_\text{溶媒} = -\frac{\Delta_\text{vap}H}{R} \times \frac{T_\text{b} - T_\text{b}^*}{T_\text{b}T_\text{b}^*} \tag{28.22}$$

となる。**沸点上昇度**を $\Delta T_\text{b} = T_\text{b} - T_\text{b}^*$ と定義して整理すれば，式 28.16 に対応する式は，

$$\Delta T_\text{b} = \frac{R(T_\text{b}^*)^2}{\Delta_\text{vap}H} x_\text{溶質} \tag{28.23}$$

となる。右辺はすべて正の値だから，左辺の $\Delta T_\text{b} (= T_\text{b} - T_\text{b}^*)$ も正になり，希薄溶液の沸点 T_b が純粋な溶媒の沸点 T_b^* よりも高いことがわかる。なお，

溶質のモル分率の代わりに質量モル濃度 m を用いた式は，次のようになる。

$$\Delta T_b = \frac{RM(T_b^*)^2}{1000\,\Delta_{vap}H}m = K_b m \tag{28.24}$$

比例定数 K_b を**モル沸点上昇**（**沸点上昇定数**ともいう）といい，溶媒の種類によって決まる定数である。

　希薄溶液で凝固点降下や沸点上昇が起こる原因は，混合物のエントロピーが純粋な溶媒よりも増大するからである（27 章参照）。つまり，ギブズエネルギー（化学ポテンシャル）が低くなる。どういうことか，グラフを使って説明しよう。氷，水，水蒸気のモルギブズエネルギーのグラフの一部を**図 28.4** に示す（図 26.1 参照）。ただし，凝固点および融点の標準圧力を表す記号の $\ominus$ を省略し，純物質を表す記号の * を付けた。また，縦軸は化学ポテンシャルとした。純粋な水（純水）に比べて，希薄水溶液の化学ポテンシャルは混合エントロピーのために低くなる（グラフの○を結ぶ点線）。その結果，氷のグラフとの交点，つまり，凝固点 T_f は T_f^* よりも低くなり，水蒸気のグラフとの交点，つまり，沸点 T_b は T_b^* よりも高くなる。

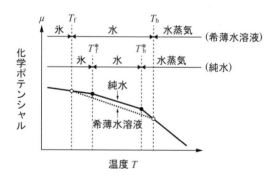

図 28.4　純水と希薄水溶液の凝固点と沸点の比較

29 浸透圧を化学ポテンシャルで考える

　前章では，希薄溶液の凝固点降下と沸点上昇について，化学ポテンシャルを使って説明した。同じ溶媒に溶かす溶質の物質量が同じならば，溶質の種類が異なっても，凝固点降下度も沸点上昇度も同じになる。希薄溶液に特徴的な性質としては，そのほかに浸透圧がある。たとえば，濃度の異なる二つの溶液を用意し，セロハンなどの半透膜を境界にして接続させる。半透膜は溶媒を通すが，溶質は通さないという性質のある膜のことである。希薄溶液の濃度が異なると，溶媒が半透膜を通って自然に移動して，二つの溶液の高さが変わる。同じ高さにするためには，溶媒が移動した溶液に圧力をかける必要がある。この圧力を浸透圧という。この章では，どうして二つの溶液の高さが変わるのか，浸透圧がどのような式で表されるか，化学ポテンシャルを使って考える。また，溶質が電解質の浸透圧の場合には，電離度が関係することを考える。

29.1　溶媒の移動に伴う圧力差

　まずは，半透膜を境界として，同じ種類の純粋な溶媒（純液）を接続する（図 29.1）。左側の一部の溶媒は半透膜を通って右側に移動し，右側の一部の溶媒は半透膜を通って左側に移動する。これは温度が一定の平衡状態であり，巨視的な物理量は変わらない。もちろん，左右の溶媒の高さは同じになる。また，水圧を考えるとわかるように，液体の高さが圧力を反映するから，同じ高さならば半透膜の左右の圧力も同じになる。そして，平衡状態だから，左右の溶媒の化学ポテンシャル μ^* も同じである。

VII
物質の相平衡

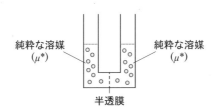

純粋な溶媒
(μ^*)　　　　純粋な溶媒
(μ^*)

半透膜

図 29.1　半透膜で接続した純粋な溶媒の化学ポテンシャル

　次に，右側の溶媒に少量の溶質を溶かして希薄溶液とする（**図29.2**）。ただ
し，ここでは，溶質は溶媒に溶けて希薄溶液になってもイオンにはならない**非
電解質**とする。最初は純粋な溶媒も希薄溶液も同じ高さの非平衡状態である。
しかし，時間が経つと，左側の純粋な溶媒は自然に半透膜を通って，右側の希
薄溶液に移動し，純粋な溶媒の量が減って，希薄溶液の量が増え，非平衡状態
は自然に平衡状態1に変わる。すでに混合エントロピーを理解した読者は，純
物質である純粋な溶媒のエントロピーよりも，混合物である希薄溶液のエント
ロピーのほうが大きいからだと気がつくかもしれない。溶媒はエントロピーを
考慮した自由エネルギー（化学ポテンシャル）の低い希薄溶液の状態になろう
とする。それでは，すべての左側の溶媒が右側の希薄溶液に移動するかという
と，そうでもない。純粋な溶媒はある量まで少なくなり，希薄溶液はある量ま
で多くなり，平衡状態1になる。なぜだろうか。

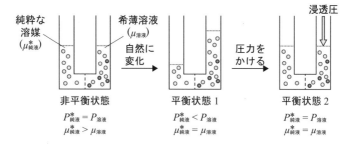

図29.2　純粋な溶媒と希薄溶液の圧力と化学ポテンシャル

　平衡状態1で，両側の液体の高さに差があるということは，純粋な溶媒と希
薄溶液の圧力が異なるということである。半透膜の左側の純粋な溶媒（純液）
の圧力を $P^*_{純液}$，半透膜の右側の希薄溶液の圧力を $P_{溶液}$ とする。前者は純物質
なので添え字の＊を付けた。平衡状態1の $P_{溶液}$ と $P^*_{純液}$ の差が**浸透圧 Π**（パ
イ）の大きさに相当する。

$$P_{溶液} - P^*_{純液} = \Pi \tag{29.1}$$

希薄溶液に浸透圧 Π を加えると，半透膜の両側の圧力が釣り合って，純粋な
溶媒と希薄溶液の高さが同じ平衡状態2になる。

29.2 化学ポテンシャルの圧力依存性 ──────────────── ☐

　図 29.2 の平衡状態 1 で，半透膜の両側の圧力が異なるにもかかわらず，平衡状態になっている理由を化学ポテンシャルで考えてみよう。平衡状態になっているということは，左側の純粋な溶媒（純液）の化学ポテンシャル $\mu^*_{純液}$ が，右側の希薄溶液の化学ポテンシャル $\mu_{溶液}$ に等しいことを意味する（§26.2 の相平衡を参照）。

$$\mu^*_{純液} = \mu_{溶液} \tag{29.2}$$

希薄溶液だから，溶液の化学ポテンシャル $\mu_{溶液}$ は溶媒の化学ポテンシャル $\mu_{溶媒}$ で近似できる。また，式 27.15 で示したように，$\mu_{溶媒}$ は化学ポテンシャル $\mu^*_{溶媒}$ と希薄溶液中の溶媒のモル分率 $x_{溶媒}$ を使って，

$$\mu_{溶液} \approx \mu_{溶媒} = \mu^*_{溶媒} + RT \ln x_{溶媒} \tag{29.3}$$

となる。式 29.3 を式 29.2 の右辺に代入して整理すると，

$$\ln x_{溶媒} = \frac{\mu^*_{純液} - \mu^*_{溶媒}}{RT} \tag{29.4}$$

が得られる。希薄溶液の溶媒は純粋な溶媒（純液）と同じ物質だから，化学ポテンシャル $\mu^*_{溶媒}$ は $\mu^*_{純液}$ と同じだと考える読者もいるかもしれない。しかし，物質が同じでも，圧力が異なると化学ポテンシャルは異なる。つまり，化学ポテンシャルは圧力の関数である。希薄溶液の溶媒の圧力 $P_{溶液}(= P^*_{純液} + \Pi)$ と純粋な溶媒の圧力 $P^*_{純液}$ が異なるので，$\mu^*_{溶媒}$ と $\mu^*_{純液}$ は同じではない。

　化学ポテンシャルの圧力依存性を調べてみよう。化学ポテンシャルは 1 mol あたりのギブズエネルギーだから，まずは，ギブズエネルギー G の圧力依存性を考える。ギブズエネルギーの微分形は，表 24.2 に示したように，

$$dG = VdP - SdT \tag{29.5}$$

で表される[†1]。図 29.2 の純粋な溶媒も希薄溶液も，温度が一定の条件だから，$dT = 0$ である。つまり，右辺の第 2 項を省略できる。また，1 mol あたりの体積（モル体積）を V_m と定義すれば，化学ポテンシャルは 1 mol あたりのギブズエネルギーのことだから，式 29.5 の G を μ で置き換えて，

━━━━━━━━━━━━━━━━━━━

[†1] 化学ポテンシャルの圧力に関係しない項（体積）を分離して扱うために，圧力に関する微分形を，もう一度，圧力で積分する（165 ページ脚注 2 参照）。

$$d\mu = V_m dP \tag{29.6}$$

となる。

式 29.6 の両辺を積分して，圧力が $P^*_{純液}$ から $P_{溶液}$（つまり，希薄溶液中の溶媒の圧力）になるときの溶媒の化学ポテンシャルの変化量 $\Delta\mu$（$= \mu^*_{溶媒} - \mu^*_{純液}$）を求めてみよう。普通，液体の体積は気体と異なり，圧力を変えてもほとんど変わらないので，V_m は定数であると近似すると，次のようになる。

$$\mu^*_{溶媒} - \mu^*_{純液} = \int_{P^*_{純液}}^{P_{溶液}} V_m dP = V_m(P_{溶液} - P^*_{純液}) = \Pi V_m \tag{29.7}$$

式 29.7 を式 29.4 に代入すると，

$$\ln x_{溶媒} = -\frac{\Pi V_m}{RT} \tag{29.8}$$

となる。式 28.14 で説明したように，左辺は溶質のモル分率 $x_{溶質}$ を使って，

$$\ln x_{溶媒} \approx -x_{溶質} \tag{29.9}$$

と近似できるから，結局，式 29.8 は次のようになる。

$$x_{溶質} = \frac{\Pi V_m}{RT} \tag{29.10}$$

希薄溶液の溶質の物質量 $n_{溶質}$ は溶媒の物質量 $n_{溶媒}$ に比べて無視できるほど小さいので，溶質のモル分率 $x_{溶質}$ を次のように近似する。

$$x_{溶質} = \frac{n_{溶質}}{n_{溶質} + n_{溶媒}} \approx \frac{n_{溶質}}{n_{溶媒}} \tag{29.11}$$

式 29.11 を式 29.10 に代入して整理すると，

$$\Pi V_m n_{溶媒} = n_{溶質} RT \tag{29.12}$$

が得られる。$V_m n_{溶媒}$ は希薄溶液全体の体積 V のことだから，

$$\Pi V = n_{溶質} RT \tag{29.13}$$

と書くことができる。これを浸透圧に関する**ファントホッフの式**という。浸透圧は溶質の物質量 $n_{溶質}$ で決まり，溶質の種類には依存しないことがわかる。また，$n_{溶質}/V$ は希薄溶液の**物質量濃度** c のことだから，浸透圧 Π は，

$$\Pi = cRT \tag{29.14}$$

と表される。

29.3 電解質溶液の浸透圧 ──────────────── ▢

　これまでは，アルコールやスクロース（ショ糖）のように，ほとんどイオンに解離（**電離**）しない非電解質を溶質として考えた。ここでは，**電解質**を溶かした**電解質溶液**を考える。電解質が溶液中でどのくらい電離するかという割合を**電離度**という。電離度 α（アルファ）の大きさによって，電解質は**強電解質**と**弱電解質**に分類される。溶媒が水の場合には，塩酸や水酸化ナトリウムのような強酸や強塩基は電離度 α が大きく，強電解質である。一方，酢酸などの弱酸は電離度 α が小さく，弱電解質である。ただし，酢酸を液体アンモニアに溶かすと，ほとんどが電離するので強電解質となる。同じ溶質でも，どのような溶媒に溶かすかによって，弱電解質になったり，強電解質になったりする。

　非電解質（$\alpha \approx 0$）の希薄溶液の浸透圧に関するファントホッフの式は，式29.14 で与えられている。強電解質（$\alpha \approx 1$）の希薄溶液の浸透圧はどのように考えたらよいだろうか。たとえば，少量の塩化ナトリウム NaCl を水に溶かした場合，ほとんどが次のように電離する。

$$\text{NaCl} \longrightarrow \text{Na}^+ + \text{Cl}^- \tag{29.15}$$

電離度 α が 1 であると近似すれば，1 mol の NaCl は希薄溶液中では 1 mol の Na^+ と 1 mol の Cl^- に電離するから，合計で 2 mol のイオンが存在することになる。そうすると，浸透圧 Π は希薄溶液の物質量濃度 c に比例するから，ファントホッフの式 29.14 の右辺を 2 倍する必要がある。

$$\Pi = 2cRT \tag{29.16}$$

ここで，c は溶質が希薄溶液中で電離していないときの物質量濃度である。つまり，溶かす前の溶質の物質量を溶媒の体積で割り算した値と考えればよい。

　NaCl の場合には物質量濃度が 2 倍になるが，何倍になるかは溶質の種類に依存する。一般的に，$\text{A}_{\nu_A}\text{B}_{\nu_B}$ という化学式で表される強電解質ならば，希薄溶液中では陽イオン A^{z_A+} と陰イオン B^{z_B-} に電離して，

$$\text{A}_{\nu_A}\text{B}_{\nu_B} \longrightarrow \nu_A \text{A}^{z_A+} + \nu_B \text{B}^{z_B-} \tag{29.17}$$

となる。z_A と z_B は陽イオンと陰イオンの価数を表す[2]。一般的には，希薄溶

■ Ⅶ ■
物質の相平衡

---

[2] たとえば，塩化バリウムの電離（$\text{BaCl}_2 \to \text{Ba}^{2+} + 2\text{Cl}^-$）ならば，$z_A = 2$，$z_B = 1$ である。また，$\nu_A = 1$，$\nu_B = 2$ である。

液中でのイオンの物質量濃度は $\nu_A + \nu_B$ 倍となる。そうすると，**ファントホッフ係数** i を，

$$i = \nu_A + \nu_B \tag{29.18}$$

と定義すれば，浸透圧に関するファントホッフの式は，

$$\Pi = icRT \tag{29.19}$$

と表される。

　もしも，強電解質ではなく，弱電解質ならばどうなるだろうか。その場合には，ファントホッフ係数 i は電離度 α に依存する。希薄溶液中には，電離した陽イオンが $\alpha\nu_A$ の割合で，陰イオンが $\alpha\nu_B$ の割合で溶けている。また，電離せずに，そのまま溶けている溶質の割合は $1-\alpha$ である。結局，希薄溶液中の溶質の物質量の割合を合計すると，ファントホッフ係数 i は，

$$i = (1-\alpha) + \alpha\nu_A + \alpha\nu_B = 1 + (\nu_A + \nu_B - 1)\alpha \tag{29.20}$$

となる。実験で浸透圧 Π を測定できれば，希薄溶液の電離度 α を求めることができる。

　電離度は希薄溶液の**電気伝導率**などから求めることもできる。電気伝導率は電圧をかけたときに電流の流れやすさを表す物理量である（**図 29.3**）。つまり，抵抗値 R の逆数を表す。電気伝導率を κ（カッパ）で表せば，

$$\frac{1}{R} = \frac{I}{V} = \frac{S}{l}\kappa \tag{29.21}$$

となるから，電圧 V，電流 I，希薄溶液の長さ l，面積 S から κ を求めることができる。電離度 α が大きければ電気伝導率 κ も大きい（参考図書 10）。

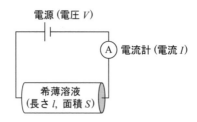

図 **29.3**　電気伝導率の測定

<table>
<tr><td>30</td><td>系のエネルギーは化学反応で変わる</td></tr>
</table>

30　系のエネルギーは化学反応で変わる

　これまでは，純物質あるいは混合物の状態変化を考えてきた。その際に，系を構成する物質は化学変化しないと仮定した。この章からは，系を構成する物質の種類が変化する**化学反応**を系の状態変化としてとらえ，化学反応に伴う系のエネルギーの変化量を考える。系が化学反応によって熱エネルギーを放出して，系のエネルギーが減れば**発熱反応**であり，系が熱エネルギーを吸収して，系のエネルギーが増えれば**吸熱反応**である。化学反応に伴う熱エネルギーを**反応熱**ということもある。§22.2 で説明したように，外界の立場で反応熱のみを考える学問が**熱化学**である。一方，系の立場で熱エネルギーだけでなく，仕事エネルギーや束縛エネルギーも含めて，系のエネルギーを考える学問が**化学熱力学**である。この章では，化学反応に伴う系のエンタルピーやギブズエネルギーの変化量を考える。

30.1　化学反応に伴う系のエネルギーの変化

　たとえば，最も簡単な化学反応 A → B を考えてみよう。化学反応が起こるときに，系の温度が変わる可能性もあるが，反応物 A と生成物 B の温度は一定（等温過程）であると考えることにする。そうすると，系のエネルギーは状態量なので，途中の状態の温度などに関係なく，反応物と生成物のエネルギーを比較すれば，化学反応に伴う系のエネルギーの変化量を議論できる。

　もしも，密閉容器の中で化学反応 A → B が起こるならば，系が外界とやり取りするエネルギーは，生成物 B と反応物 A の内部エネルギーの差 $\Delta_r U$ ($= U_B - U_A$) となる。Δ_r は反応（reaction）に伴う変化量であることを表す。密閉容器の中での化学反応は体積が変わらない定容過程であり，$\Delta_r U$ は系が外界とやり取りした熱エネルギー Q_V に等しい（式 21.1 参照）。

$$\Delta_r U = Q_V \tag{30.1}$$

　それでは，圧力が一定の条件で，化学反応 A → B が起こるならば，系のエネルギーの変化量はどうなるだろうか。この場合には，化学反応は定圧過程だから，系のエネルギーとしては，系が外界とやり取りする熱エネルギーだけで

なく，仕事エネルギーも考慮したエネルギー，つまり，エンタルピーを考える必要がある。§22.2 で説明したように，エンタルピーの変化量 $\Delta_r H$ は，系が外界とやり取りした熱エネルギー Q_P に等しい（式 22.12）。

$$\Delta_r H = Q_P \tag{30.2}$$

次に，A → 2B の化学反応を考えてみよう。この場合には，生成物 B の物質量が反応物 A の物質量の 2 倍となる。つまり，化学反応が起こると，系の物質量が変化し，系のエントロピーが変化することになる。エントロピーが物質量に依存することについては 23 章で詳しく説明した。もしも，化学反応 A → 2B が密閉容器の中で起こるならば，エントロピーの関係する束縛エネルギーも考慮して，ヘルムホルツエネルギーの変化量 $\Delta_r A$ を考える必要がある。

$$\Delta_r A = Q_V - T\Delta_r S \tag{30.3}$$

あるいは，圧力が一定の条件で A → 2B の反応が起こるのならば，仕事エネルギーも束縛エネルギーも考慮したギブズエネルギーの変化量 $\Delta_r G$ を考える必要がある。

$$\Delta_r G = Q_P - T\Delta_r S \tag{30.4}$$

熱化学では反応熱（Q_V あるいは Q_P）に着目するが，化学熱力学では，熱エネルギーだけではなく，仕事エネルギーや束縛エネルギーも考慮するので，化学反応の種類や反応条件によって，着目する系のエネルギー（U, H, A あるいは G）も異なる（130 ページ図 22.1 参照）。

30.2　標準モル生成エンタルピー ▬▬▬▬▬▬▬▬▬▬ ▫

もう一度，圧力が一定の条件で起こる化学反応 A → B を考える。もしも，反応物 A と生成物 B のエンタルピーがわかれば，化学反応に伴うエンタルピーの変化量 $\Delta_r H$ $(= H_B - H_A)$ がわかる。これを**反応エンタルピー**という。そうすると，$\Delta_r H$ は Q_P に等しいから（式 30.2 参照），$\Delta_r H$ を調べれば，**発熱反応**（$\Delta_r H < 0$）なのか，**吸熱反応**（$\Delta_r H > 0$）なのかがわかる（122 ページ脚注 1 参照）。しかし，エンタルピーの絶対値を決めることはできない（§25.2 参照）。そこで，反応物および生成物に共通の基準を選んで，その相対値を使って反応エンタルピー $\Delta_r H$ を求めることにする。

標準圧力（1 atm），室温（298.15 K）で，最も安定な状態の**純物質**（1種類の元素からなる物質）を**基準物質**といい，そのエンタルピーを基準の 0 とする。たとえば，Ar，N_2 や O_2 などのエンタルピーは 0 である。また，炭素 C にはグラファイトとダイヤモンドの同素体があるが，標準圧力，室温で安定なグラファイトが基準物質であり，そのエンタルピーが 0 である。基準物質以外の物質のエンタルピーは，標準圧力，室温で，1 mol の物質を基準物質から生成するときの**標準モル反応エンタルピー** $\Delta_r H^\ominus$ に等しいと定義する[†1]。これを**標準モル生成エンタルピー**といい，記号では $\Delta_f H^\ominus$ と表す。Δ_f は生成物と基準物質との差を表し，添え字の f は生成（formation）の頭文字である。

たとえば，標準圧力で，基準物質のグラファイト C と酸素 O_2 から 1 mol の一酸化炭素 CO が生成する化学反応式は，

$$C + \frac{1}{2}O_2 \longrightarrow CO \qquad \Delta_r H^\ominus = -110.5 \, \text{kJ mol}^{-1} \qquad (30.5)$$

と表される。左辺のどちらの反応物も基準物質であり，右辺の生成物が 1 mol の CO だから，CO の標準モル生成エンタルピー $\Delta_f H^\ominus$ は式 30.5 の $\Delta_r H^\ominus$ に等しく，$-110.5 \, \text{kJ mol}^{-1}$ である[†2]。同様に，基準物質のグラファイト C と O_2 から 1 mol の二酸化炭素 CO_2 が生成する化学反応式は，

$$C + O_2 \longrightarrow CO_2 \qquad \Delta_r H^\ominus = -393.5 \, \text{kJ mol}^{-1} \qquad (30.6)$$

と表される。CO_2 の標準モル生成エンタルピー $\Delta_f H^\ominus$ は $-393.5 \, \text{kJ mol}^{-1}$ である。

代表的な物質の $\Delta_f H^\ominus$ を次ページの**表 30.1** に示す。CO や CO_2 などの $\Delta_f H^\ominus$ は負の値である。基準物質から生成する化学反応で，系のエンタルピーが減ることを表すから，外界に熱エネルギーが放出される発熱反応である。一方，NO や NO_2 などの $\Delta_f H^\ominus$ は正の値であり，基準物質から生成する化学反応で，系のエンタルピーが増えるから吸熱反応である。

[†1] $\Delta_r H^\ominus$ や $\Delta_f H^\ominus$ は温度に依存するので $\Delta_r H^\ominus_{298.15}$ や $\Delta_f H^\ominus_{298.15}$ と書く必要があるが，煩雑なので，この教科書では温度の添え字を省略する。

[†2] 化学反応式 30.5 を $2C + O_2 \rightarrow 2CO$ とすれば，反応エンタルピーは $(2 \, \text{mol}) \times (-110.5 \, \text{kJ mol}^{-1}) = -221.0 \, \text{kJ}$ となる。モル反応エンタルピーと単位が異なり，反応エンタルピーは物質量に依存する。

表 30.1　代表的な物質の標準モル生成エンタルピー (1 atm, 298.15 K)[a)]

物質	状態	$\Delta_f H^{\ominus}/(\text{kJ mol}^{-1})$	物質	状態	$\Delta_f H^{\ominus}/(\text{kJ mol}^{-1})$
He	気体	0	CO	気体	-110.5
Ne	気体	0	CO_2	気体	-393.5
Ar	気体	0	NO	気体	90.4
H_2	気体	0	NO_2	気体	33.9
N_2	気体	0	CH_4	気体	-74.8
O_2	気体	0	NH_3	気体	-46.1
C	グラファイト	0	H_2O	水	-285.8
	ダイヤモンド	1.9		水蒸気	-241.8

a) 参考図書 11 から引用。

　表 30.1 の $\Delta_f H^{\ominus}$ を使うと，様々な化学反応の $\Delta_r H^{\ominus}$ を計算でき，実験をしなくても，$\Delta_r H^{\ominus}$ の符号によって発熱反応か吸熱反応かがわかる[†3]。たとえば，CO_2 が CO と O_2 から生成する化学反応を考えてみよう。数式のように式 30.6 から式 30.5 を引き算して，CO を矢印の左側に移動すれば，

$$CO + \frac{1}{2}O_2 \longrightarrow CO_2 \qquad \Delta_r H^{\ominus}/(\text{kJ mol}^{-1}) = -393.5 - (-110.5)$$

$$= -283.0 \qquad (30.7)$$

つまり，$-283.0 \text{ kJ mol}^{-1}$ となる[†4]。$\Delta_r H^{\ominus}$ が負の値なので発熱反応である。なお，化学反応式 30.7 の左辺の反応物には基準物質でない CO が含まれるので，この化学反応の $\Delta_r H^{\ominus}$ は CO_2 の $\Delta_f H^{\ominus}$ に等しくない。

30.3　標準モル生成ギブズエネルギー　　　　　　　　　　　　　　■

　前節で説明した化学反応 [C + (1/2)O_2 → CO] では，反応物と生成物の種類が変わるし，物質量も変わる。つまり，化学反応に伴う系のエネルギーの変化量としては，エンタルピーではなく，ギブズエネルギーを考える必要がある。そのためには，まず，**反応エントロピー**を求める必要がある。

[†3] 熱化学では，熱化学方程式を使って，反応熱に関するヘスの法則を利用する。化学熱力学では，定容過程では内部エネルギーを，定圧過程ではエンタルピーを使って説明する。
[†4] 左辺を単位で割り算すると，右辺は数値の計算になる。

熱力学第三法則によって, すべての物質のエントロピーは絶対零度で 0 という基準がある (§ 25.3 参照)。したがって, 内部エネルギーやエンタルピーと異なり, エントロピーの絶対値を決めることができる。標準圧力で 1 mol あたりのエントロピーを**標準モルエントロピー**という。代表的な物質の室温 (298.15 K) での標準モルエントロピー $S^{\ominus}$ を**表 30.2** に示す。基準物質との差ではなく, それぞれの物質のエントロピーだから, 差を表す記号の Δ は付けない。また, 絶対零度に比べて室温では乱雑さが増すので, すべての物質の $S^{\ominus}$ の符号は正になる。純物質の $S^{\ominus}$ も室温では 0 ではない。

表 30.2 代表的な物質の標準モルエントロピー (1 atm, 298.15 K)[a]

物質	状態	$S^{\ominus}/(\mathrm{kJ\,K^{-1}\,mol^{-1}})$	物質	状態	$S^{\ominus}/(\mathrm{kJ\,K^{-1}\,mol^{-1}})$
He	気体	0.126	CO	気体	0.198
Ne	気体	0.146	CO_2	気体	0.214
Ar	気体	0.155	NO	気体	0.211
H_2	気体	0.131	NO_2	気体	0.240
N_2	気体	0.192	CH_4	気体	0.186
O_2	気体	0.205	NH_3	気体	0.193
C	グラファイト	0.0057	H_2O	水	0.070
	ダイヤモンド	0.0024		水蒸気	0.189

a) 参考図書 11 から引用。単位は $\mathrm{J\,K^{-1}\,mol^{-1}}$ ではなく $\mathrm{kJ\,K^{-1}\,mol^{-1}}$ とした。

標準モル反応エントロピー $\Delta_r S^{\ominus}$ は生成物と反応物の標準モルエントロピー $S^{\ominus}$ の差を表す。たとえば, 化学反応 [C + (1/2)O_2 → CO] では, 生成物の CO の $S^{\ominus}$ から, 反応物の C と (1/2)O_2 の $S^{\ominus}$ の合計を引き算して,

$$\Delta_r S^{\ominus}/(\mathrm{kJ\,K^{-1}\,mol^{-1}}) = 0.198 - \left(0.0057 + \frac{1}{2} \times 0.205\right) \approx 0.090 \quad (30.8)$$

となる。同様に, 化学反応 (C + O_2 ⟶ CO_2) では,

$$\Delta_r S^{\ominus}/(\mathrm{kJ\,K^{-1}\,mol^{-1}}) = 0.214 - (0.0057 + 0.205) \approx 0.003 \quad (30.9)$$

と計算できる。そうすると, 式 30.7 の化学反応 [CO + (1/2)O_2 → CO_2] の $\Delta_r S^{\ominus}$ は, $\Delta_r H^{\ominus}$ を求めたときと同様に, 式 30.9 から式 30.8 を引き算して,

$$\Delta_r S^{\ominus}/(\mathrm{kJ\,K^{-1}\,mol^{-1}}) = 0.003 - 0.090 = -0.087 \quad (30.10)$$

VIII 物質の化学平衡

つまり，$-0.087\,\mathrm{kJ\,K^{-1}\,mol^{-1}}$ となる。

　標準圧力で，反応物と生成物の温度が同じならば，化学反応は等温定圧過程
である。この場合には表 24.2 で示したように，

$$\Delta_{\mathrm{r}}G^{\ominus} = \Delta_{\mathrm{r}}H^{\ominus} - T\Delta_{\mathrm{r}}S^{\ominus} \tag{30.11}$$

の関係式が成り立つ[†5]。式 30.11 に式 30.6 の $\Delta_{\mathrm{r}}H^{\ominus} = -393.5\,\mathrm{kJ\,mol^{-1}}$，式
30.9 の $\Delta_{\mathrm{r}}S^{\ominus} = 0.003\,\mathrm{kJ\,K^{-1}}$ を代入すれば，室温（$T = 298.15\,\mathrm{K}$）での標準
モル反応ギブズエネルギー $\Delta_{\mathrm{r}}G^{\ominus}$ を，

$$\Delta_{\mathrm{r}}G^{\ominus} = (-393.5\,\mathrm{kJ\,mol^{-1}}) - (298.15\,\mathrm{K}) \times (0.003\,\mathrm{kJ\,K^{-1}\,mol^{-1}})$$

$$\approx -394.4\,\mathrm{kJ\,mol^{-1}} \tag{30.12}$$

と計算できる。第 2 項の $\Delta_{\mathrm{r}}S^{\ominus}$ の寄与は第 1 項に比べて小さいので，
$\Delta_{\mathrm{r}}G^{\ominus} \approx \Delta_{\mathrm{r}}H^{\ominus}$ である。しかし，温度 T が高くなると，第 2 項の影響が大きく
なり，$\Delta_{\mathrm{r}}G^{\ominus}$ と $\Delta_{\mathrm{r}}H^{\ominus}$ の差（束縛エネルギー）を無視できなくなる。代表的な
物質の標準モル生成ギブズエネルギー $\Delta_{\mathrm{f}}G^{\ominus}$ を**表 30.3** に示す。基準物質の
$\Delta_{\mathrm{f}}G^{\ominus}$ を基準の 0 とした。

表 30.3　代表的な物質の標準モル生成ギブズエネルギー（1 atm, 298.15 K）[a]

物質	状態	$\Delta_{\mathrm{f}}G^{\ominus}/(\mathrm{kJ\,mol^{-1}})$	物質	状態	$\Delta_{\mathrm{f}}G^{\ominus}/(\mathrm{kJ\,mol^{-1}})$
He	気体	0	CO	気体	-137.2
Ne	気体	0	CO_2	気体	-394.4
Ar	気体	0	NO	気体	86.55
H_2	気体	0	NO_2	気体	51.3
N_2	気体	0	CH_4	気体	-50.8
O_2	気体	0	NH_3	気体	-16.4
C	グラファイト	0	H_2O	水	-237.2
	ダイヤモンド	2.9		水蒸気	-228.6

a) 参考図書 11 から引用。

[†5] §26.1 の相平衡では等温定圧過程なので $\Delta G = 0$ と置いたが，化学反応では物質の種類が変
わるので，等温定圧過程であっても ΔG は 0 ではない。

31 化学反応の速さは温度に依存する

この章では，最も簡単な化学反応の例として，イソシアン化水素（HNC）がシアン化水素（HCN）になる異性化を詳しく調べる。反応物 HNC と生成物 HCN の内部エネルギーの差は，**化学結合のエネルギー**の差を反映し，内部エネルギーの差に等しいエネルギーが熱エネルギーとして放出される。化学反応の途中で H 原子が解離した状態を考え，これを**遷移状態**とよぶ。遷移状態のエネルギーは反応物や生成物のエネルギーよりも高く，それらとの差を**活性化エネルギー**という。また，化学反応の速度の大きさが反応物の濃度に比例すると考えるときに，その比例定数を**反応速度定数**という。反応速度定数は温度と活性化エネルギーを変数とする指数関数（**アレニウスの式**）で表される。温度が高くなれば反応は速くなり，活性化エネルギーが高くなれば反応は遅くなる。また，**触媒**を使うと，遷移状態の分子と触媒との相互作用によって活性化エネルギーが低くなり，反応は速くなる。

31.1　反応物と生成物の結合エネルギー

前章では，最も簡単な化学反応として $A \to B$ を考えた。しかし，普通の化学反応では，複数の分子が反応したり，複数の分子に解離したりするので，化学反応 $A \to B$ の例は，それほど多くはない。ここでは，イソシアン化水素[†1]（$H-N \equiv C$）の $H-N$ 結合が切れて，解離した H 原子が C 原子に結合して，シアン化水素（$H-C \equiv N$）になる反応を考えることにする。反応物と生成物を構成する原子の種類は変わらずに，化学結合が変わる反応を**異性化**とよぶ。この反応ならば，最も簡単な化学反応 $A \to B$ の例として，次のように書ける。

$$H-N \equiv C \quad \longrightarrow \quad H-C \equiv N \tag{31.1}$$

ただし，すでに説明したように，反応の途中の状態も丁寧に書けば，

$$H-N \equiv C \quad \longrightarrow \quad H + N \equiv C \quad \longrightarrow \quad H-C \equiv N \tag{31.2}$$

である。解離した H 原子が C 原子に移動した（並進運動）と考えてもよいし，$N \equiv C$ が回転してから（回転運動），$H-C$ 結合ができたと考えてもよい。いず

[†1] 宇宙空間で存在する分子。英語で hydrogen isocyanide という。

れにしても，化学反応式の真ん中の H＋N≡C のエネルギーは，反応物の
H−N≡C や生成物の H−C≡N のエネルギーに比べて高い。反応物と生成物
の途中のエネルギーの高い状態を**遷移状態**とよぶ。

　化学反応（H−N≡C → H−C≡N）が進むにつれて，系のエネルギーがど
のように変化するかをもう少し丁寧に調べてみよう。§13.3 で，水素分子イ
オン（H_2^+）が解離して H^+ と H 原子になる場合に，結合性軌道のエネルギー
が核間距離とともに変化する様子を図 13.4 に示した。H−N≡C から H 原子
が解離する場合のエネルギーの変化も同様に考えればよい［**図 31.1 (a)**］。た
だし，横軸は H 原子と N≡C の距離を変数とし，核間距離が無限大の状態（H
＋N≡C）でのエネルギーを基準の 0 とした。平衡核間距離 R_e の状態の
H−N≡C が最もエネルギーの低い状態であり，そのエネルギーは化学結合
H−N の解離に必要なエネルギー（**解離エネルギー**）を表す。解離エネルギー
の大きさは**結合エネルギー**の大きさに等しい。

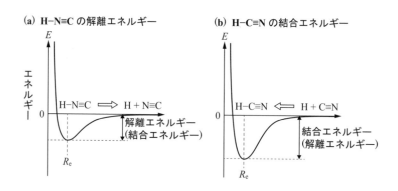

図 31.1　エネルギーの核間距離依存性

　一方，H 原子と C≡N が無限大の距離から近づいて，H−C≡N が生成する
場合も同様に考えられる［**図 31.1 (b)**］。ただし，横軸は H 原子と C≡N の
距離を変数とした。H 原子と C≡N の核間距離が短くなる（グラフを左に進
む）につれて，エネルギーは次第に低く安定になり，最もエネルギーの低い状
態が H−C≡N の平衡核間距離 R_e の状態である。このときのエネルギーが
H−C の結合エネルギーとなる。

31.2 遷移状態と活性化エネルギー

　図 31.1 (a) の H−N≡C の核間距離が無限大の状態の H + N≡C は，図 31.1 (b) の H−C≡N の核間距離が無限大の状態の H + C≡N と同じである。そこで，図 31.1 (a) と図 31.1 (b) を一緒に描くと，**図 31.2** のようになる。縦軸にエネルギーをとった。横軸は核間距離ではなく，化学反応（反応物，遷移状態，生成物の状態）を表すので，**反応座標**という。横軸に矢印を付けなかった理由は，次章で説明するが，化学反応が右に進むことも左に進むこともあるからである。図 31.2 では，左側に反応物 H−N≡C のエネルギーを描き，真ん中に遷移状態（H + N≡C）のエネルギーを描き，右側に生成物の H−C≡N のエネルギーを描いた。生成物の H−C≡N のエネルギーは反応物の H−N≡C よりも約 47 kJ mol^{-1} 安定なので[†2]（参考図書11），低い位置に描いた。また，遷移状態（H + N≡C）は，反応物の H−N≡C あるいは生成物の H−C≡N の結合を切る必要があるので，高い位置に描いた。反応物および生成物のエネルギーと，遷移状態のエネルギーとの差を**活性化エネルギー**といい，E_a と書く。E は <u>e</u>nergy，添え字の a は <u>a</u>ctivation を表す。H−N≡C と H−C≡N のエネルギーは異なるので，それぞれの活性化エネルギーも異なる。エネルギーの低い安定な H−C≡N のほうが活性化エネルギーは高くなる。

　もしも，化学反応（H−N≡C → H−C≡N）が密閉容器の中（定容過程）で起こるならば，反応物と生成物の結合エネルギーの差が内部エネルギーの変

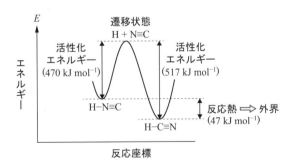

図 31.2 活性化エネルギー，遷移状態と反応熱

[†2] 分子 1 個あたりのエネルギーで考えるならば，アボガドロ定数 N_A で割り算すればよい。$(47\,\text{kJ mol}^{-1})/(6.022 \times 10^{23}\,\text{mol}^{-1}) \approx 8 \times 10^{-23}\,\text{kJ} = 8 \times 10^{-20}\,\text{J}$ となる。

化量に等しいと考えればよい。また，この反応では1個の反応物が1個の生成
物になるので，圧力も変わらない。つまり，定容過程でもあり，定圧過程でも
あるので，内部エネルギーはエンタルピーに等しい。化学反応が起こると，反
応物と生成物の内部エネルギー（あるいはエンタルピー）の差に等しいエネル
ギーが**反応熱**（熱エネルギーの符号を逆にした値）として放出される。なお，
§30.3で説明したように，反応物と生成物は物質の種類が異なるので，エン
トロピーの変化量も考慮する必要がある。しかし，室温では，その影響はほと
んど無視できるので，ヘルムホルツエネルギーやギブズエネルギーは内部エネ
ルギーやエンタルピーで近似できる。密閉容器の中での化学反応（$H-N\equiv C$
$\rightarrow H-C\equiv N$）の反応熱の大きさは，系のどのエネルギー（U, H, A, G）の
変化量ともだいたい一致する。

　$H-N\equiv C$ が $H-C\equiv N$ に異性化するためには，一度，エネルギーを使って
結合を切り，H原子と $N\equiv C$ に解離する必要がある。図31.2で説明すると，
$H-N\equiv C$ がエネルギーを使って遷移状態の山を乗り越えて，$H-C\equiv N$ に下る
必要がある。そのためのエネルギーは並進エネルギーである。速度分布関数で
説明したように，熱平衡状態で分子の並進エネルギーは様々である（19章参
照）。その中には，**活性化エネルギー**よりも高い並進エネルギーを持つ分子も
ある。並進エネルギーが分子内エネルギー，とくに，H-N結合の振動運動の
エネルギーに変換されて激しく振動すると，H原子が解離する（18章参照）。

　活性化エネルギー E_a（単位はジュール J，前ページ脚注2参照）よりも高
いエネルギーをもつ分子の確率は，§19.1の**ボルツマン分布則**で調べればわ
かる。式19.1を利用して，積分範囲を 活性化エネルギー $E_a \sim \infty$ とすれば，

$$\frac{1}{k_B T}\int_{E_a}^{\infty}\exp\left(-\frac{E}{k_B T}\right)dE = \exp\left(-\frac{E_a}{k_B T}\right) \tag{31.3}$$

と計算できる（参考図書9）。係数の $1/k_B T$ は規格化定数[3]である。化学反応
の温度が高くなれば，並進エネルギーの高い分子の割合が増え（19章参照），

---

[3] 相対的な分子数の総数は $\int_{0}^{\infty}\exp\left(-\frac{E}{k_B T}\right)dE = -k_B T\left[\exp\left(-\frac{E}{k_B T}\right)\right]_{0}^{\infty} = -k_B T(0-1) = k_B T$
　と計算できる。$k_B T$ で割り算すると確率になる（§19.2参照）。

図 31.2 の反応（H−N≡C → H−C≡N）は進みやすくなる。

31.3 化学反応に伴う濃度の時間変化 ────────────────□

　化学反応がどのくらいの速さで進むかを考えてみよう。つまり，化学反応が進むにつれて，反応物の濃度が時間とともにどのように減少するかを考える。A → B の反応を考えると，反応物 A がたくさんあれば，容器のいたるところで反応が起こり，急速に反応物 A の濃度［A］が減少すると予想される。一方，反応が進んで反応物 A の濃度［A］が少なくなると，反応する A の濃度の減少も緩やかになると予想される。そこで，反応物の濃度の減少速度は［A］に比例すると仮定すれば[†4]，次のように書ける。

$$\frac{\mathrm{d}[A]}{\mathrm{d}t} = -k[A] \tag{31.4}$$

比例定数の k を**反応速度定数**といい，正の値である（ボルツマン定数とは無関係）。右辺に負の符号を付けた理由は，濃度の減少を表すためである。式31.4 を**反応速度式**という。一方，生成物の濃度［B］の増加速度の大きさは，反応物の濃度［A］の減少速度の大きさに等しいから，

$$\frac{\mathrm{d}[B]}{\mathrm{d}t} = k[A] \tag{31.5}$$

となる。濃度の増加を表すので，右辺に負の符号を付けない。

　式31.4 は［A］を変数とする微分方程式である。方程式の解は，

$$[A] = [A]_0 \exp(-kt) \tag{31.6}$$

となる。ここで，$[A]_0$ は反応初期（$t=0$）の反応物の濃度である。また，A → B の反応では 1 個の分子から 1 個の分子ができるので，反応が進んでも常に反応物と生成物の濃度の合計は一定である。

$$[A] + [B] = [A]_0 \tag{31.7}$$

ただし，反応初期（$t=0$）の生成物の濃度 $[B]_0$ が 0 であると仮定した。式31.7 に式31.6 を代入すれば，生成物の濃度［B］の時間変化を次のように求

─────────────────

[†4] 一般に，化学反応は複雑で，実際に濃度に比例するかどうかは実験しないとわからない。A → 2B など，様々な反応速度式については参考図書9 に詳しく説明してある。

めることができる。

$$[B] = [A]_0 - [A] = \{1 - \exp(-kt)\}[A]_0 \qquad (31.8)$$

式 31.8 に $t = 0$ を代入すれば，$[B]_0 = 0$ となることを確認できる。反応物 A と生成物 B の濃度の時間変化を図 31.3 に示す。

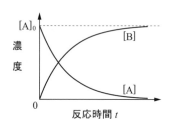

図 31.3　反応物 A と生成物 B の濃度の時間変化

　すでに説明したように，活性化エネルギー E_a が低くなれば，化学反応は進みやすくなる。また，温度が高くなれば，E_a よりも高いエネルギーの状態の反応物が増えて，反応は進みやすくなる。そこで，アレニウス（S. Arrhenius）は反応速度定数 k を次の式（**アレニウスの式**という）で表した。

$$k = A\exp\left(-\frac{E_a}{RT}\right) \qquad (31.9)$$

定数 A は**頻度因子**とよばれ，化学反応の種類に依存する定数である。E_a が無限大では $k = 0$ となり，化学反応が進まないことを意味する。また，絶対零度（$T = 0\,\mathrm{K}$）では $k = 0$ となり，化学反応が進まない。逆に，温度 T が無限大では $k = A$ となって，反応速度定数の最大値を表す。

　化学反応を速くするために，触媒を使うことがある（**触媒反応**という）。遷移状態にある分子が触媒と相互作用（ファンデルワールス結合など）すると，安定化して，活性化エネルギーが低くなる。活性化エネルギー E_a が低くなると，式 31.9 からわかるように，反応速度定数 k は大きくなる。つまり，反応が速く進む。ただし，反応熱（熱エネルギーの符号を逆にした値）は，反応物と生成物のエネルギー差によって決まるので，触媒を加えても変わらない。

化学平衡を化学ポテンシャルで考える

　これまでは，化学反応が起こると，すべての反応物が生成物になると仮定して説明した。つまり，化学反応 A → B では，すべての反応物 A が最終的に生成物 B になると考えた。しかし，実際の化学反応では，生成物 B が反応物 A に戻る化学反応 B → A も起こる。このような反応を**可逆反応**といい，A ⇄ B と書く。また，化学反応 A → B を**正反応**といい，化学反応 B → A を**逆反応**という。可逆反応が起こると，最終的には A と B の混合物の平衡状態になる。これを**化学平衡**という。化学平衡では反応が起こっていないわけではない。一部の A は正反応によって B になり，一部の B は逆反応によって A になっているが，巨視的には A の物質量と B の物質量が変わらなくなった平衡状態である。この章では**化学ポテンシャル**を使って，化学平衡と**平衡定数**を説明する。また，反応温度を変えると，**ルシャトリエの原理**に従って，平衡が移動することを説明する。

32.1　濃度平衡定数と圧平衡定数

　一般の化学反応は，反応物が生成物になる**正反応**だけではなく，生成物が反応物に戻る**逆反応**も起こる。これを**可逆反応**という。まずは，最も簡単な可逆反応 A ⇄ B を考えることにする。前章と同様に，反応物の濃度は反応が進むにつれて反応物 A の濃度 $[A]$ に比例して減少し，逆反応によって生成物 B の濃度 $[B]$ に比例して増加すると考えることにする。正反応と逆反応の反応速度定数をそれぞれ k_+ と k_- とすると，反応物 A の濃度の時間変化 $d[A]/dt$ は，

$$\frac{d[A]}{dt} = -k_+[A] + k_-[B] \tag{32.1}$$

となる。可逆反応では，逆反応を表す右辺の第 2 項のために，反応時間が無限になっても，反応物 A のすべてがなくなるということはない。同様に，生成物 B の濃度の時間変化 $d[B]/dt$ は次のようになる。

$$\frac{d[B]}{dt} = -k_-[B] + k_+[A] \tag{32.2}$$

反応時間が無限大で，反応物 A と生成物 B は共存する。これを**化学平衡**と

いう。化学平衡では，個々の分子は刻一刻と A になったり B になったりしているが，A の濃度の時間変化も B の濃度の時間変化も起こらなくなった平衡状態のことである。そうすると，式 32.1（式 32.2 でも同じ）の左辺が 0 となるから，化学平衡では，

$$k_+[A] = k_-[B] \tag{32.3}$$

が成り立つ。ここで，正反応の速度定数 k_+ と逆反応の速度定数 k_- の比を**濃度平衡定数**といい，記号を K_c で表す。添え字の c は濃度（concentration）の頭文字である。可逆反応 A $\rightleftarrows$ B の濃度平衡定数 K_c は，次のようになる[†1]。

$$K_c = \frac{k_+}{k_-} = \frac{[B]}{[A]} \tag{32.4}$$

これを**化学平衡の法則**（あるいは**質量作用の法則**）という。

　容器の体積を V，化学平衡での A と B の物質量をそれぞれ n_A と n_B とすると，それぞれの物質量濃度 [A] と [B] は，

$$[A] = \frac{n_A}{V} \quad \text{および} \quad [B] = \frac{n_B}{V} \tag{32.5}$$

と表される。そうすると，濃度平衡定数 K_c は，

$$K_c = \frac{[B]}{[A]} = \frac{n_B/V}{n_A/V} = \frac{n_B}{n_A} \tag{32.6}$$

となり，物質量の比になる。また，物質が気体の場合には，物質量濃度の代わりに反応物と生成物の分圧 p を使った**圧平衡定数** K_p で定義することもある。

$$K_p = \frac{p_B}{p_A} \tag{32.7}$$

K の添え字の p は圧力（pressure）の頭文字である。それぞれの気体の分圧は，理想気体の状態方程式が成り立つとすると，次の関係式がある。

$$p_A V = n_A RT \quad \text{および} \quad p_B V = n_B RT \tag{32.8}$$

したがって，式 32.7 は次のように表される。

$$K_p = \frac{n_B RT/V}{n_A RT/V} = \frac{n_B}{n_A} \tag{32.9}$$

可逆反応 A $\rightleftarrows$ B では，式 32.6 の K_c と式 32.9 の K_p は同じになる。しかし，

[†1] 触媒を加えると，k_+ も k_- も極端に大きくなる。しかし，k_+ と k_- の比は変わらないので，平衡定数も変わらない（§ 31.3 と参考図書 9）。

生成物の物質量が反応物と異なる可逆反応 $A \rightleftarrows 2B$ では同じにならない。その理由を以下に説明する。

正反応の反応速度 $d[A]/dt$ の大きさは物質量濃度 $[A]$ に比例すると考えると，式 32.1 と変わらない。一方，逆反応は 2 個の B が反応するから，その反応速度の大きさは物質量濃度 $[B]$ の 2 乗に比例すると考えると，

$$\frac{d[A]}{dt} = -k_+[A] + k_-[B]^2 \tag{32.10}$$

と表すことができる（以降は生成物 B の濃度の時間変化で考えても同じ）。そうすると，化学平衡では左辺が 0 だから，濃度平衡定数 K_c は，

$$K_c = \frac{k_+}{k_-} = \frac{[B]^2}{[A]} = \frac{(n_B/V)^2}{n_A/V} = \frac{n_B{}^2}{n_A} \times \frac{1}{V} \tag{32.11}$$

となる。一方，圧平衡定数 K_p は次のようになる。

$$K_p = \frac{p_B{}^2}{p_A} = \frac{(n_B RT/V)^2}{n_A RT/V} = \frac{n_B{}^2}{n_A} \times \frac{RT}{V} \tag{32.12}$$

つまり，可逆反応 $A \rightleftarrows 2B$ では，K_c と K_p は等しくなく，次の関係式がある。

$$K_p = RTK_c \tag{32.13}$$

また，一般的な可逆反応 $(aA + bB + cC + \cdots \rightleftarrows pP + qQ + rR + \cdots)$ では，

$$K_p = (RT)^{\Delta\nu}K_c \tag{32.14}$$

の関係式がある。ここで，$\Delta\nu$ は生成物の**化学量論係数**の総和から反応物の化学量論係数の総和を引き算した値であり，

$$\Delta\nu = (p + q + r + \cdots) - (a + b + c + \cdots) \tag{32.15}$$

と定義される（参考図書 9）。

32.2　平衡定数と化学ポテンシャル

27 章で学んだ化学ポテンシャルを使って，最も簡単な可逆反応 $A \rightleftarrows B$ の化学平衡を理解してみよう。まず，化学平衡は混合物の平衡状態だから，A の化学ポテンシャル μ_A と B の化学ポテンシャル μ_B は等しい。

$$\mu_A = \mu_B \tag{32.16}$$

標準圧力 $P^{\ominus}$ での純物質の A と B の化学ポテンシャル（標準化学ポテンシャ

ル）をそれぞれ $\mu_A^{\ominus}$ と $\mu_B^{\ominus}$ とすると，式 32.16 は式 27.18 を使って，

$$\mu_A^{\ominus} + RT\ln\left(\frac{p_A}{P^{\ominus}}\right) = \mu_B^{\ominus} + RT\ln\left(\frac{p_B}{P^{\ominus}}\right) \tag{32.17}$$

となる。これを整理すると，

$$RT\ln\left(\frac{p_B}{p_A}\right) = -(\mu_B^{\ominus} - \mu_A^{\ominus}) \tag{32.18}$$

が得られる。p_B/p_A は圧平衡定数 K_p のことだから，RT を右辺に移動してから両辺の指数関数をとると

$$K_p = \frac{p_B}{p_A} = \exp\left(-\frac{\mu_B^{\ominus} - \mu_A^{\ominus}}{RT}\right) \tag{32.19}$$

となる。$\mu^{\ominus}$ は 1 mol の純物質の標準化学ポテンシャルだから，室温での化学平衡では，表 30.3 の標準モル生成ギブズエネルギー $\Delta_f G^{\ominus}$ のことである。そこで，$\mu_B^{\ominus} - \mu_A^{\ominus}$ を標準モル反応ギブズエネルギー $\Delta_r G^{\ominus}(= \Delta_f G_B^{\ominus} - \Delta_f G_A^{\ominus})$ で置き換えると[†2]，圧平衡定数 K_p は次のように書ける。

$$K_p = \exp\left(-\frac{\Delta_r G^{\ominus}}{RT}\right) \tag{32.20}$$

それでは，反応物と生成物の物質量が異なる可逆反応 $A \rightleftarrows 2B$ ではどうなるだろうか。化学ポテンシャルは示量性状態量だから，式 32.16 は，

$$\mu_A = 2\mu_B \tag{32.21}$$

となる。そうすると，式 32.17 は，

$$\mu_A^{\ominus} + RT\ln\left(\frac{p_A}{P^{\ominus}}\right) = 2\mu_B^{\ominus} + RT\ln\left(\frac{p_B}{P^{\ominus}}\right)^2 \tag{32.22}$$

となるから，式 32.19 の代わりに，

$$K_p^{\ominus} = \frac{(p_B/P^{\ominus})^2}{p_A/P^{\ominus}} = \exp\left(-\frac{2\mu_B^{\ominus} - \mu_A^{\ominus}}{RT}\right) \tag{32.23}$$

となる。ここで，$(p_B/P^{\ominus})^2/(p_A/P^{\ominus})$ を**標準圧平衡定数** $K_p^{\ominus}$ と定義した。$K_p^{\ominus}$ は分圧と標準圧力との比を使った平衡定数なので，単位は無次元である[†3]。

[†2] Δ_r は生成物と反応物の差を表し，括弧の中の Δ_f は生成物あるいは反応物と基準物質との差を表す。

[†3] この反応の $K_p^{\ominus}$ と K_p の関係は $K_p^{\ominus} = K_p/P^{\ominus}$ となる。$K_p^{\ominus}$ の単位は無次元であるが，分圧そのもので定義する圧平衡定数 $K_p(= p_B{}^2/p_A)$ の単位は圧力の単位に依存する。

$\Delta_r G^{\ominus}\,(= 2\mu_B^{\ominus} - \mu_A^{\ominus})$ を使えば,標準圧平衡定数 $K_p^{\ominus}$ は次のようになる。

$$K_p^{\ominus} = \exp\left(-\frac{\Delta_r G^{\ominus}}{RT}\right) \tag{32.24}$$

一般的な可逆反応も同様である。生成物の $\Delta_f G^{\ominus}$ の総和から反応物の $\Delta_f G^{\ominus}$ の総和を引き算して得られる $\Delta_r G^{\ominus}$ を用いればよい。

32.3 平衡定数の温度依存性

温度が変わると,標準圧平衡定数 $K_p^{\ominus}$ がどのように変わるかを調べてみよう。まずは,式 32.24 の両辺の自然対数をとると,

$$\ln K_p^{\ominus} = -\frac{\Delta_r G^{\ominus}}{RT} \tag{32.25}$$

となる。標準圧力で,室温での化学反応では,次の式が成り立つ(式 30.11 参照)。

$$\Delta_r G^{\ominus} = \Delta_r H^{\ominus} - T\Delta_r S^{\ominus} \tag{32.26}$$

熱力学温度 T_1 と T_2 での標準圧平衡定数を $(K_p^{\ominus})_{T_1}$ と $(K_p^{\ominus})_{T_2}$ とすると,式 32.26 を式 32.25 に代入して,

$$\ln (K_p^{\ominus})_{T_1} = -\frac{\Delta_r H^{\ominus} - T_1\Delta_r S^{\ominus}}{RT_1} = -\frac{\Delta_r H^{\ominus}}{RT_1} + \frac{\Delta_r S^{\ominus}}{R} \tag{32.27}$$

$$\ln (K_p^{\ominus})_{T_2} = -\frac{\Delta_r H^{\ominus} - T_2\Delta_r S^{\ominus}}{RT_2} = -\frac{\Delta_r H^{\ominus}}{RT_2} + \frac{\Delta_r S^{\ominus}}{R} \tag{32.28}$$

となる。もしも,$\Delta_r H^{\ominus}$ と $\Delta_r S^{\ominus}$ の温度依存性が無視できるほど小さいならば,式 32.28 から式 32.27 を引き算して,次の式が得られる。

$$\ln (K_p^{\ominus})_{T_2} - \ln (K_p^{\ominus})_{T_1} = -\frac{\Delta_r H^{\ominus}}{R}\left(\frac{1}{T_2} - \frac{1}{T_1}\right) = \frac{\Delta_r H^{\ominus}}{R}\left(\frac{T_2 - T_1}{T_2 T_1}\right) \tag{32.29}$$

まずは,発熱反応の化学平衡を考えてみよう。この場合には,系のエンタルピーは減少する($\Delta_r H^{\ominus} < 0$)。もしも,化学平衡の温度が上がると($T_2 > T_1$),モル気体定数 R も正の値だから,式 32.29 の右辺は負の値になる。そうすると,左辺も負の値だから,$(K_p^{\ominus})_{T_2} < (K_p^{\ominus})_{T_1}$ となる。つまり,発熱反応では化学平衡の温度が上がると,生成物の物質量は減る。その様子を図 32.1 に示す。

VIII 物質の化学平衡

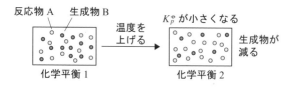

図 32.1　発熱反応の標準圧平衡定数の温度依存性

外界の温度が上がり，外界から系への熱エネルギーが増えると，発熱反応の方向とは逆方向に平衡が移動し，系から外界への熱エネルギーの放出を減らす。このように平衡が移動して，外界とやり取りする熱エネルギーを相殺する現象を**ルシャトリエの原理**（あるいは**平衡移動の原理**）という。

　一方，吸熱反応では，系のエンタルピーは増加する（$\Delta_r H^{\ominus} > 0$）。化学平衡の温度が上がると（$T_2 > T_1$），式 32.29 の右辺は正の値である。そうすると左辺も正の値だから，$(K_p^{\ominus})_{T_2} > (K_p^{\ominus})_{T_1}$ となる。つまり，吸熱反応では化学平衡の温度が上がると，生成物の物質量が増える。ルシャトリエの原理に従って，外界から系への熱エネルギーが増えると，吸熱反応の方向に平衡が移動して，外界とやり取りする熱エネルギーを相殺する（**図 32.2**）。

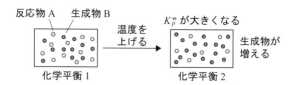

図 32.2　吸熱反応の標準圧平衡定数の温度依存性

気体と固体は液体に溶解する

30 章から 32 章では，おもに気体の化学反応を想定して，化学反応に伴う系のエネルギー変化を説明した。また，可逆反応が起こる場合には，反応時間が無限大で化学平衡になることを説明した。この章では，まず，気体や固体がイオンになって液体に溶解するときのエネルギー変化を調べる。気相でのイオン化と異なり，イオンは溶液中で溶媒と強く相互作用する。その結果，エンタルピーもエントロピーもギブズエネルギーも，気相とは大きく異なる。具体的に，気体の塩化水素（HCl）が水に溶ける場合の反応ギブズエネルギーを求め，発熱反応か吸熱反応かを調べる。また，HCl あるいはフッ化水素（HF）が水に溶ける場合の平衡定数をギブズエネルギーから求めて比較し，HF が弱酸である理由を説明する。さらに，固体の塩化ナトリウム（NaCl）あるいはフッ化カルシウム（CaF₂）が水に溶ける場合の反応ギブズエネルギーを比較して，CaF₂ が水に不溶であることを説明する。

33.1 気相中と水溶液中でのイオン化

たとえば，塩化水素（HCl）が水素イオン（H^+）と塩化物イオン（Cl^-）になる解離イオン化を考えてみよう。気相中では，まず，HCl 分子が H 原子と Cl 原子に解離し，その後でイオンになると仮定すると，化学反応式は次のように書くことができる。

$$HCl(g) \longrightarrow H(g) + Cl(g) \tag{33.1}$$

$$H(g) \longrightarrow H^+(g) + e^- \tag{33.2}$$

$$Cl(g) + e^- \longrightarrow Cl^-(g) \tag{33.3}$$

ここで，化学式に付けた記号（g）は物質が気相であることを表す。式 33.1 は HCl 分子の解離を表し，解離エネルギー（結合エネルギーの大きさ）は約 $4.43\,\mathrm{eV}$（$\approx 428\,\mathrm{kJ\,mol^{-1}}$）である[†1]。また，式 33.2 は § 12.3 で説明した H 原子のイオン化を表し，イオン化エネルギーは約 $13.6\,\mathrm{eV}$（$\approx 1312\,\mathrm{kJ\,mol^{-1}}$）

[†1] 化学反応は 1 個の HCl 分子で説明するが，エネルギーは 1 mol あたりとして，単位を $\mathrm{kJ\,mol^{-1}}$ で説明する。63 ページの脚注 1 の式の右辺にアボガドロ定数 N_A を掛け算すると，$1\,\mathrm{eV} \approx (1.6022 \times 10^{-19}\,\mathrm{J}) \times (6.0221 \times 10^{23}\,\mathrm{mol^{-1}}) \approx 96.485\,\mathrm{kJ\,mol^{-1}}$ となる。

である。一方，式 33.3 は Cl 原子の電子付着を表し，**電子親和エネルギーは約**
3.62 eV（≈ 349 kJ mol^{-1}）である。したがって，気相中で HCl 分子が解離し
て，H$^+$ と Cl$^-$ にイオン化するために必要なエネルギー E は，次のように計算
できる。

$$E/(\mathrm{kJ\ mol^{-1}}) = 428 + 1312 - 349 = 1391 \tag{33.4}$$

　一方，水溶液中で同じ解離イオン化に必要なエネルギーは，気相中とは異な
る。その理由は，水溶液中では**水和**という現象が起こるからである。溶媒の
H$_2$O 分子の H 原子はわずかに正の電荷（$\delta+$）をもち，O 原子はわずかに負の
電荷（$\delta-$）をもち，相互作用によって正イオンも負イオンも安定化するから
である（**図 33.1**）。ここで δ（デルタ）は 1 よりも小さい数を表す。

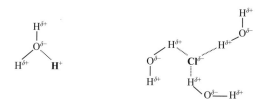

図 33.1　水溶液中の **H$^+$** と **Cl$^-$** の安定化（模式図）

　表 33.1 には代表的な物質の様々な状態での標準モル生成エンタルピー
$\Delta_\mathrm{f}H^{\ominus}$ と標準モル生成ギブズエネルギー $\Delta_\mathrm{f}G^{\ominus}$ を載せた。同じ物質でも，水溶
液中 (aq)，気相 (g)，固相 (s) での値は異なる。また，すでに § 25.3 で説明し
たように，エンタルピーもギブズエネルギーも絶対値を決められないから，
H$^+$(aq) を基準の 0 とした。気相中での HCl 分子の解離イオン化は，

$$\mathrm{HCl(g)} \longrightarrow \mathrm{H^+(g)} + \mathrm{Cl^-(g)} \tag{33.5}$$

だから，表 33.1 の値を使って，標準モル反応エンタルピー $\Delta_\mathrm{r}H^{\ominus}$ は，

$$\Delta_\mathrm{r}H^{\ominus}/(\mathrm{kJ\ mol^{-1}}) = (1536 - 233.1) - (-92.3) \approx 1395 \tag{33.6}$$

と計算でき，この値は式 33.4 の値とだいたい一致する[†2]。$\Delta_\mathrm{r}H^{\ominus}$ が正の値だ
から，気相中での HCl の解離イオン化は吸熱反応である。

───────────

[†2] 式 33.4 では，まず，1 個の HCl 分子について計算して，1 mol あたりのエネルギーを求めた。
　エントロピーを考慮していないので，$\Delta_\mathrm{r}G^{\ominus}$ ではなく $\Delta_\mathrm{r}H^{\ominus}$ で比較した。

表 **33.1** 代表的な物質の様々な状態での $\Delta_f H^{\ominus}$ と $\Delta_f G^{\ominus}$ (1 atm, 298.15 K)[a)]

状態	物質	$\Delta_f H^{\ominus}/(\text{kJ mol}^{-1})$	$\Delta_f G^{\ominus}/(\text{kJ mol}^{-1})$
水溶液中(aq)[b)]	H^+	0	0
	Na^+	-240.3	-261.9
	Ca^{2+}	-543.0	-553.6
	Cl^-	-167.1	-131.2
	F^-	-335.4	-278.8
気相(g)	H^+	1536	1523
	Cl^-	-233.1	-245.6
	F^-	-255.4	-268.6
	HCl	-92.3	-95.3
	HF	-271.1	-273.2
固相(s)	NaCl	-411.2	-384.2
	CaF_2	-1220	-1167

a) 参考図書 11 から引用。　b) aq は <u>a</u>queous solution の略。

　一方，気体の HCl 分子が水に溶けると，水溶液中での解離イオン化は，

$$\text{HCl(g)} \longrightarrow \text{H}^+(\text{aq}) + \text{Cl}^-(\text{aq}) \tag{33.7}$$

と表される。表 33.1 の値を使うと，$\Delta_r H^{\ominus}$ は次のように計算できる。

$$\Delta_r H^{\ominus}/(\text{kJ mol}^{-1}) = (0 - 167.1) - (-92.3) = -74.8 \tag{33.8}$$

$\Delta_r H^{\ominus}$ が負の値だから，発熱反応であることがわかる。つまり，気体の HCl 分子を水に溶かすと，その水溶液は少し温まる。

33.2　気体の溶解度

　アルゴン（Ar）のような単原子分子や，窒素（N_2）や酸素（O_2）のような等核二原子分子は**無極性分子**である。しかし，水にまったく溶けないかというと，そうでもない。イオンにはならないが，わずかに溶け，28 章と 29 章で説明した希薄溶液となる。水が溶媒であり，気体が溶けて溶質になる。気体の**溶解度**は気体の圧力（分圧）が標準圧力 1 atm (= 1.01325×10^5 Pa) のときに，溶媒 1 L (= $1 \times 10^{-3} \text{ m}^3$) に溶ける体積で表される。たとえば，室温 25℃ (= 298.15 K) で，N_2 は 1 L の水に約 0.016 L 溶ける。これを水溶液中の N_2

VIII　物質の化学平衡

のモル分率で表してみよう。まず，理想気体の状態方程式（$PV = nRT$）が成り立つとすれば，N_2 の物質量 $n_{溶質}$ は次のように計算できる[†3]。

$$n_{溶質} = \frac{(1.01325 \times 10^5 \, \text{Pa}) \times (0.016 \times 10^{-3} \, \text{m}^3)}{(8.314 \, \text{J K}^{-1} \, \text{mol}^{-1}) \times (298.15 \, \text{K})} \approx 6.536 \times 10^{-4} \, \text{mol}$$

(33.9)

一方，H_2O のモル質量は約 $18.0 \, \text{g mol}^{-1}$ だから，$25\,°C$ での水の密度 $0.997 \, \text{g cm}^{-3}$ を使って，体積が $1 \, \text{L} (= 1 \times 10^3 \, \text{cm}^3)$ の溶媒の物質量 $n_{溶媒}$ は，

$$n_{溶媒} = \frac{(1 \times 10^3 \, \text{cm}^3) \times (0.997 \, \text{g cm}^{-3})}{(18.0 \, \text{g mol}^{-1})} \approx 55.389 \, \text{mol} \qquad (33.10)$$

と計算できる。したがって，水溶液中の N_2 のモル分率 $x_{溶質}$ は次のようになる．

$$x_{溶質} = \frac{(6.536 \times 10^{-4} \, \text{mol})}{(55.389 \, \text{mol}) + (6.536 \times 10^{-4} \, \text{mol})} \approx 0.1118 \times 10^{-4} \qquad (33.11)$$

　気体の溶解度は 10^{-4} を単位としたモル分率で表されることが多い。代表的な無極性分子の気体について，水溶液中のモル分率を**表 33.2** に示す。たとえば，貴ガスの溶解度を比べると，元素番号が大きくなるにつれて，少しずつ極性が現れ，水に溶けやすくなる。なお，表 33.2 の値は圧力が 1 atm の場合であるが，圧力を変えれば溶ける気体の物質量も変化し，溶液中の気体のモル分率 $x_{溶質}$ は圧力 P に比例する[†4]。

$$P = k_H x_{溶質} \qquad (33.12)$$

これを**ヘンリーの法則**といい，比例定数の k_H を**ヘンリー定数**とよぶ。

表 33.2　代表的な気体の水溶液中のモル分率 (1 atm, 298.15 K)[a]

気体	$x/10^{-4}$	気体	$x/10^{-4}$
He	0.070	H_2	0.141
Ne	0.0815	N_2	0.118
Ar	0.252	O_2	0.229
Kr	0.451	CO	0.170
Xe	0.788	CH_4	0.253

a) 参考図書 11 から引用。

[†3] モル気体定数 R は $8.314 \, \text{J K}^{-1} \, \text{mol}^{-1} = 8.314 \, \text{Pa m}^3 \, \text{K}^{-1} \, \text{mol}^{-1} = 8.314 \times 10^3 \, \text{Pa L K}^{-1} \, \text{mol}^{-1}$ である。体積の単位をリットル L のまま計算することもできる。
[†4] 厳密には溶媒の蒸気圧も考えるので圧力 P は溶質の分圧である（参考図書 10）。

　次に，**極性分子**の気体の溶解度を調べる。気体の塩化水素（HCl）は水に溶けて強酸となるが，気体のフッ化水素（HF）はあまり水に溶けないので弱酸である。その理由を表 33.1 の $\Delta_f G$ の値を使って調べてみよう。まず，気体の HCl 分子の水への溶解は次のように表される。

$$\text{HCl(g)} \longrightarrow \text{H}^+\text{(aq)} + \text{Cl}^-\text{(aq)} \tag{33.13}$$

そうすると，標準モル反応ギブズエネルギー $\Delta_r G^\ominus$ は，

$$\Delta_r G^\ominus/(\text{kJ mol}^{-1}) = (0 - 131.2) - (-95.3) = -35.9 \tag{33.14}$$

と計算できる。$\Delta_r G^\ominus$ がわかれば，式 32.24 を用いて，室温（298.15 K）での標準圧平衡定数 $K_p^\ominus$ を次のように計算できる。

$$K_p^\ominus = \exp\left\{\frac{(35900\ \text{J mol}^{-1})}{(8.314\ \text{J K}^{-1}\ \text{mol}^{-1}) \times (298.15\ \text{K})}\right\} \approx 1.95 \times 10^6 \tag{33.15}$$

　一方，気体の HF 分子の水への溶解は次のように表される。

$$\text{HF(g)} \longrightarrow \text{H}^+\text{(aq)} + \text{F}^-\text{(aq)} \tag{33.16}$$

表 33.1 の値を使って，$\Delta_r G^\ominus$ は，

$$\Delta_r G^\ominus/(\text{kJ mol}^{-1}) = (0 - 278.8) - (-273.2) = -5.6 \tag{33.17}$$

と計算できる。そうすると，298.15 K での標準圧平衡定数 $K_p^\ominus$ は，

$$K_p^\ominus = \exp\left\{\frac{(5600\ \text{J mol}^{-1})}{(8.314\ \text{J K}^{-1}\ \text{mol}^{-1}) \times (298.15\ \text{K})}\right\} \approx 9.6 \tag{33.18}$$

となる。式 33.18 と式 33.15 を比べると，HF の $K_p^\ominus$ は HCl の 20000 分の 1 である。これは HF のほうが HCl よりも水に溶けにくい（弱酸である）ことを意味している。

33.3　固体の溶解度

　固体の溶解度は**溶解度積**を使って説明されることがある。たとえば，硝酸銀水溶液に塩化物イオンを含む水溶液を加えると，塩化銀が沈殿する。このとき，沈殿物とイオンの間で次の化学平衡が成り立つ。

$$\text{AgCl(s)} \rightleftharpoons \text{Ag}^+\text{(aq)} + \text{Cl}^-\text{(aq)} \tag{33.19}$$

ここで，溶解度積 K_{sol} を次のように定義する。

$$K_{\text{sol}} = [\text{Ag}^+][\text{Cl}^-] \tag{33.20}$$

VIII

物質の化学平衡

添え字の sol は solubility product を表す（K_{sp} とも書く）。溶解度積は温度が変わらなければ常に一定の値であり，塩の種類によって決まった定数である。溶解度積が小さければ小さいほど，水に溶けにくいことを表す。

　ここでは，溶解するときの標準モル反応エンタルピー $\Delta_r H^\ominus$ と標準モル反応ギブズエネルギー $\Delta_r G^\ominus$ で考えることにする。たとえば，塩化ナトリウム（NaCl）とフッ化カルシウム（CaF_2）を比べたときに，どちらの塩が水に溶けやすいかを調べることができる。固体の NaCl の水への溶解は次のように表すことができる。

$$NaCl(s) \longrightarrow Na^+(aq) + Cl^-(aq) \tag{33.21}$$

表 33.1 の値を使って，$\Delta_r H^\ominus$ と $\Delta_r G^\ominus$ は，

$$\Delta_r H^\ominus/(\text{kJ mol}^{-1}) = (-240.3 - 167.1) - (-411.2) = 3.8 \tag{33.22}$$

$$\Delta_r G^\ominus/(\text{kJ mol}^{-1}) = (-261.9 - 131.2) - (-384.2) = -8.9 \tag{33.23}$$

となる。一方，固体の CaF_2 の水への溶解は次のように表される。

$$CaF_2(s) \longrightarrow Ca^{2+}(aq) + 2F^-(aq) \tag{33.24}$$

表 33.1 の値を使って，$\Delta_r H^\ominus$ と $\Delta_r G^\ominus$ は，

$$\Delta_r H^\ominus/(\text{kJ mol}^{-1}) = (-543.0 - 2 \times 335.4) - (-1220) = 6.2 \tag{33.25}$$

$$\Delta_r G^\ominus/(\text{kJ mol}^{-1}) = (-553.6 - 2 \times 278.8) - (-1167) = 55.8 \tag{33.26}$$

と計算できる。式 33.22 と式 33.25 の $\Delta_r H^\ominus$ を比べると，NaCl も CaF_2 も小さな正の値だから，わずかな吸熱反応であることがわかる。しかし，式 33.23 と式 33.26 の $\Delta_r G^\ominus$ を比べると，NaCl は負の値であるが，CaF_2 は正の値である。したがって，NaCl は水に溶けやすいが，CaF_2 は水に溶けにくいことがわかる。その原因はエントロピーの違いにある。F^- の大きさは Cl^- よりも小さく，溶媒の H_2O 分子が規則的な配置をとり，エントロピーが小さくなる（ギブズエネルギーが高くなる）ためであると考えられている（参考図書12）。

電気エネルギーが化学反応で生まれる

　化学反応で放出されるエネルギーを**電気エネルギー**に変換することができる。ある金属原子が**酸化反応**によってイオンになると，電子が放出され，その電子を使って，別の金属イオンが**還元反応**によって金属原子になる。これは**化学電池**の基本的な原理であり，酸化反応と還元反応によるギブズエネルギーの変化量の差を電気エネルギーとして利用する。この章では，代表的な化学電池の一つである**ダニエル電池**をとり上げ，Zn^{2+} と Cu^{2+} の標準モル生成ギブズエネルギーの差から，**標準電極電位**を見積もる方法について説明する。また，**ウェストン電池**の標準電極電位が温度に依存することを利用して，標準モル反応ギブズエネルギー，標準モル反応エントロピー，標準モル反応エンタルピーを計算する。さらに，化学電池とは逆に，電気エネルギーで化学反応を起こさせる例として，電解質水溶液の**電気分解**を標準モル反応ギブズエネルギーで説明する。

34.1　化学電池の標準電極電位

　化学電池は，金属原子が電子を放出して陽イオンになる反応（**酸化反応**）と，陽イオンに電子が付着して金属原子になる反応（**還元反応**）を組み合わせたものが多い。酸化反応が起こる電極を**負極**といい，還元反応が起こる電極を**正極**という。負極で必要なエネルギーと正極で放出されるエネルギーの差が，**電気エネルギー**として利用される。代表的な金属原子が室温（298.15 K）でイオンになるときの標準モル生成エンタルピー $\Delta_f H^{\ominus}$ と，標準モル生成ギブズエネルギー $\Delta_f G^{\ominus}$ を次ページの**表 34.1** に示す。H 原子のイオン化を基準の 0 とした。左の列の上から下に向かって**イオン化傾向**の大きな金属イオンから順番に並べ，その続きを右側の列に示した。イオン化傾向の順番はだいたい電子 1 個あたりの $\Delta_f G^{\ominus}$ の大きさの順番になる。たとえば，2 価のイオンの $\Delta_f G^{\ominus}$ は 2 で割り算すると，電子 1 個あたりの $\Delta_f G^{\ominus}$ になる。また，$\Delta_f G^{\ominus}$ が正の値の金属イオンは，基準の H^+ よりも生成しにくいことを意味する。以下に説明するように，$\Delta_f G^{\ominus}$ の差が大きな 2 種類の金属イオンを化学電池に選ぶ

表**34.1**　代表的な金属イオンの水溶液中での $\Delta_f H^\ominus$ と $\Delta_f G^\ominus$ (1 atm, 298.15 K)[a]

イオン	$\Delta_f H^\ominus$/(kJ mol^{-1})	$\Delta_f G^\ominus$/(kJ mol^{-1})	イオン	$\Delta_f H^\ominus$/(kJ mol^{-1})	$\Delta_f G^\ominus$/(kJ mol^{-1})
K$^+$	-252.14	-283.3	Sn^{2+}	-8.9	-27.2
Ca^{2+}	-543.0	-553.6	Pb^{2+}	0.92	-24.43
Na$^+$	-240.3	-261.9	H$^+$	0	0
Mg^{2+}	-467.0	-454.8	Cu^{2+}	64.9	65.49
Al^{3+}	-538.4	-485	Hg^{2+}	170.21	164.4
Zn^{2+}	-153.39	-147.1	Ag$^+$	105.79	77.11
Fe^{2+}	-89.1	-78.9	Pt^{2+}	269	254.8
Ni^{2+}	-55.7	-45.6	Au$^+$	199.07	176

a) 参考図書 11 から引用。

と，**標準電極電位**[1]が大きくなる。

　ダニエル電池は古くから知られている代表的な化学電池である。硫酸亜鉛水溶液に亜鉛板を入れ，硫酸銅水溶液に銅板を入れて，素焼き板のような多孔質の膜で連結する（**図 34.1**）。両方の金属板をつなぐと，電子が亜鉛板（負極）から銅板（正極）に移動して，電流が流れる。

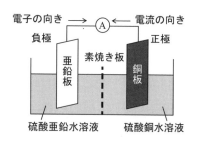

図**34.1**　ダニエル電池の原理

　Zn 原子と Cu 原子のイオン化の標準モル反応ギブズエネルギー $\Delta_r G^\ominus$ の値は，表 34.1 の $\Delta_f G^\ominus$ の値と同じだから[2]，次のようになる。

$$\mathrm{Zn} \longrightarrow \mathrm{Zn^{2+}} + 2\,\mathrm{e^-} \qquad \Delta_r G^\ominus = -147.1\,\mathrm{kJ\,mol^{-1}} \tag{34.1}$$

$$\mathrm{Cu} \longrightarrow \mathrm{Cu^{2+}} + 2\,\mathrm{e^-} \qquad \Delta_r G^\ominus = 65.49\,\mathrm{kJ\,mol^{-1}} \tag{34.2}$$

---

[1] 起電力という言葉が使われるが，力の単位ではないので，この教科書では電極電位という。
[2] 金属原子が基準物質で，生成物の金属イオンが 1 mol だから，$\Delta_r G^\ominus = \Delta_f G^\ominus$ となる。

式 34.1 から式 34.2 を引き算すると，ダニエル電池の化学反応に伴う $\Delta_r G^{\ominus}$ は，

$$Zn + Cu^{2+} \longrightarrow Zn^{2+} + Cu \quad \Delta_r G^{\ominus}/(kJ\ mol^{-1}) = -147.1 - 65.49$$

$$\approx -212.6 \quad (34.3)$$

となる。$\Delta_r G^{\ominus}$ の符号が負だから，ダニエル電池で<u>放出される</u>エネルギーが 212.6 kJ mol^{-1} であることがわかる。

$\Delta_r G^{\ominus}$ のすべてが，標準圧力（1 atm）で電気エネルギーに変換されたとしよう。電池の標準電極電位が $E^{\ominus}$（単位はボルト V）で，N 個の電子（電気素量 e）が流れたとすると，電荷の量は Ne だから，電気エネルギー（電荷の量 × 電位差）は $NeE^{\ominus}$ である。そうすると，次の式が成り立つ。

$$NeE^{\ominus} = -\Delta_r G^{\ominus} \quad (34.4)$$

外界に放出されるエネルギーだから，右辺に負の符号を付けた。1 個の分子のイオン化で放出される電子数（イオンの電荷数）を z とし，アボガドロ定数 N_A を使うと，N は zN_A のことだから，式 34.4 は次のようになる。

$$zN_A eE^{\ominus} = -\Delta_r G^{\ominus} \quad (34.5)$$

ここで，1 mol あたりの電荷量を表す**ファラデー定数** F（205 ページ参照）を，

$$F = N_A e = (6.0221 \times 10^{23}\ mol^{-1}) \times (1.6022 \times 10^{-19}\ C) \approx 96485\ C\ mol^{-1}$$

$$(34.6)$$

と定義する。そうすると，標準電極電位 $E^{\ominus}$ は次の式で表される。

$$E^{\ominus} = -\frac{\Delta_r G^{\ominus}}{zF} \quad (34.7)$$

ダニエル電池では，式 34.1 と式 34.2 からわかるように $z = 2$ である。また，$\Delta_r G^{\ominus}$ は -212.6 kJ mol^{-1} だから（式 34.3 参照），$E^{\ominus}$ を次のように計算できる[3]。

$$E^{\ominus} = \frac{(212600\ J\ mol^{-1})}{2 \times (96485\ C\ mol^{-1})} \approx 1.10\ J\ C^{-1} = 1.10\ V \quad (34.8)$$

正極と負極の $\Delta_f G^{\ominus}$ の差を表す $\Delta_r G^{\ominus}$ の絶対値が大きいほど，標準電極電位 $E^{\ominus}$ は大きくなる。

VIII 物質の化学平衡

---

[3] 右辺の単位は $J\ C^{-1} = (kg\ m^2\ s^{-2}) \times (A^{-1}\ s^{-1}) = m^2\ kg\ s^{-3}\ A^{-1} = V$ となる（参考図書 2）。

34.2　化学電池のエンタルピー

　前節では，表 34.1 の $\Delta_f G^\ominus$ の値から標準電極電位 $E^\ominus$ を求めた。逆に，化学電池の $E^\ominus$ を測定すると，複雑な化学反応でも，$\Delta_r G^\ominus$ や $\Delta_r H^\ominus$ を求めることができる。以下に，**ウェストン電池**を使って説明する（**図 34.2**）。ウェストン電池の負極には，カドミウムと水銀の合金であるカドミウムアマルガムが用いられる。正極には水銀を置き，その上に硫酸水銀および水銀のペースト[†4] がある。電解質に硫酸カドミウムの飽和水溶液を用い，硫酸カドミウムの結晶が沈殿している。負極では固体のカドミウム原子（Cd 原子）が陽イオンになり，2 個の電子が放出される。

$$\mathrm{Cd\,(s)} \longrightarrow \mathrm{Cd^{2+}\,(aq)} + 2\,\mathrm{e^-} \tag{34.9}$$

一方，正極では $\mathrm{Hg^+}$ が水銀原子（Hg 原子）になる。

$$\mathrm{(Hg^+)_2 SO_4{}^{2-}\,(s)} + 2\,\mathrm{e^-} \longrightarrow 2\,\mathrm{Hg} + \mathrm{SO_4{}^{2-}\,(aq)} \tag{34.10}$$

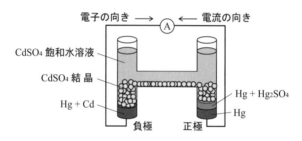

図 34.2　ウェストン電池の原理

　化学電池の標準電極電位 $E^\ominus$ は温度に依存する。$E^\ominus$ を熱力学温度 T の多項式で展開すると，ウェストン電池の $E^\ominus$ は，

$$E^\ominus = (0.94868\ \mathrm{V}) + (5.17 \times 10^{-4}\ \mathrm{V\ K^{-1}})\,T - (9.5 \times 10^{-7}\ \mathrm{V\ K^{-2}})\,T^2 \tag{34.11}$$

と近似できる（参考図書 13）。たとえば，室温（$T = 298.15\ \mathrm{K}$）での $E^\ominus$ は，

$$E^\ominus = (0.94868\ \mathrm{V}) + (5.17 \times 10^{-4}\ \mathrm{V\ K^{-1}}) \times (298.15\ \mathrm{K})$$
$$- (9.5 \times 10^{-7}\ \mathrm{V\ K^{-2}}) \times (298.15\ \mathrm{K})^2 = 1.018375\ \mathrm{V} \tag{34.12}$$

となる。そうすると，$\Delta_r G^\ominus$ は式 34.7 を使って次のように計算できる。

[†4] 負極から流れてきた電子と $\mathrm{H^+}$ が結合して分極することを防ぐ減極剤として用いる。

$$\Delta_r G^{\ominus} = -2 \times (96485 \text{ C mol}^{-1}) \times (1.018375 \text{ V}) \approx -1.965 \times 10^5 \text{ J mol}^{-1}$$
$$= -196.5 \text{ kJ mol}^{-1} \tag{34.13}$$

次に，標準モル反応エントロピー $\Delta_r S^{\ominus}$ を求めてみよう。ギブズエネルギーの微分形は表 24.2 で与えられていて，

$$dG = VdP - SdT \tag{34.14}$$

である（この式の V は体積）。したがって，圧力 P が一定（$dP = 0$）の条件では，ギブズエネルギーの温度変化は次のように表される。

$$\left(\frac{\partial G}{\partial T}\right)_P = -S \tag{34.15}$$

式 34.15 に式 34.7 を代入すれば，標準モル反応エントロピー $\Delta_r S^{\ominus}$ は，

$$\Delta_r S^{\ominus} = -\left(\frac{\partial \Delta_r G^{\ominus}}{\partial T}\right)_P = zF\left(\frac{\partial E^{\ominus}}{\partial T}\right)_P \tag{34.16}$$

となる。ウェストン電池の場合には，式 34.11 の微分形を代入して，$T = 298.15$ K を代入すれば，室温での $\Delta_r S^{\ominus}$ は，

$$\Delta_r S^{\ominus} = -9.549 \text{ J K}^{-1} \text{mol}^{-1} = -0.009549 \text{ kJ K}^{-1} \text{mol}^{-1} \tag{34.17}$$

と計算できる。また，化学電池は等温定圧過程の化学反応だから，

$$\Delta_r G^{\ominus} = \Delta_r H^{\ominus} - T\Delta_r S^{\ominus} \tag{34.18}$$

が成り立つ（式 30.11 参照）。したがって，$\Delta_r H^{\ominus}$ は室温で次のようになる。

$$\Delta_r H^{\ominus} = (-196.5 \text{ kJ mol}^{-1}) - (298.15 \text{ K}) \times (0.009549 \text{ kJ K}^{-1} \text{mol}^{-1})$$
$$\approx -199.35 \text{ kJ mol}^{-1} \tag{34.19}$$

34.3　電解質水溶液の電気分解

　化学電池とは逆に，電気エネルギーを使って，強制的に酸化還元反応を起こすこともできる。これを**電気分解**という。電解質水溶液に 2 本の炭素棒の電極を入れて化学電池とつなぐと，電極表面で酸化還元反応が起こる（**図 34.3**）。化学電池の正極とつないだ電極を**陽極**，負極とつないだ電極を**陰極**とよぶ。

　硫酸ナトリウム水溶液の電気分解のように，陽極で酸素を，陰極で水素を発生させる場合に必要な化学電池の標準電極電位 $E^{\ominus}$ を調べてみよう。実際の電極表面での反応はとても複雑で，途中の反応（**素反応**という）はわからない。

VIII

物質の化学平衡

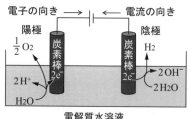

図 34.3　電解質水溶液の電気分解

しかし，化学熱力学では，途中の反応がわからなくても，生成物と反応物のエネルギーの差を調べることによって，系が外界とやり取りするエネルギーを議論できる。表 30.3 で示したように，標準圧力（1 atm），室温（298.15 K）で，水 $H_2O(l)$ の $\Delta_f G^{\ominus}$ は $-237.2\ kJ\ mol^{-1}$ である。1 mol の $H_2O(l)$ が基準物質から生成する $\Delta_r G^{\ominus}$ は $\Delta_f G^{\ominus}$ に等しいから，

$$H_2(g) + \frac{1}{2}O_2(g) \longrightarrow H_2O(l) \qquad \Delta_r G^{\ominus} = -237.2\ kJ\ mol^{-1} \quad (34.20)$$

となる。水の電気分解は式 34.21 の逆反応だから，

$$H_2O(l) \longrightarrow H_2(g) + \frac{1}{2}O_2(g) \qquad \Delta_r G^{\ominus} = 237.2\ kJ\ mol^{-1} \quad (34.21)$$

となる。つまり，水を電気分解するためには $237.2\ kJ\ mol^{-1}$ のエネルギーを必要とする。また，1 個の $H_2O(l)$ 分子を電気分解すると，2 個の電子が移動する（$z = 2$）。そうすると，式 34.7 を利用して，水の電気分解に必要な化学電池の標準電極電位 $E^{\ominus}$ は次のように計算できる。

$$E^{\ominus} = \frac{(237.2 \times 10^3\ J\ mol^{-1})}{2 \times (96485\ C\ mol^{-1})} \approx 1.229\ V \qquad (34.22)$$

25 章以降で説明したように，エントロピーを考慮したギブズエネルギーや化学ポテンシャルを使うと，凝固点降下，沸点上昇，浸透圧，反応が進む方向，平衡定数，電池の標準電極電位など，物質の様々な現象を理解できる。

基礎物理定数[a]

名称	記号と定義式	数値と単位
真空中の光の速さ[b]	$c,\ c_0$	$2.997\,924\,58 \times 10^8\,\mathrm{m\,s^{-1}}$
プランク定数[b]	h	$6.626\,070\,15 \times 10^{-34}\,\mathrm{J\,s}$
電気素量[b]	e	$1.602\,176\,634 \times 10^{-19}\,\mathrm{C}$
$^{133}\mathrm{Cs}$ 遷移周波数[b]	$\Delta\nu_{\mathrm{Cs}}$	$9.192\,631\,770 \times 10^9\,\mathrm{s^{-1}}$
ボルツマン定数[b]	$k,\ k_{\mathrm{B}}$	$1.380\,649 \times 10^{-23}\,\mathrm{J\,K^{-1}}$
アボガドロ定数[b]	N_{A}	$6.022\,140\,76 \times 10^{23}\,\mathrm{mol^{-1}}$
視感効果度[b]	K_{cd}	$683\,\mathrm{lm\,W^{-1}}\,(= 683\,\mathrm{cd\,sr\,J^{-1}\,s})$
真空の誘電率	ε_0	$8.854\,187\,8128\,(13) \times 10^{-12}\,\mathrm{F\,m^{-1}}$
ボーア半径	a_0	$5.291\,772\,109\,03\,(80) \times 10^{-11}\,\mathrm{m}$
リュードベリ定数	R_∞	$1.097\,373\,156\,8160\,(21) \times 10^7\,\mathrm{m^{-1}}$
電子質量	m_{e}	$9.109\,383\,7015\,(28) \times 10^{-31}\,\mathrm{kg}$
陽子質量	m_{p}	$1.672\,621\,923\,69\,(51) \times 10^{-27}\,\mathrm{kg}$
中性子質量	m_{n}	$1.647\,927\,498\,04\,(95) \times 10^{-27}\,\mathrm{kg}$
モル気体定数[c]	$R = k_{\mathrm{B}}N_{\mathrm{A}}$	$8.314\,462\,618\cdots\,\mathrm{J\,K^{-1}\,mol^{-1}}$
理想気体のモル体積[c]	$V_{\mathrm{m}} = RT/P$	
$\quad T = 273.15\,\mathrm{K},\ P = 1\,\mathrm{bar}$		$22.710\,954\,64\cdots \times 10^{-3}\,\mathrm{m^3\,mol^{-1}}$
$\quad T = 273.15\,\mathrm{K},\ P = 1\,\mathrm{atm}$		$22.413\,969\,54\cdots \times 10^{-3}\,\mathrm{m^3\,mol^{-1}}$
ファラデー定数[c]	$F = eN_{\mathrm{A}}$	$9.648\,533\,212\cdots \times 10^4\,\mathrm{C\,mol^{-1}}$

a) 2019 年度の値（参考図書 2）。
b) 七つの SI 基本単位の基準を定義するための七つの定義定数（不確定さはない）。
c) 定義定数から計算される定数（不確定さはない）。

参 考 図 書

1) 中田宗隆『量子化学－基本の考え方16章』東京化学同人（1995）.

2) 中田宗隆・藤井賢一『きちんと単位を書きましょう－国際単位系（SI）に基づいて』東京化学同人（2022）.

3) 中田宗隆『なっとくする機器分析』講談社（2007）.

4) 中田宗隆『基礎コース物理化学 Ⅰ 量子化学』東京化学同人（2018）.

5) 朝永振一郎『量子力学 Ⅰ（第2版）』みすず書房（1969）.

6) 中田宗隆『なっとくする量子化学』講談社（2001）.

7) 中田宗隆『基礎コース物理化学 Ⅱ 分子分光学』東京化学同人（2018）.

8) 中田宗隆『物理化学入門シリーズ 化学結合論』裳華房（2012）.

9) 中田宗隆『基礎コース物理化学 Ⅲ 化学動力学』東京化学同人（2020）.

10) 中田宗隆『基礎コース物理化学 Ⅳ 化学熱力学』東京化学同人（2021）.

11) 日本化学会 編『化学便覧基礎編 改訂5版』丸善出版（2004）.

12) G.C.Pimentel・R.D.Spratley 著・柳 友彦 訳『化学熱力学－分子の立場からの理解』東京化学同人（1977）.

13) 原田義也『化学熱力学（修訂版）』裳華房（2002）.

ケミカル川柳

1) こっち見て！ 彼の心は ブラウン運動 （片思い）

2) 職業は？ トリマーです えっ 三量体？ （お見合い相手）

3) 点と線 原子見るなら TEM と SEM （松本清張ファン）

4) Cu_2 と 田舎 Pb で S かな （地方出身者）

5) シクロヘキサン あれは イス形 ソファー形 （家具屋さん）

6) バナジウム 放電で光る V サイン （広告会社社長）

7) また紛糾 あいつは いつも 分散剤 （悩める議長）

8) マナーモード 振動モードと 言い換える （分光学者）

9) 場所取りに 目散る（メチル） 汗散る（アセチル） 桜散る （新入社員）

10) アルカンじゃん まだ アルケンだら はや アルキン （三河人の子育て）

11) 核家族 夫婦げんかで 核崩壊 （活動的な夫婦）

12) ばけもの（化物）を 化学物理と 間違える （怖いもの知らず）

13) 吸いすぎに 注意しましょう ピペットも （ヘビースモーカー）

14) おしゃべりの 彼のあだなは 活性タン （仙台人）

15) 輪講（りん光）で 傾向（蛍光）さぐる 試験前 （分光学の履修者）

16) 鉄イオン 英語で言えば アイアンアイアン （パンダの名付け親）

17) 黒鉛も 叩けばきっと ダイヤモンド （錬金術師）

18) 新元素 コペルがにくい わけではない （コペルニ（ク）シウム命名者）

19) 電子はスピン 私はすっぴん 風呂あがり （化粧好き）

20) 理科離れ？ 私は好きです ケミストリー （カラオケの客）

21) このレモン 酸っぱ過ぎて 食えん酸 （レモンちゃん）

22) サイクロトロン 牌を回せば サイコロとロン （趣味はマージャン）

23）ダンスする　私と彼は　回転異性体　（幸せな私）

24）ブタジエン　変換あやまり　"豚自演"　（ワープロ初心者）

25）車より　俺に飲ませろ　バイオエタノール　（呑み助）

26）ゲップすると　温暖化すると　諭される　（丑年生まれ）

27）砒素の酸　飲んだら死ぬよ　あー悲惨　（テレビドラマ好き）

28）回文だ！　小さなノナン（C_9H_{20}）ナノノナン（nanononan）

（ドイツの研究者）

　（注：ドイツ語では e がとれて，nonan になる）

29）相転移　氷の点を　取ったり付けたり　（書道家）

30）電子メール　炭素がないのに　カーボンコピー（C.C.）

（タイプライター愛用者）

31）給料の　支払い延期（塩基）で　青くなる　（サラリーマン）

32）すれちがう　こいさん（濃い酸）に　ふと　赤くなる　（京都純情派）

33）政界も　脱離反応　付加反応　（新党提案者）

34）Cu しよう　Sn に会いたい　でも Zn　（遠距離恋愛の二人）

35）また会える？　寂しい二人は　ローンペア　（卒業式の二人）

36）うちの猫　感電したら　陽イオン（cat ion）　（愛猫家）

37）子はかすがい　電子がかすがい　水素分子　（量子化学者）

38）おい，起きろ　米が　麦が　盗まれる　（単位マニア）

39）リチウムイオン（Li^+）電子（e^-）付着は　嘘（Lie）になる　（大嘘つき）

40）B うする？　O うで開く Cl う会　（山の音楽家）

索　引

あ

アインシュタイン　3,5
アセチレン分子　96
圧縮過程　124
圧平衡定数　188
圧力　117,118
圧力–温度図　146
アボガドロ定数　116,205
アルカリ金属　70
アルゴン
　　——の運動の自由度　106
　　——の平均速さ　116
　　——のモル熱容量　108,120
α 線　1
アレニウスの式　186
暗線　23
アンペールの法則　52
アンモニア分子　94

い

イオン化エネルギー　70,193
イオン化傾向　199
イオン結合　99
異核二原子分子　90
異性化　181
イソシアン化水素　181
1s 軌道　38
　　——の動径分布関数　41
　　——の波動関数　38,39
位置エネルギー　20
位置ベクトル　49
一酸化炭素　178
一酸化窒素　177
陰極　203

う

ウイーン　15
ウェストン電池　202
運動エネルギー　2,20
運動の自由度　103,106,120
運動量　4,49,117
　　電子の——　8
　　電磁波の——　5
　　粒子の——　27
運動量の演算子　50
運動量の保存則　5
運動量ベクトル　49

え

液相　145,194
液体　100,145
s 軌道　37
　　——の波動関数　38
sp 混成軌道　96
sp^2 混成軌道　95
sp^3 混成軌道　93
　　——の波動関数　93
エチレン分子　96
X 線　1
X 線回折　10
NMR　60
エネルギー固有値　29
　　水素原子の——　36
　　水素分子イオンの——　77
　　水素分子の——　80
　　ヘリウムイオンの——　63
　　ヘリウム原子の——　65
　　ヘリウム分子の——　83
エネルギー準位　18
　　酸素分子の——　89
　　水素原子の——　18,48,
　　　　54,59,66
　　水素分子イオンの——　81
　　水素分子の——　82
　　窒素原子の——　89
　　窒素分子の——　89
　　ヘリウムイオンの——　66
　　ヘリウム原子の——　66
　　ヘリウム分子イオンの
　　　　——　84
　　ヘリウム分子の——　83
エネルギーの保存則　5
エネルギーレベル→
　　　　エネルギー準位
MRI　60
LS 結合　60
LCAO 近似　75
塩化水素　193,197
塩化ナトリウム　173,198
塩化物イオン　193
演算子　28
遠心力　19
エンタルピー　128,132,147
エントロピー　135,136,137,
　　149

お

オイラーの公式　34,45
オクテット説　91
折れ線形　95
温度　100,119
　　気体の——　100
　　固体の——　101

か

外界　121
外積　49,53
回折　9
回折パターン　10
回転運動　104,181
　　H_2O 分子の——　105
　　CO_2 分子の——　105
回転軸　104
外部エネルギー　98,99,100
外部磁場　53,59
解離イオン化　193
解離エネルギー　182,193
化学電池　199
化学熱力学　130,176
化学反応　175
化学平衡　187
化学平衡の法則　188
化学ポテンシャル　161,163,
　　171,189
化学量論係数　189
可逆過程　124,136
可逆反応　187
角運動量　20,49,51
　　——の演算子　50
　　——の最小単位　20
角運動量ベクトル　49
核エネルギー　98
核間距離　78
核磁気共鳴　60
核スピン　60
核スピン量子数　60
核融合　16
確率　111,115,134
重なり積分　76
可視光線　1
価数　173
活性化エネルギー　183,184
カドミウムアマルガム　202
還元反応　199
干渉　9

完全結晶　149
γ線　1

き

幾何学的構造　91
規格化条件　34, 75
規格化定数　35, 184
規格直交化　44
貴ガス　70
基準物質　177
気相　145, 194
気体　98, 145
　——の温度　100
　——の溶解度　195
気体定数→モル気体定数
基底状態　106
軌道角運動量　57
希薄溶液　164, 170
ギブズエネルギー　142, 151,
　171
ギブズ-ヘルムホルツの式
　165, 167
逆位相　10, 75, 87
逆対称伸縮振動　106
逆反応　187
級数展開　35
吸熱反応　122, 176, 192
球面調和関数　36, 51, 54
凝固点　165
凝固点降下度　166
凝固点定数→
　　　　モル凝固点降下
強電解質　173
共鳴積分　78
共役複素関数　34, 75
共有結合　82, 99
共有電子対　82
極座標　29
極性分子　197
虚数単位　33
近赤外線　21
金属結合　99

く

屈折率　13
クラスター　100
グラファイト　177
クラペイロン-クラウジウス
　の式　155
クーロン積分　78

け

系　121
経路関数　125

結合エネルギー　182, 193
結合次数　84
結合性軌道　76
原子軌道　75
原子吸光　23
原子発光　17
原子模型　19

こ

恒温槽　125
格子振動　99
向心力　19
光電効果　2
光量子　3
国際純正・応用化学連合　33
黒体放射　15
固相　145, 194
固体　99, 145
　——の温度　101
　——の溶解度　197
古典力学　2
固有関数　28
固有値　28
コリメーター　4
混合エントロピー　158, 160
混合ギブズエネルギー　160
混合ヘルムホルツエネルギー
　161
コンプトン効果　4

さ

酢酸　173
3s軌道　38
酸化還元反応　203
酸化反応　199
三重点　146
酸素分子
　——の運動の自由度　106
　——のエネルギー準位　89
　——の平均速さ　116
　——のモル熱容量　108, 120
三態　148
三体問題　64, 73
3d軌道　46
　——の波動関数　47
散乱X線　4

し

シアン化水素　181
紫外線　1
磁気モーメント　51, 56
示強性状態量　135
磁気量子数　34, 37, 54
σ軌道　85, 89, 96

仕事エネルギー　123
仕事関数　3
指数関数　16, 28, 110
磁束密度　52, 55
実関数　75
実数化　34, 75
質点　2
質量作用の法則　188
質量中心　97, 104
質量モル濃度　166
弱電解質　173
遮蔽効果　65
　2s軌道の——　68
　2p軌道の——　68
自由エネルギー　142
周期表　67, 70
重心　97
周波数　1
縮重　29, 48
主量子数　36, 37
ジュール　116
シュレーディンガー　12, 25
シュレーディンガーの
　波動方程式　27
準静的過程　124, 136, 144
純物質　162, 163, 177
昇華圧曲線　146
蒸気圧曲線　146, 153
硝酸銀水溶液　197
状態関数　124
状態図　145
状態方程式　119, 125, 130,
　131, 155, 159, 196
蒸発　148
蒸発エンタルピー　148
蒸発エントロピー　153
蒸発点→沸点
常用対数　28
触媒反応　186
示量性状態量　135
磁力線　52
真空中の光の速さ　5, 16, 205
真空の誘電率　17, 19, 205
伸縮振動　106
浸透圧　170, 173
振動運動　104
　H₂O分子の——　106
　CO₂分子の——　105
　粒子間の——　99
振動エネルギー　99
振動数　1
ジーンズ　15
振幅　12, 26

す

水銀　202
水素イオン　193
水素結合　100
水素原子　16
　——のエネルギー　17,20
　——のエネルギー固有値
　　36
　——のエネルギー準位
　　18,48,54,59,66
　——の電子配置　81
　——の波動関数　36,37
　——の波動方程式　27,32
　——の模型　19
水素分子　79
　——のエネルギー固有値
　　80
　——のエネルギー準位　82
　——の電子配置　82
　——の波動関数　88
　——の波動方程式　79
水素分子イオン　73,182
　——のエネルギー固有値
　　77
　——のエネルギー準位　81
　——の電子配置　81
　——の波動関数　76
　——の波動方程式　73
水素放電管　16
水和　194
スピン角運動量　57
スピン磁気量子数　58,81
スピン量子数　58
スペクトル　14
素焼き板　200
スリット　9,13

せ

正極　199
正三角錐　95
静止質量　5
正四面体　93
生成物　175
静電引力　19,63
静電斥力　63
正反応　187
赤外線　1
積分因子　75
積分形　128
ゼーマン効果　54
遷移　21
遷移状態　182
全軌道角運動量　70
線形結合　75

全スピン角運動量　70

そ

相状態　145
相図 → 状態図
相対性理論　5
相平衡　152,163,166
相変化　146
速度分布　98,111
　一次元空間の——　111
　二次元空間の——　112
　三次元空間の——　113
速度分布関数　112
束縛エネルギー　141
素反応　204
存在確率　12,34
　電子の——　12,28

た

対称伸縮振動　106
体積　108
体積－温度図　146
ダイヤモンド　177
多原子分子　97
多孔質膜　200
ダニエル電池　200
単位ベクトル　93
単結晶　10
単原子分子　97,195
単色光　9
炭素棒　203
断熱圧縮過程　126
断熱過程　126
断熱材　126
断熱膨張過程　126

ち

窒素分子
　——の運動の自由度　106
　——のエネルギー準位　89
　——の電子配置　89
　——の平均速さ　116
　——のモル熱容量　108,120
直線分子　105
直交座標　29
直交変換　44,47,92

て

定圧過程　120,122,126,147
定圧モル熱容量　120,126,
　129,148
d軌道　37,46
抵抗値　174

定在波　25
　——の波動方程式　26
定常波 → 定在波
定積変化 → 定容過程
定容過程　120,122,126,127
定容モル熱容量　120,126,127
テスラ　52
δ軌道　89
電解質　173
電解質溶液　173
電気エネルギー　199
電気素量　8,19,205
電気伝導率　174
電気分解　203
電子　2
　——の運動量　8
　——のエネルギー　17
　——の質量　8,205
　——の振幅　28
　——の存在確率　12,28
　——の波長　9
電子エネルギー　97
電子回折　11
電子殻　67
電子式　91
電子親和エネルギー　72,194
電子親和力 →
　　電子親和エネルギー
電子スピン　56,60
電子遷移　107
電磁波　1
　——の運動量　5
　——の相対強度　14
電子配置　70
　各元素の——　70
　酸素原子の——　94
　水素原子の——　81
　水素分子イオンの——　81
　水素分子の——　82
　炭素原子の——　92,94
　窒素原子の——　89,94
　窒素分子の——　89
　ヘリウム分子イオンの
　　——　84
　ヘリウム分子の——　83
電子付着　72,194
電波　1
電離　172
電離度　173

と

同位相　10,75,87
等温過程　125,126,175
等温定圧過程　144,152,160

等温定容過程　144
等核二原子分子　90,103
動径分布関数　41
　　1s軌道の——　41
　　2s軌道の——　42
等高線　39,76
特殊相対性理論　5
ドブロイ　7
トムソン　11
ドルトンの分圧の法則　162

な

内積　52
内部エネルギー　97,104,122,
　132
　　物質の——　98,99
　　粒子の——　97
ナノメートル　17

に

2s軌道　38
　　——の動径分布関数　42
　　——の波動関数　39,40
二原子分子　97,195
二酸化炭素分子　102,141
　　——の運動の自由度　106
　　——の回転運動　105
　　——の平均速さ　116
　　——のモル熱容量　108,120
二酸化窒素　177
2p軌道　43,44,46
入射X線　4

ね, の

熱　101
熱運動　98
熱エネルギー　102,122,108,
　176
熱化学　130,176
熱振動　99
熱振動子　16
熱平衡状態　121,184
熱容量　107
熱力学温度　16,110
熱力学第一法則　124
熱力学第二法則　136
熱力学第三法則　150
熱力学的過程　121,144
濃度　185
濃度平衡定数　188

は

π軌道　88,89,96
媒質　1

陪多項式　36
パウリの排他原理　66,83
波数　1
波長　1
　　電子の——　8
パッシェン系列　21
発熱反応　122,176,191
波動関数　25,29
　　1s軌道の——　38,39
　　s軌道の——　38
　　sp^3混成軌道の——　93
　　2s軌道の——　39,40
　　2p軌道の——　43,44,46
　　3d軌道の——　47
　　水素原子の——　36,37
　　水素分子イオンの——　76
　　水素分子の——　83
　　ヘリウムイオンの——　62
　　ヘリウム原子の——　65
波動方程式　12,25
　　水素原子の——　27,32
　　水素分子イオンの——　73
　　水素分子の——　79
　　定在波の——　26
　　ヘリウムイオンの——　61
　　ヘリウム原子の——　63
ハミルトン演算子　29
速さの2乗の平均値　118
バルマー系列　21
ハロゲン　72
半径の最小単位　20
反結合性軌道　77
半整数　58
反跳電子　5
半透膜　169
反応エンタルピー　176
反応エントロピー　178
反応座標　183
反応速度式　185
反応速度定数　185,187
反応熱　184
反応物　175

ひ

ビオ・サバールの法則　52
p軌道　37
光　1
　　——の速さ　5,16,205
　　——の分散　14
光エネルギー　102
非共有電子対　94
微結晶　10
ピコメートル　84
微視的状態　135

微視的状態数　135,139,158
微小範囲　15
微小量　15
左手の法則　50
非直線分子　105
非電解質　167,170,173
微分演算子　28
微分形　127,129
微分方程式　26
非平衡状態　134,170
標準圧平衡定数　190,197
標準圧力　107,146
標準化学ポテンシャル　162,
　189
標準電極電位　200,201,204
標準沸点　146
標準モルエントロピー　179
標準モル生成エンタルピー
　177,194
標準モル生成ギブズエネルギー
　180,190,194
標準モル反応エンタルピー
　177,194,198
標準モル反応エントロピー
　179
標準モル反応ギブズエネルギー
　180,190,197,198
標準融点　146
頻度因子　186

ふ

ファラデー定数　201,205
ファンデルワールス結合
　100,186
ファントホッフ係数　174
ファントホッフの式　172,
　173
フェルミ粒子　66,82
不可逆過程　134
負極　199
不均一磁場　55
複素関数　34,43
節　26,40,42
節面　44,46,68
不対電子　92
フッ化カルシウム　198
フッ化水素　197
物質　98,99
　　——の内部エネルギー
　　98,99
　　——の並進運動　97
物質波　8,27
物質量濃度　172,188
沸点　146,166

沸点上昇定数→
　　モル沸点上昇
沸点上昇度　167
部分モルギブズエネルギー
　161
フラウンホーファー線　23
プランク定数　3, 15, 205
プランクの仮説　16
プランクの式　16
ブラウン運動　98
分圧　162, 188
分圧の法則　162
分子軌道　75
分子内エネルギー　104
フントの規則　90, 92

へ
平均速さ　116
平衡移動の原理　192
平衡核間距離　78, 84, 182
平衡状態　121
並進運動　103, 181
　物質の――　97
　粒子の――　97
並進エネルギー　97, 184
　――の平均値　119
ヘスの法則　178
β線　1
ヘリウムイオン　61
　――のエネルギー固有値
　63
　――のエネルギー準位　66
　――の波動関数　62
　――の波動方程式　61
ヘリウム原子　63, 71
　――のエネルギー固有値
　65
　――のエネルギー準位　66
　――の波動関数　65
　――の波動方程式　63
ヘリウム分子　83
　――のエネルギー固有値
　83
　――のエネルギー準位　83
　――の電子配置　83
　――の波動関数　83
ヘリウム分子イオン　83
　――のエネルギー準位　84
　――の電子配置　84
ヘルツホルムエネルギー
　142
変位　26
変角振動　106
変化量　98, 122

変数分離　32, 64, 80
偏微分　27, 155
ヘンリー定数　196
ヘンリーの法則　196

ほ
ポアソンの法則　126
ボーアの原子模型　19
ボーア半径　20, 62, 205
方位磁石　52
方位量子数　35, 37, 44
放射線　1
膨張過程　124
ボース粒子　66
ポテンシャルエネルギー
　20, 109
ボルツマン　110, 135
ボルツマン定数　16, 110, 135,
　205
ボルツマン分布則　16, 110,
　140, 184

ま
マイヤーの関係式　130
マクスウェルの関係式　155
マクローリン展開　35, 166

み
右ねじの法則　53
水分子　94
　――の運動の自由度　106
　――の回転運動　105
　――のモル熱容量　108, 120
密閉容器　121, 175
未定係数　33

む, め
無極性分子　195
メタン分子　91
　――の平均速さ　116

も
モルエンタルピー　147
モルエントロピー　149
モル気体定数　116, 205
モルギブズエネルギー　151,
　161, 168
モル凝固点降下　166
モル質量　116
モル蒸発エンタルピー　148,
　156, 167
モル蒸発エントロピー　150,
　155
モル体積　171, 205

モル体積変化　155
モル熱容量　107, 108, 119,
　120
モル沸点上昇　168
モル分率　160, 164, 171, 172
モル融解エンタルピー　147,
　165
モル融解エントロピー　150

や, ゆ
ヤングの実験　9
融解　147
融解圧曲線　146
融解エンタルピー　147
融解エントロピー　153
融解ギブズエネルギー　153
有効核電荷　65
融点　146, 165
誘電率
　真空の――　17, 19, 205

よ
溶解度
　気体の――　195
　固体の――　197
溶解度積　197
陽極　203
溶質　164, 170
溶媒　164, 170

ら
ライマン系列　21
ラウエ斑点　10
ラゲールの陪多項式　36
ラプラス演算子　29

り
力学的エネルギー　20
リチウム原子　67
リチウム分子　85
リッツの結合則　22
硫酸亜鉛水溶液　200
硫酸カドミウム　202
硫酸水銀　202
硫酸銅水溶液　200
粒子集団　98
量子数　17
量子論　2

る, れ
ルシャトリエの原理　192
ルジャンドルの陪多項式　35
励起状態　106
レイリー　15

著者略歴

中田 宗隆 (なかた むねたか)

1953 年愛知県生まれ. 東京大学大学院卒業. 東京農工大学名誉教授.
『基礎コース 物理化学 Ⅰ～Ⅳ』『きちんと単位を書きましょう —国際単
位系 (SI) に基づいて— (共著)』(東京化学同人), 『化学結合論』『演習
で学ぶ化学熱力学』(裳華房) など著書多数.

岩井 秀人 (いわい ひでと)

1974 年神奈川県生まれ. 中央大学卒業. 逗子開成中学校・高等学校
教諭.
『化学基礎 academia』『化学 academia』(高校検定教科書, 実教出版) を
分担執筆. 『化学と教育』誌 (日本化学会) に委員として携わっている.

高校生にもわかる 物理化学 —量子化学と化学熱力学—

2022 年 10 月 25 日　　第 1 版 1 刷発行

著作者	中 田 宗 隆	
	岩 井 秀 人	
発行者	吉 野 和 浩	
発行所	東京都千代田区四番町 8 - 1	
	電　話　03-3262-9166　(代)	
	郵便番号　102-0081	
	株式会社 裳 華 房	
印刷所	株式会社 真 興 社	
製本所	株式会社 松 岳 社	

検印省略

定価はカバーに表示してあります.

ISBN 978 - 4 - 7853 - 3525 - 0

演習で学ぶ 化学熱力学 —基本の理解から大学院入試まで—

中田宗隆 著　A5判／170頁／定価 2200円（税込）

「基本の解説」→「例題と解答・解説」→「まとめ」→「演習問題」と，同じ内容を形を変えながら 4回繰り返して学ぶことによって，最も重要な基本事項を確実に習得できるように編集された教科書。
【主要目次】0. 物質量モルと単位の換算　1. 気体の状態方程式　2. 気体の圧力と速度分布　3. いろいろな熱力学的過程　4. 熱容量と分子運動　5. 熱エネルギーとエンタルピー　6. 化学反応とエンタルピー　7. 相転移と転移エンタルピー　8. 微視的状態数とエントロピー　9. 相平衡と自由エネルギー　10. マクスウェルの関係式とその応用　11. カルノーサイクルと熱効率　12. 化学平衡と化学ポテンシャル　13. 溶液のモル分率と相平衡　14. 溶液の束一的性質　15. 電解質溶液と解離定数

物理化学入門シリーズ　各A5判

物理化学の最も基本的な題材を選び，それらを初学者のために，できるだけ平易に，懇切に，しかも厳密さを失わないように，解説する．

化学結合論

中田宗隆 著　190頁／定価 2310円（税込）

【主要目次】1. 原子の構造と性質　2. 原子軌道と電子配置　3. 分子軌道と共有結合　4. 異核二原子分子と電気双極子モーメント　5. 混成軌道と分子の形　6. 配位結合と金属錯体　7. 有機化合物の単結合と異性体　8. π 結合と共役二重結合　9. 共有結合と巨大分子　10. イオン結合とイオン結晶　11. 金属結合と金属結晶　12. 水素結合と生体分子　13. 疎水結合と界面活性剤　14. ファンデルワールス結合と分子結晶

量子化学

大野公一 著　264頁／定価 2970円（税込）

【主要目次】1. 量子論の誕生　2. 波動方程式　3. 箱の中の粒子　4. 振動と回転　5. 水素原子　6. 多電子原子　7. 結合力と分子軌道　8. 軌道間相互作用　9. 分子軌道の組み立て　10. 混成軌道と分子構造　11. 配位結合と三中心結合　12. 反応性と安定性　13. 結合の組換えと反応の選択性　14. ポテンシャル表面と化学

化学熱力学

原田義也 著　212頁／定価 2420円（税込）

【主要目次】1. 序章　2. 気体　3. 熱力学第1法則　4. 熱化学　5. 熱力学第2法則　6. エントロピー　7. 自由エネルギー　8. 開いた系　9. 化学平衡　10. 相平衡　11. 溶液　12. 電池

反応速度論

真船文隆・廣川　淳 著　236頁／定価 2860円（税込）

【主要目次】1. 反応速度と速度式　2. 素反応と複合反応　3. 定常状態近似とその応用　4. 触媒反応　5. 反応速度の解析法　6. 衝突と反応　7. 固体表面での反応　8. 溶液中の反応　9. 光化学反応

化学のための 数学・物理

河野裕彦 著　288頁／定価 3300円（税込）

【主要目次】1. 化学数学序論　2. 指数関数，対数関数，三角関数　3. 微分の基礎　4. 積分と反応速度式　5. ベクトル　6. 行列と行列式　7. ニュートン力学の基礎　8. 複素数とその関数　9. 線形常微分方程式の解法　10. フーリエ級数とフーリエ変換 —三角関数を使った信号の解析—　11. 量子力学の基礎　12. 水素原子の量子力学　13. 量子化学入門 —ヒュッケル分子軌道法を中心に—　14. 化学熱力学

表 B　異なる単位への換算式

1. 体 積

$$1\,\mathrm{L} = 1\,\mathrm{dm}^3 = 1 \times 10^{-3}\,\mathrm{m}^3$$

2. 電気，磁気

$1\,\mathrm{Hz}$ (ヘルツ) $= 1\,\mathrm{s}^{-1}$

$1\,\mathrm{V}$ (ボルト) $= 1\,\mathrm{J\,C}^{-1}$

$1\,\mathrm{eV}$ (電子ボルト) $\approx 1.6022 \times 10^{-19}\,\mathrm{J}$

$1\,\mathrm{C}$ (クーロン) $= 1\,\mathrm{A\,s}$

$1\,\mathrm{F}$ (ファラッド) $= 1\,\mathrm{C\,V}^{-1}$

$1\,\mathrm{Wb}$ (ウェーバ) $= 1\,\mathrm{V\,s} = 1\,\mathrm{J\,A}^{-1} = 1\,\mathrm{kg\,m}^2\,\mathrm{s}^{-2}\,\mathrm{A}^{-1}$

$1\,\mathrm{T}$ (テスラ) $= 1\,\mathrm{kg\,s}^{-2}\,\mathrm{A}^{-1} = 1\,\mathrm{Wb\,m}^2$

3. 圧 力

$1\,\mathrm{Pa} = 1\,\mathrm{N\,m}^{-2} = 1\,\mathrm{kg\,m}^{-1}\,\mathrm{s}^{-2}$

$1\,\mathrm{atm} = 101325\,\mathrm{Pa}$

$1\,\mathrm{bar} = 1 \times 10^5\,\mathrm{Pa}$

4. 温 度

$t/^\circ\mathrm{C} = T/\mathrm{K} - 273.15$ (セルシウス温度と熱力学温度の関係式)

5. エネルギー，エンタルピー

$1\,\mathrm{J} = 1\,\mathrm{kg\,m}^2\,\mathrm{s}^{-2}$

$1\,\mathrm{cal} = 4.184\,\mathrm{J}$

(モルエネルギー，モルエンタルピーの単位は $\mathrm{J\,mol}^{-1}$)

6. エントロピー，熱容量

$1\,\mathrm{J\,K}^{-1} = 1\,\mathrm{kg\,m}^2\,\mathrm{s}^{-2}\,\mathrm{K}^{-1}$

(モルエントロピー，モル熱容量の単位は $\mathrm{J\,K}^{-1}\,\mathrm{mol}^{-1}$)

注: 詳しくは参考図書 2 参照。